普通高等教育"十四五"规划教材
普通高等院校物理精品教材

大学物理(下册)

主　编　王占民　柴瑞鹏
副主编　郝丹辉　张　蕾　白　冰

华中科技大学出版社
中国·武汉

内容简介

本书是在教育部高等学校教学指导委员会颁布的《理工科类大学物理课程教学基本要求》的指导下,为适应当前物理教学改革的需要,经过多年教学实践并根据广大师生的意见和建议而编写的。

下册包括电磁学、波动光学、近代物理基础等内容。

本书可作为各类高等院校工科类专业和理科非物理类专业本科或专科生的物理学习教材,也可供自学者使用。

图书在版编目(CIP)数据

大学物理.下/王占民,柴瑞鹏主编. —武汉:华中科技大学出版社,2022.10
ISBN 978-7-5680-8776-6

Ⅰ.①大… Ⅱ.①王… ②柴… Ⅲ.①物理学-高等学校-教材 Ⅳ.①O4

中国版本图书馆 CIP 数据核字(2022)第 182805 号

大学物理(下册)　　　　　　　　　　　　　　　王占民　柴瑞鹏　主编
Daxue Wuli (Xiace)

策划编辑:范　莹
责任编辑:余　涛
封面设计:潘　群
责任监印:周治超

出版发行:华中科技大学出版社(中国·武汉)　　电话:(027)81321913
　　　　　武汉市东湖新技术开发区华工科技园　　邮编:430223
录　　排:武汉市洪山区佳年华文印部
印　　刷:武汉科源印刷设计有限公司
开　　本:710mm×1000mm　1/16
印　　张:14.25
字　　数:293 千字
版　　次:2022 年 10 月第 1 版第 1 次印刷
定　　价:42.00 元

本书若有印装质量问题,请向出版社营销中心调换
全国免费服务热线:400-6679-118　竭诚为您服务
版权所有　侵权必究

目 录

第 8 章 静电场 ……………………………………………………… (1)

  8.1 电场与电场强度 …………………………………………………… (2)

    8.1.1 电荷 ……………………………………………………………… (2)

    8.1.2 库仑定律 ………………………………………………………… (3)

    8.1.3 电场强度 ………………………………………………………… (4)

    8.1.4 电场强度叠加原理 ……………………………………………… (5)

    8.1.5 电场强度的计算 ………………………………………………… (6)

  8.2 电通量与高斯定理 ………………………………………………… (12)

    8.2.1 电场线 …………………………………………………………… (12)

    8.2.2 电通量 …………………………………………………………… (13)

    8.2.3 高斯定理 ………………………………………………………… (14)

    8.2.4 高斯定理的应用 ………………………………………………… (16)

  8.3 电场力的功与电势 ………………………………………………… (18)

    8.3.1 静电场力的功 …………………………………………………… (18)

    8.3.2 静电场的环流定理 ……………………………………………… (19)

    8.3.3 电势能 …………………………………………………………… (19)

    8.3.4 电势与电势差 …………………………………………………… (20)

    8.3.5 电势的计算 ……………………………………………………… (21)

  8.4 电场强度与电势的关系 …………………………………………… (24)

    8.4.1 等势面 …………………………………………………………… (24)

    8.4.2 电势与电场强度的微分关系 …………………………………… (26)

  8.5 静电场中的导体 …………………………………………………… (27)

    8.5.1 导体的静电平衡 ………………………………………………… (27)

    8.5.2 导体表面的电荷和电场 ………………………………………… (28)

    8.5.3 静电屏蔽 ………………………………………………………… (29)

  8.6 静电场中的电介质 ………………………………………………… (31)

    8.6.1 电介质的极化机理 ……………………………………………… (31)

    8.6.2 极化强度和极化电荷 …………………………………………… (32)

    8.6.3 电介质中的高斯定理与电位移矢量 D ……………………… (34)

  8.7 电容和电容器 ……………………………………………………… (35)

8.7.1 孤立导体的电容 …………………………………………………… (35)
8.7.2 电容器及其电容 …………………………………………………… (36)
8.7.3 几种常见的电容器及其电容 ……………………………………… (36)
8.7.4 电容器的串联和并联 ……………………………………………… (38)
8.8 电场的能量 ………………………………………………………………… (39)
8.8.1 带电体系的静电能 ………………………………………………… (39)
8.8.2 静电场的电场能量 ………………………………………………… (40)
本章小结 ………………………………………………………………………… (41)
思考题 …………………………………………………………………………… (44)
练习题 …………………………………………………………………………… (45)

第9章 稳恒磁场 ……………………………………………………………… (51)
9.1 磁场与磁感应强度 ………………………………………………………… (52)
9.1.1 磁现象 ……………………………………………………………… (52)
9.1.2 磁感应强度 ………………………………………………………… (53)
9.2 毕奥-萨伐尔定律 ………………………………………………………… (55)
9.2.1 毕奥-萨伐尔定律 ………………………………………………… (55)
9.2.2 运动电荷的磁场 …………………………………………………… (60)
9.3 磁场的高斯定理与安培环路定理 ………………………………………… (61)
9.3.1 磁通量 ……………………………………………………………… (61)
9.3.2 磁场的高斯定理 …………………………………………………… (62)
9.3.3 安培环路定理 ……………………………………………………… (63)
9.4 磁场对载流导线的作用 …………………………………………………… (68)
9.4.1 安培定律 …………………………………………………………… (68)
9.4.2 载流线圈在磁场中受到的力 ……………………………………… (70)
9.4.3 磁力的功 …………………………………………………………… (72)
9.5 磁场对运动电荷的作用 …………………………………………………… (73)
9.5.1 洛伦兹力 …………………………………………………………… (73)
9.5.2 带电粒子在均匀磁场中的运动 …………………………………… (74)
9.5.3 霍尔效应 …………………………………………………………… (75)
9.6 磁介质 ……………………………………………………………………… (77)
9.6.1 磁介质及其分类 …………………………………………………… (77)
9.6.2 顺磁质和抗磁质的磁化机理 ……………………………………… (78)
9.6.3 磁介质的安培环路定理与磁场强度 ……………………………… (79)
9.6.4 铁磁质 ……………………………………………………………… (81)
本章小结 ………………………………………………………………………… (84)

思考题 ······(86)
练习题 ······(87)

第 10 章 电磁感应与电磁场 ······(92)
  10.1 电磁感应的基本规律 ······(93)
    10.1.1 电动势 ······(93)
    10.1.2 法拉第电磁感应定律 ······(95)
  10.2 动生电动势和感生电动势 ······(97)
    10.2.1 动生电动势 ······(97)
    10.2.2 感生电动势与感生电场 ······(99)
  10.3 自感和互感 ······(101)
    10.3.1 自感电动势与自感系数 ······(101)
    10.3.2 互感电动势与互感系数 ······(103)
  10.4 磁场的能量 ······(105)
  10.5 位移电流与麦克斯韦方程组 ······(107)
    10.5.1 位移电流 ······(107)
    10.5.2 麦克斯韦方程组 ······(109)
  本章小结 ······(111)
  思考题 ······(113)
  练习题 ······(114)

第 11 章 波动光学基础 ······(121)
  11.1 光的干涉 ······(122)
    11.1.1 光源、可见光和光源发光机制 ······(123)
    11.1.2 光的相干性 ······(124)
    11.1.3 获得相干光的方法 ······(124)
    11.1.4 光程与光程差 ······(126)
    11.1.5 薄膜干涉 ······(129)
  11.2 光的衍射 ······(138)
    11.2.1 光的衍射现象 ······(138)
    11.2.2 单缝夫琅禾费衍射 ······(139)
    11.2.3 光栅衍射 ······(142)
  11.3 光的偏振 ······(146)
    11.3.1 自然光和偏振光 ······(147)
    11.3.2 偏振光的起偏和检偏及马吕斯定律 ······(149)
    11.3.3 反射光的偏振与布儒斯特定律 ······(151)
  本章小结 ······(152)

思考题 ······ (156)
练习题 ······ (156)

第12章 狭义相对论力学基础 ······ (159)

12.1 经典力学的相对性原理与伽利略坐标变换式 ······ (160)
- 12.1.1 绝对时空观 ······ (160)
- 12.1.2 力学相对性原理 ······ (160)
- 12.1.3 伽利略坐标变换式 ······ (161)

12.2 狭义相对论的两个基本假设与洛伦兹坐标变换式 ······ (162)
- 12.2.1 狭义相对论的两个基本假设 ······ (163)
- 12.2.2 洛伦兹变换 ······ (163)

12.3 狭义相对论的时空观 ······ (168)
- 12.3.1 "同时性"的相对性 ······ (168)
- 12.3.2 长度收缩:空间间隔的相对性 ······ (169)
- 12.3.3 时间延缓:时间间隔的相对性 ······ (171)

12.4 爱因斯坦狭义相对论质点动力学 ······ (172)
- 12.4.1 相对论动量和质量 ······ (172)
- 12.4.2 相对论动能和质能关系式 ······ (173)
- 12.4.3 相对论动量和能量关系式 ······ (174)

本章小结 ······ (176)
思考题 ······ (177)
练习题 ······ (178)

第13章 量子物理基础 ······ (181)

13.1 黑体辐射与普朗克量子假设 ······ (183)
- 13.1.1 热辐射、黑体辐射及其实验规律 ······ (183)
- 13.1.2 普朗克的能量子假说 ······ (184)

13.2 光电效应 ······ (185)
- 13.2.1 光电效应 ······ (185)
- 13.2.2 爱因斯坦光电公式 ······ (186)

13.3 康普顿散射 ······ (188)
- 13.3.1 康普顿散射 ······ (188)
- 13.3.2 康普顿散射的实验解释 ······ (188)

13.4 玻尔氢原子理论与氢原子光谱 ······ (190)
- 13.4.1 玻尔的氢原子理论 ······ (190)
- 13.4.2 氢原子光谱系 ······ (192)

13.5 波粒二象性 ······ (194)

目 录

- 13.5.1 德布罗意假设 …………………………………………………… (194)
- 13.5.2 波粒二象性的应用 ………………………………………………… (195)
- 13.5.3 实物粒子波动性的实验验证 ……………………………………… (196)
- 13.5.4 玻恩对德布罗意波的统计解释 …………………………………… (197)

13.6 不确定关系 ………………………………………………………………… (198)
- 13.6.1 电子的单缝衍射中的不确定关系 ………………………………… (198)
- 13.6.2 时间与能量的不确定关系 ………………………………………… (200)

13.7 波函数与薛定谔方程 ……………………………………………………… (201)
- 13.7.1 波函数及其统计解释 ……………………………………………… (201)
- 13.7.2 薛定谔方程 ………………………………………………………… (202)
- 13.7.3 定态薛定谔方程 …………………………………………………… (203)
- 13.7.4 薛定谔方程的简单应用——一维无限深势阱中的粒子 ……… (204)

13.8 薛定谔方程的应用——氢原子 …………………………………………… (206)
- 13.8.1 氢原子的定态薛定谔方程 ………………………………………… (206)
- 13.8.2 氢原子中的电子的轨道运动特征 ………………………………… (207)

13.9 电子自旋 …………………………………………………………………… (208)
- 13.9.1 电子的轨道运动磁矩 ……………………………………………… (209)
- 13.9.2 施特恩-格拉赫实验 ………………………………………………… (210)
- 13.9.3 电子自旋 …………………………………………………………… (211)
- 13.9.4 电子运动状态的描述与四个量子数 ……………………………… (212)

13.10 原子的壳层结构 ………………………………………………………… (213)
- 13.10.1 泡利不相容原理 ………………………………………………… (214)
- 13.10.2 能量最小原理 …………………………………………………… (214)

本章小结 …………………………………………………………………………… (214)
思考题 ……………………………………………………………………………… (215)
练习题 ……………………………………………………………………………… (216)

参考文献 ………………………………………………………………………… (219)

第8章 静 电 场

关于电磁现象的定量理论研究,最早是从1785年库仑研究电荷之间的相互作用开始的。1786年,伽伐尼发现了电流,后经伏特、欧姆等人总结出关于电流的基本定律。直到1820年奥斯特发现了电流的磁效应,人们才开始深刻地认识到电现象和磁现象之间的内在联系,并开始进入定量研究阶段。1831年,法拉第发现了著名的电磁感应现象,进一步揭示电与磁的联系。1864年,麦克斯韦在前人研究成果的基础上,提出了极富创新性的感应电场和位移电流的假设,建立了一套描述宏观电磁场的基本理论——麦克斯韦方法组,并在理论上预言了电磁波的存在,这是科学理论创新的典范!1888年,赫兹利用振荡器在实验上验证了麦克斯韦关于电磁波的预言。麦克斯韦方程组使人类对宏观电磁现象的认识达到了一个崭新的高度,是从牛顿建立经典力学理论到爱因斯坦提出相对论的这段时期中物理学史上最重要的理论成果。

1905年,爱因斯坦创立了狭义相对论,这不但使人们对牛顿建立的经典力学有了更全面的认识,也使人们对已知的电磁现象和理论有了更深刻的理解,从根本上解决了经典力学时空观和电磁现象新的实验矛盾。根据电磁现象的规律必须满足相对论时空观和洛伦兹变换的基本要求,人们发现:从不同的参考系观察,同一电磁场可以只有电场存在,也可以只有磁场存在,也可以电场磁场共存,这充分说明电磁场是一个统一的有机整体。

一道强烈闪电击中纽约市的一栋建筑,闪电划破夜空场面壮观,闪电击中地面时就像天空和大地有一条线联络在一起。

图片来源:东方IC

本章主要讨论真空中、导体中和介质中的静电场的基本性质和规律。在描述静电场的基本规律时，引入电场强度和电势两个基本物理量。在计算电场强度时，除了引入用库仑定律求解静电场的基本方法之外，对于具有某种对称分布的电荷体系，特别强调采用更有普遍意义的高斯定理来求解其静电场。其中所涉及的对称性分析已成为现代物理学的一种普遍采用的分析方法，特别在整个电磁学的分析中都具有典型的应用背景。在讨论静电场与物质的相互作用规律时，首先通过描述处在静电场中的导体电荷分布特点，引出静电平衡的概念。其次，电场与介质的相互作用会导致电介质产生极化现象，进而引出电位移矢量及其所适用的介质中的高斯定理。最后，本章还对电容器和电场的能量进行了讨论。

8.1 电场与电场强度

8.1.1 电荷

人们对电荷的研究始于摩擦起电。实验证明，用丝绸或毛皮摩擦过的玻璃、塑料、橡胶等都能吸引轻微物体。这时，摩擦过的两个物体处于带电状态，它们均带有电荷。大量实验表明，自然界中只有两种不同的电荷——正电荷和负电荷，一种是与丝绸摩擦的玻璃棒所带电荷相同，称为正电荷；另一种是与毛皮摩擦过的橡胶棒所带电荷相同，称为负电荷。静止的带同号电荷的两个物体相互排斥，带异号电荷的两个物体相互吸引，我们把静止的电荷间的作用力称为静电力。一般情况下，距离相同的两个静止电荷，它们所带电量越大，其静电力越大，带电量越小，静电力越小。在国际单位(SI)制中，电量的单位是库仑，用符号 C 表示。

现代物理实验证实，电子的电荷集中在半径小于 10^{-18} m 的小体积内。因此，电子通常被看成是一个无内部结构而有有限质量和电荷的"点"，这样的电荷称为点电荷。宏观带电体所带电荷种类的不同主要是由于组成它们的微观粒子所带电荷种类的不同造成的：电子带负电荷，质子带正电荷，中子内部的正负电荷电量相等，所以对外不显电性。

任何带电体所带电量都是某一基本电荷单元的整数倍，该基本电荷单元称为元电荷，用 e 表示($e=1.6022\times10^{-19}$ C)，说明电荷量是量子化的。但是，由于 e 很小，导致电荷的量子性在研究宏观电磁现象中并未能体现出来，因此通常把宏观带电体看作连续分布的电荷体系来研究，并认为宏观带电体的电荷分布是连续的。大量物理实验还证明，电荷的电量与其运动状态无关。利用回旋加速器对质子或电子进行加速时，它们的电量均不随速度的变化而变化。在不同的惯性参考系中观察，同一电荷的电量始终保持不变，我们把电荷的这一性质称为**电荷的相对论不变性**。

而且，在一个相对孤立的系统中，无论系统内的电荷如何移动或交换，系统内正电荷和负电荷电量的代数和始终保持不变,即电荷守恒,这就是**电荷守恒定律**。例如,在粒子物理中,用一个高能光子轰击一个重原子核,可使光子转化为一个正电子和负电子,这个过程称为电子对的"产生"。与此相反的是,在一定条件下,一个正电子与负电子高速碰撞,又会导致该电子对的消失,同时产生两个或三个光子,此过程称为电子对的"湮灭"。值得注意的是,在电子对的"产生"或"湮灭"过程中,虽然系统内的物质形式发生了转变,但整个过程并不改变系统中电荷的代数和,电荷守恒定律仍然成立。电荷守恒定律是物理学中的基本定律之一。

8.1.2 库仑定律

在电现象被发现后的两千多年内,人们对电荷间的相互作用力的认识一直停留在定性研究阶段。直到 18 世纪中叶,人们才开始着手研究电荷之间相互作用力的定量规律。1785 年,法国著名物理学家库仑(Coulomb)通过研究发现,电荷间的静电力与万有引力有很多相似之处。因此,他精心设计了研究同性电荷相互作用力的"扭秤实验",并以此为基础总结出在惯性参考系中两个点电荷间静电力服从的基本规律——**库仑定律**。

在真空中,两个静止点电荷之间的相互作用力的大小与这两个点电荷所带电量 q_1 和 q_2 的乘积成正比,与它们之间的距离 r 的平方成反比,作用力的方向沿着两个点电荷的连线方向,满足同号电荷相互排斥,异号电荷相互吸引,这就是库仑定律。两个点电荷间的相互作用力大小用数学表达式可表示为

$$F = k \frac{q_1 q_2}{r^2} \quad (8\text{-}1)$$

式中:k 为比例系数,在国际单位制中 $k = 8.988 \times 10^9 \ \text{N} \cdot \text{m}^2/\text{C}^2 \approx 9.0 \times 10^9 \ \text{N} \cdot \text{m}^2/\text{C}^2$。

为了使后文中由库仑定律推导的公式更加简明,我们通常用真空中的介电常数 ε_0 来代替 k 值,两者的关系为

$$\varepsilon_0 = \frac{1}{4\pi k} = 8.85 \times 10^{-12} \ \text{C}^2/(\text{N} \cdot \text{m}^2) \quad (8\text{-}2)$$

库仑定律用矢量表达式可以写成

$$\boldsymbol{F} = \frac{1}{4\pi\varepsilon_0} \frac{q_1 q_2}{r^2} \boldsymbol{r}^0 \quad (8\text{-}3)$$

式中:q_1 和 q_2 分别表示两个点电荷所带电量,正电荷取正值,负电荷取负值;r 表示两个电荷之间的距离;$\boldsymbol{r}^0$ 表示施力电荷指向受力电荷矢径方向的单位矢量。

实验证实:处在空气中的两个点电荷,其相互作用的静电力大小与在真空中的值相差很小,故式(8-1)和式(8-3)对空气中的点电荷同样成立。

库仑定律适用于两个点电荷之间的静电力,当空间中有多个点电荷同时共存时,

任意两个点电荷之间的相互作用力并不会因为其他点电荷的存在而有所改变。因此，一个点电荷受两个以上点电荷的静电作用力等于各个点电荷单独存在时对该点电荷的静电作用力的矢量和，这个结论称为**静电力叠加原理**。数学表达式为

$$\boldsymbol{F} = \sum_i \boldsymbol{F}_i = \sum_i^N \frac{1}{4\pi\varepsilon_0} \frac{q_0 q_i}{r_i^2} \boldsymbol{r}^0 \tag{8-4}$$

注意：静电力叠加原理并不是在任何情况下都是成立的。对于距离非常小或非常大的电荷体系，静电力叠加原理可能失效。特别是在考虑微观粒子的量子力学效应时，这种静电力的叠加原理是不成立的。

【例 8-1】 已知氢原子中电子与原子核的距离为 5.3×10^{-11} m，试计算氢原子中电子和原子核间的静电力及万有引力大小（电子质量 $m_1=9.11\times10^{-31}$ kg，氢原子核质量 $m_2=1846 m_1$）。

解 氢原子内电子和原子核的电量相等，都是 e，距离为 r，则静电力大小为

$$F_e = \frac{1}{4\pi\varepsilon_0} \frac{e^2}{r^2} = \frac{9.0\times10^9 \times (1.6\times10^{-19})^2}{(5.3\times10^{-11})^2} \text{ N} = 8.2\times10^{-8} \text{ N}$$

万有引力大小为

$$F_g = G\frac{m_1 m_2}{r^2} = \frac{6.7\times10^{-11}\times 9.11\times10^{-31}\times 1.7\times10^{-27}}{(5.3\times10^{-11})^2} \text{ N} = 3.7\times10^{-47} \text{ N}$$

$$F_e/F_g \approx 2.2\times10^{39}$$

即万有引力与静电力相比，可忽略不计！

8.1.3 电场强度

关于两个电荷之间的相互作用是怎样实现的呢？在物理学史上，曾经有过不同的看法。19 世纪 30 年代以前，人们认为两个电荷之间的相互作用和两个质点之间的万有引力作用一样，不需要借助任何媒质都可以完成，这种作用是**超距作用**，不需要中间媒质的传递，也不需要作用时间。后来，法拉第提出了另外一种观点：他认为任何一个电荷在周围空间都会激发一种特殊物质，这种物质没有形状和大小，这种由电荷激发的特殊物质称为**电场**。电荷与电荷之间的相互作用力就是通过这种特殊物质进行传递的，这种相互作用传递过程可以表示为

电荷↔电场↔电荷

现代理论和实验均证明了法拉第提出的电场观点的正确性。电场与其他物质一样具有动量、能量和质量等基本物质属性。但电场与其他实物也有不同之处，比如电场具有空间的可叠加性，不同的电场可以占据相同的位置空间，类似于机械波的叠加性；电场没有静止质量，只有运动质量。在惯性参考系中，由静止的带电物体在周围空间激发的电场称为**静电场**。

电场看不见，摸不着。为了研究电场在空间中各点的性质，可以用一个电量很小

的点电荷 q_0 作为试验电荷来研究电场。试验电荷的引入必须满足两个基本条件：第一，其线度必须小到可以看作点电荷，以便确定场中各点的性质；第二，试验电荷的电量要足够小，以至于它的引入不会造成原来电荷体系的重新分布，否则测量出来的电场为相互作用后的重新分布的电荷系统激发的电场。当把试验电荷 q_0 放置在电场空间中的某点时，它所受到的静电场力的大小和方向都是确定的。实验表明：放置在电场空间某一确定点的试验电荷 q_0 所受的电场力与 q_0 的比值仅是关于空间位置坐标的函数，与试验电荷 q_0 的电量大小无关。因此，比值 $\dfrac{F}{q_0}$ 可以用来描述 q_0 所在点处电场的性质，并将比值 $\dfrac{F}{q_0}$ 称为该点的**电场强度**，简称场强，用 E 表示，即

$$E = \dfrac{F}{q_0} \tag{8-5}$$

电场中某一点的电场强度与单位正电荷在该点处所受的电场力矢量相同。也就是说，电场中某点处场强 E 的大小等于单位正电荷在该点受到的电场力大小，其方向为正电荷在该点处受力的方向。一般来说，空间各点的电场强度矢量各不相同，为了完整地描述空间各点的场强分布规律，通常用一个矢量函数 $E(x,y,z)$ 或 $E(r)$ 来表示电场的空间分布。在国际单位制中，电场强度的单位是牛顿每库仑（N/C），或者写为伏特每米（V/m）。

8.1.4 电场强度叠加原理

在真空中有一静止的点电荷系 $q_1, q_2, \cdots, q_n$。将另一试验点电荷 q_0 移到该点电荷系周围某点，根据电场力叠加原理，q_0 受到的总电场力为

$$F = F_1 + F_2 + \cdots + F_n$$

上式两边除以 q_0，可得

$$\dfrac{F}{q_0} = \dfrac{F_1}{q_0} + \dfrac{F_2}{q_0} + \cdots + \dfrac{F_n}{q_0}$$

按照电场强度的定义 $E = \dfrac{F}{q_0}$，可得关于场强的如下数学表达式

$$E = E_1 + E_2 + \cdots + E_n = \sum_i E_i \tag{8-6}$$

式(8-6)表明，电场中任一点处的总场强 E 等于各个点电荷单独存在时在该点激发的场强的矢量和，这就是**电场强度叠加原理**。任何带电体均可以看作一个特殊的点电荷系，因此同样可以利用电场强度叠加原理计算任意带电体的电场强度分布。

需要指出的是，电场强度概念的引入对电荷周围空间各点赋予了一种局域性，如果已知某一点所在区域的 E，则可以通过电场力与场强的关系知道任意电荷在此区域内的受力情况，从而可以进一步研究它的运动变化规律。这种局域性场的引入是物理概念上的重要发展。

8.1.5 电场强度的计算

根据库仑定律、电场强度的定义和电场强度叠加原理,可以求任意点电荷、点电荷系和带电体的电场强度分布。

1. 点电荷激发的电场

设真空中有一点电荷 q,将试验电荷 q_0 放在电场中某点 P 处,由库仑定律可知试验电荷 q_0 在该点所受的电场力为

$$F = \frac{qq_0}{4\pi\varepsilon_0 r^2} r^0$$

式中:r^0 是场源电荷 q 指向场点 P 的矢径方向的单位矢量。由电场强度的定义式 $E = \frac{F}{q_0}$,可得在场点 P 处的电场强度矢量为

$$E = \frac{q}{4\pi\varepsilon_0 r^2} r^0 \tag{8-7}$$

式(8-7)是真空中点电荷的电场强度表达式。因电量 q 为代数量,由式(8-7)可以看出,对于正的场源电荷 q,其激发的场强 E 的方向与 r^0 的方向相同;对于负的场源电荷 q,其激发的场强 E 的方向与 r^0 的方向相反;并且点电荷的电场具有球对称性,即与 q 距离相同的空间各点场强大小相等。

2. 点电荷系激发的电场

设真空中存在 n 个点电荷 $q_1, q_2, \cdots, q_n$ 构成的点电荷系,将试验电荷 q_0 放置在电场中的任意 P 点处,根据点电荷的电场强度和电场强度叠加原理,可得试验电荷 q_0 在该点的电场强度 E 等于 n 个点电荷单独存在时在该点激发的电场强度的矢量和,即

$$E = E_1 + E_2 + \cdots + E_n = \sum_i E_i = \sum_i \frac{q_i}{4\pi\varepsilon_0 r_i^2} r_i^0 \tag{8-8}$$

在直角坐标系中,式(8-8)的分量式可以写为

$$E_x = \sum_{i=1}^n E_{ix}$$

$$E_y = \sum_{i=1}^n E_{iy}$$

$$E_z = \sum_{i=1}^n E_{iz}$$

总电场强度可以用矢量式表示为

$$E = E_x \boldsymbol{i} + E_y \boldsymbol{j} + E_z \boldsymbol{k}$$

场强大小为

$$E = \sqrt{E_x^2 + E_y^2 + E_z^2}$$

【例 8-2】 已知两个大小相等的异号点电荷 $+q$ 和 $-q$，相距为 l，如果场点与这一对点电荷连线的中心 O 的距离 x 远大于 l，则这一对点电荷体系称为电偶极子。规定负电荷 $-q$ 指向正电荷 $+q$ 的矢径 l 称为电偶极子的轴，则电偶极子的电偶极矩定义为 $\boldsymbol{p}=q\boldsymbol{l}$。试求电偶极子轴线的连线上某点 P 处及其轴线中垂线某点 P' 的场强。

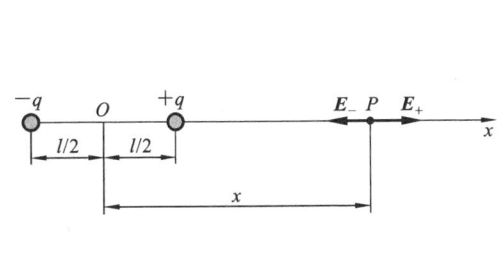

（a）电偶极子　　　　　　　　　　（b）电偶极子中垂线上一点的电场强度

图 8-1

解 （1）求电偶极子轴线的连线上某点 P 处的场强。

选取如图 8-1(a) 所示的坐标系，坐标原点 O 为电偶极子轴的中点。根据场强的定义，点电荷 $+q$ 和 $-q$ 在坐标为 x 的 P 点处产生的电场强度大小为

$$E_+ = \frac{q}{4\pi\varepsilon_0 (x-l/2)^2}$$

$$E_- = \frac{q}{4\pi\varepsilon_0 (x+l/2)^2}$$

由电场强度叠加原理，可知电偶极子在 P 点的合场强为

$$E_P = E_+ - E_- = \frac{q}{4\pi\varepsilon_0}\left[\frac{1}{(x-l/2)^2} - \frac{1}{(x+l/2)^2}\right] = \frac{q}{4\pi\varepsilon_0}\frac{2xl}{(x^2-l^2/4)^2}$$

注意：负电荷 $-q$ 和正电荷 $+q$ 在 P 点处的场强方向相反。

考虑到 $x \gg l$ 和电偶极矩 $p=ql$，上式中的合场强大小可以近似表示为

$$E_P \approx \frac{2p}{4\pi\varepsilon_0 x^3}$$

电偶极子在 P 点处的合场强沿 x 轴正方向，与电偶极矩矢量的方向相同。因此，P 点处的电场强度矢量为

$$\boldsymbol{E}_P \approx \frac{2\boldsymbol{p}}{4\pi\varepsilon_0 x^3}$$

（2）求电偶极子中垂线上某点 P' 处的场强。

选取如图 8-1(b) 所示的坐标系，x 轴沿着电偶极子的轴的方向，场点 P' 处在坐

标系的 y 轴上。

因为场点 P' 点到电荷 $+q$ 和 $-q$ 的距离相等,电荷 $+q$ 和 $-q$ 在 P' 处的场强大小相等,即

$$E_+ = E_- = \frac{q}{4\pi\varepsilon_0 r^2}$$

$$r = \sqrt{y^2 + (l/2)^2}$$

$$\cos\alpha = \frac{l/2}{r} = \frac{l/2}{\sqrt{y^2 + (l/2)^2}}$$

将电场强度矢量在直角坐标系中沿 x、y 轴分解,可得

$$E_x = -2E_+ \cos\alpha = -\frac{1}{4\pi\varepsilon_0} \frac{ql}{(y^2 + l^2/4)^{3/2}}$$

考虑到电偶极子中 $y \gg l$,则有 $y^2 + l^2/4 \approx y^2$,场强 E_x 可以近似表示为

$$E_x \approx -\frac{ql}{4\pi\varepsilon_0 y^3} = -\frac{p}{4\pi\varepsilon_0 y^3}$$

上式中的负号表示其方向沿 x 轴反向。同理,可得合场强在 y 轴方向的分量为

$$E_y = E_{+y} + E_{-y} = E_+ \sin\alpha - E_+ \sin\alpha = 0$$

因此,该电偶极子在中垂线上任意 P' 点处的场强为

$$\bm{E}_{P'} \approx -\frac{\bm{p}}{4\pi\varepsilon_0 y^3}$$

3. 电荷连续分布的带电体激发的电场

若带电体所带的电荷是连续分布的,则可以把带电体分割成无限多个电荷元 $\mathrm{d}q$,任一电荷元 $\mathrm{d}q$ 在场点 P 处产生的场强为

$$\mathrm{d}\bm{E} = \frac{\mathrm{d}q}{4\pi\varepsilon_0 r^2} \bm{r}^0$$

式中:$\bm{r}^0$ 为电荷元到 P 点的矢径 $\bm{r}$ 方向的单位矢量。根据电场强度叠加原理,连续分布带电体在 P 点处的场强可以用下列积分计算:

$$\bm{E} = \int \frac{\bm{r}^0 \mathrm{d}q}{4\pi\varepsilon_0 r^2} \tag{8-9}$$

通常连续分布带电体有三种电荷分布形态,如果电荷分布在一体积内,则用 ρ 表示电荷体密度,电荷元可以用 $\mathrm{d}q = \rho \mathrm{d}V$ 表示;如果电荷分布在一曲面或平面上,则用 σ 表示电荷面密度,电荷元可以用 $\mathrm{d}q = \sigma \mathrm{d}S$ 表示;如果电荷分布在一曲线或直线上,则通常用 λ 表示电荷线密度,电荷元可以用 $\mathrm{d}q = \lambda \mathrm{d}l$ 表示。相应的计算合场强的积分分别为体积分、面积分和线积分。在直角坐标系中计算时,可以先计算场强微分的投影,分别对投影分量进行积分,再将各分量合成总的电场强度。

【例 8-3】 设有一长 L 的均匀带电细棒,总电量为 Q,某点 P 离开细棒的垂直距离为 a,P 点与棒两端的连线与棒的夹角分别为 θ_1 和 θ_2,求 P 点处的电场强度。

解 建立如图 8-2 所示坐标系，其中 P 点在 Ox 坐标轴上。

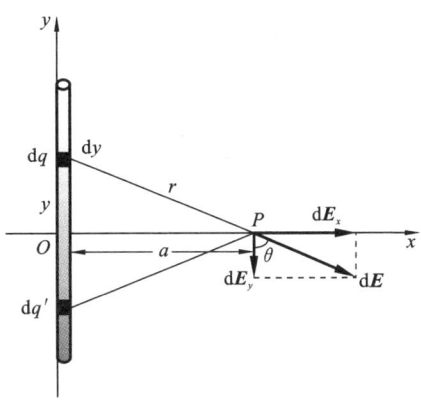

图 8-2

根据题意，可知均匀带电细棒的电荷线密度为 $\lambda = Q/L$，在细棒坐标为 y 处选取任意一电荷元，$dq = \lambda dy$，dq 到 P 点的距离为 r，则 dq 在 P 点处的场强大小为

$$dE = \frac{dq}{4\pi\varepsilon_0 r^2} = \frac{\lambda}{4\pi\varepsilon_0} \frac{dy}{r^2} = \frac{Q}{4\pi\varepsilon_0 L} \frac{dy}{r^2}$$

$$dE_x = dE\sin\theta, \quad dE_y = dE\cos\theta$$

因为

$$y = a\tan\left(\theta - \frac{\pi}{2}\right) = -a\cot\theta$$

$$dy = a\csc^2\theta d\theta$$

$$r^2 = a^2\csc^2\theta$$

所以

$$dE_x = dE\sin\theta = \frac{Q}{4\pi\varepsilon_0 aL}\sin\theta d\theta$$

$$dE_y = dE\cos\theta = \frac{Q}{4\pi\varepsilon_0 aL}\cos\theta d\theta$$

积分后得

$$E_x = \int_{\theta_1}^{\theta_2} dE\sin\theta = \int_{\theta_1}^{\theta_2} \frac{Q}{4\pi\varepsilon_0 aL}\sin\theta d\theta = \frac{Q}{4\pi\varepsilon_0 aL}(\cos\theta_1 - \cos\theta_2)$$

$$E_y = \int_{\theta_1}^{\theta_2} dE\cos\theta = \int_{\theta_1}^{\theta_2} \frac{Q}{4\pi\varepsilon_0 aL}\cos\theta d\theta = \frac{Q}{4\pi\varepsilon_0 aL}(\sin\theta_2 - \sin\theta_1)$$

给定 θ_1 和 θ_2 的值，由上面的 E_x 和 E_y 表达式可求出总电场强度 E 的大小和方向。

如果 P 点位于细棒的中垂线上，且 $\theta_1 = 0, \theta_2 = \pi$，均匀细棒为无限长，则

$$E_y = 0, \quad E_x = \frac{\lambda}{2\pi\varepsilon_0 a} = \frac{Q}{2\pi\varepsilon_0 La}$$

这时 P 点的电场强度矢量与 x 轴平行,其电场强度可以用矢量式表示为

$$E = \frac{Q}{2\pi\varepsilon_0 L a}i$$

【例 8-4】 真空中有一均匀带电圆环,环半径为 R,带电量为 Q,试计算圆环轴线上任一点 P 处的电场强度。

解 取环的轴线为 x 轴,环心为坐标原点,轴上 P 点与环心 O 的距离为 x。在圆环上的任意位置处取一线元 $\mathrm{d}l$,其所带电量为一元电荷 $\mathrm{d}q$,其中

$$\mathrm{d}q = \lambda \mathrm{d}l = \frac{Q}{2\pi R}\mathrm{d}l$$

元电荷 $\mathrm{d}q$ 在 P 点激发的电场强度方向如图 8-3 所示,大小为

$$\mathrm{d}E = \frac{\lambda \mathrm{d}l}{4\pi\varepsilon_0 r^2}$$

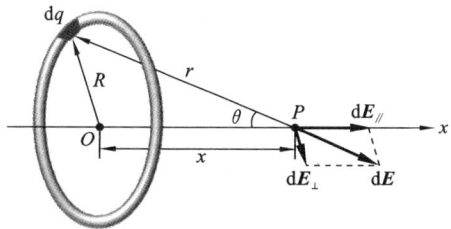

图 8-3

假设 $\mathrm{d}q$ 指向 P 点的矢径方向与 x 轴的夹角为 θ,则电场强度 $\mathrm{d}E$ 在平行于 x 轴方向和垂直于 x 轴方向的分量分别为

$$\mathrm{d}E_{/\!/} = \frac{\lambda \mathrm{d}l}{4\pi\varepsilon_0 r^2}\cos\theta$$

$$\mathrm{d}E_{\perp} = \frac{\lambda \mathrm{d}l}{4\pi\varepsilon_0 r^2}\sin\theta$$

根据均匀带电圆环的轴对称性可知,带电圆环在同一直径两端取电量相等的电荷元在 P 点处产生的场强大小相等且关于 x 轴对称,因此这一对电荷元在垂直于 x 轴方向的分量相互抵消。整个均匀带电圆环上的电量可以划分成无穷多对这样一一对应的电荷元,所以整个带电圆环在 P 点处的合场强在垂直于 x 轴方向的分量完全抵消,仅在 x 轴方向有分量,即合场强方向沿 x 轴方向,即

$$E_{\perp} = 0$$

$$E = \int_L \mathrm{d}E_{/\!/} = \int_L \frac{\lambda \mathrm{d}l}{4\pi\varepsilon_0 r^2}\cos\theta = \int_L \frac{\lambda \mathrm{d}l}{4\pi\varepsilon_0 r^2}\frac{x}{r} = \frac{x}{4\pi\varepsilon_0 r^3}\int_0^{2\pi R}\lambda \mathrm{d}l$$

$$= \frac{Qx}{4\pi\varepsilon_0 (R^2+x^2)^{3/2}}$$

注意:当 $Q>0$ 时,P 点处合场强方向沿 x 轴正向远离原点;当 $Q<0$ 时,P 点处

合场强方向沿 x 轴指向原点 O。由上式可以看出，当场点处在圆心 O 点时，$E=0$；当场点 P 远离 O 点时，即 $x \gg R$，这时的场强可以近似为 $E \approx \dfrac{Q}{4\pi\varepsilon_0 x^2}$，此时带电圆环近似为一带电量为 Q 的点电荷，其大小、形状完全可以忽略不计。

【例 8-5】 求面密度为 σ 的均匀带电圆盘轴线上任一点的电场强度，其中圆盘的半径为 R。

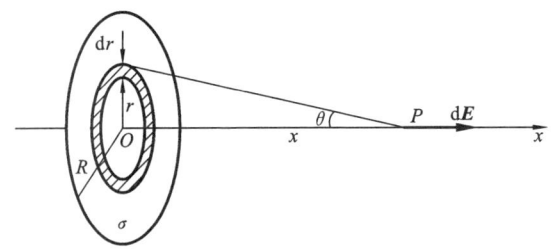

图 8-4

解 可以把均匀带电圆盘分解为许多半径为 r 的小圆环，每个圆环的面积为 $dS = 2\pi r dr$，带电量为 $dq = \sigma 2\pi r dr$，带电量为 dq 的小圆环在 P 点处激发的场强可以用例 8-4 中的计算公式进行计算，即该电荷元在 P 点处的场强大小为

$$dE = \dfrac{x dq}{4\pi\varepsilon_0 (r^2+x^2)^{3/2}} = \dfrac{x\sigma 2\pi r dr}{4\pi\varepsilon_0 (r^2+x^2)^{3/2}}$$

场强方向沿盘心 O 指向 P 点的轴线方向。整个带电圆盘在 P 点处产生的场强为 dE 对 r 积分，积分遍布整个带电圆盘，即

$$E = \int dE = \int_0^R \dfrac{x\sigma 2\pi r dr}{4\pi\varepsilon_0 (r^2+x^2)^{3/2}} = \dfrac{\sigma x}{2\varepsilon_0}\left(\dfrac{1}{\sqrt{x^2}} - \dfrac{1}{\sqrt{x^2+R^2}}\right)$$

讨论：当 $R=\infty$ 时，这时的圆盘可看作无限大均匀带电平面，根据上式可得其场强大小为 $\dfrac{\sigma}{2\varepsilon_0}$，电场方向沿垂直于盘面的方向（当 $\sigma>0$ 时，场强方向指向盘的外侧；当 $\sigma<0$ 时，场强方向沿垂直方向指向盘面），即无限大均匀带电平面在其任一侧产生的电场为匀强电场。根据以上结论，读者可以计算一对无限大且相互平行的均匀带电平面，当电荷面密度 σ 等值异号时，两平面间的电场仍为匀强电场，其场强大小为 $\dfrac{\sigma}{\varepsilon_0}$，两平面外侧的场强处处为零。

【例 8-6】 求电偶极子在均匀电场中受到的合力和合力矩。

解 如图 8-5 所示，电偶极子的电偶极矩为 $\boldsymbol{p}=q\boldsymbol{L}$，在均匀电场作用下，两个电荷的受力大小为 qE，方向相反，所以其合力为

$$\boldsymbol{F}_+ + \boldsymbol{F}_- = \boldsymbol{0}$$

但两个力没在一条线上。因此，虽然合力为零，但两力形成力偶，其力矩大小为

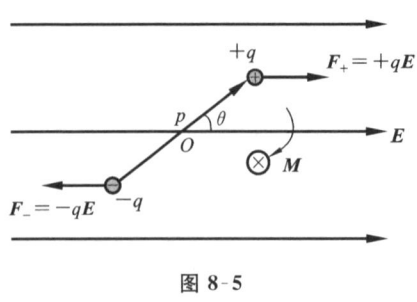

图 8-5

$$M = \frac{L}{2}\sin\theta F_+ + \frac{L}{2}\sin\theta F_- = qEL\sin\theta$$

考虑到力矩的矢量性,电偶极子在均匀电场作用下的力矩可以写为

$$\boldsymbol{M} = q\boldsymbol{L} \times \boldsymbol{E} = \boldsymbol{p} \times \boldsymbol{E}$$

电偶极子在力矩的作用下,最终会转到与电场方向相同,在达到稳定状态后不再转动。

8.2 电通量与高斯定理

8.2.1 电场线

电场比较抽象,无法直接观察,为了形象地描绘电场中电场强度的分布规律,通常引入电场线的概念。可以在电场中画出一系列带有方向的曲线,使曲线上每一点的切线方向与该点电场强度的方向保持一致,这样的曲线称为电场线,如图 8-6 所示。

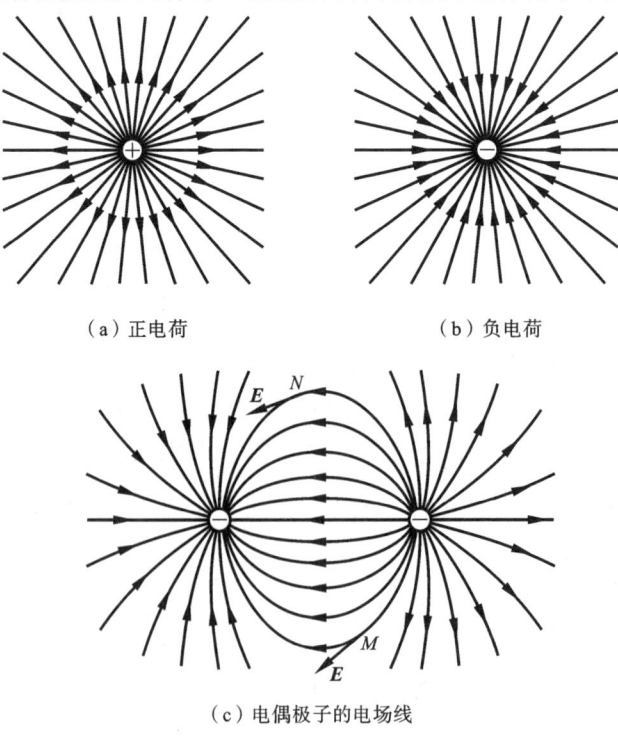

(a) 正电荷　　(b) 负电荷

(c) 电偶极子的电场线

图 8-6

为了使电场线不仅能描述电场中某点电场强度的方向,还能表示出该点电场强度的大小,我们作以下规定:通过电场中某点沿垂直于电场强度方向做一微分面元 $dS_\perp$,通过该面元的电场线条数为 dN,则该点的电场强度大小满足 $E=dN/dS_\perp$,这时电场中某点的场强大小就可以用穿过该点与电场线垂直的单位面积的电场线条数来表示,即该点附近电场线数密度表示电场强度的大小。这样,就可以用电场线的疏密程度直观地描述电场强度的大小分布。电场线密的区域电场强度大,电场线疏的区域电场强度小,如图 8-7 所示。

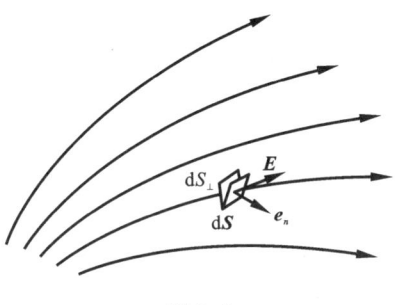

图 8-7

静电场中电场线有如下性质:

(1) 静电场的电场线总是起于正电荷,终止于负电荷(或起于正电荷,终止于无穷远,或起于无穷远,终止于负电荷),如图 8-6 所示,在无电荷分布的无源区电场线连续不中断;

(2) 任意一条静电场的电场线不能形成闭合曲线,即同一条电场线不能首尾相接;

(3) 任何两条电场线不可能相交,场强为零处,没有电场线通过。

8.2.2 电通量

在电场中通过任何曲面的电场线条数,称为穿过该面的**电通量**,用 Φ_e 表示。

1. 均匀电场 E 中通过任意平面 S 的电通量

在均匀电场 E 中,通过与 E 垂直的平面 S 的电通量为

$$\Phi_e = ES$$

当平面与均匀电场不垂直,平面的法向方向与电场方向的夹角为 θ 时,则 S 在垂直于 E 方向的投影面积为 $S_\perp = S\cos\theta$,由图 8-8 可以看出,从 S 面穿过的电场线必然首先从垂直投影面穿过,即穿过 S 和 $S_\perp$ 的电场线相同,因此通过倾斜平面的电通

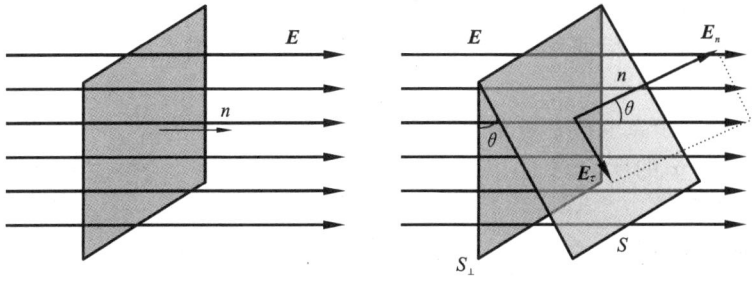

图 8-8

量为

$$\Phi_e = ES\cos\theta = ES_\perp = \boldsymbol{E} \cdot \boldsymbol{S}$$

注意:用矢量标积表示的电通量中的矢量面积 $\boldsymbol{S} = S\boldsymbol{n}$,$\boldsymbol{n}$ 为 S 法向方向的单位矢量。

2. 非均匀电场 E 中通过任意曲面 S 的电通量

可以将整个曲面 S 分割成许多个有向小面元,因小面元面积很小,其上面的电场强度认为是均匀电场。如图 8-9 所示,假设曲面上任意选取的小面元 $\mathrm{d}\boldsymbol{S}$ 的方向与该面元上场强方向的夹角为 θ,则通过该面元的电通量为

$$\mathrm{d}\Phi_e = \boldsymbol{E} \cdot \mathrm{d}\boldsymbol{S}$$

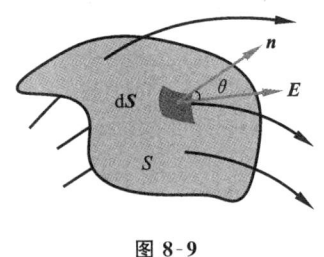

图 8-9

通过整个曲面的总电通量等于各面元电通量的总和,用积分表示为

$$\Phi_e = \int \mathrm{d}\Phi_e = \int \boldsymbol{E} \cdot \mathrm{d}\boldsymbol{S} \qquad (8\text{-}10)$$

当曲面为闭合曲面时,其电通量用封闭曲面积分表示为

$$\Phi_e = \oint_S \boldsymbol{E} \cdot \mathrm{d}\boldsymbol{S}$$

用矢量标积表示的电通量为代数量,当场强 $\boldsymbol{E}$ 的方向与面元 $\mathrm{d}\boldsymbol{S}$ 的方向的夹角 θ 处处为锐角时,计算出的电通量为正值;当夹角 θ 处处为钝角时,计算出的电通量为负值。对于非闭合的曲面,面上各处法向单位矢量的正向可以任意取在面的这一侧或另一侧。对于封闭曲面,由于它使整个空间划分为内、外两部分,一般我们规定由内向外的各面元法向方向为正方向。

8.2.3 高斯定理

高斯(1777—1855 年),德国著名物理学家、天文学家和数学家,他在实验物理和理论物理以及数学方面都作出了突出贡献,与牛顿和阿基米德被誉为有史以来的三大数学家。在物理学方面,他推导出的高斯定理是电磁学的一条重要的规律。该定理是用电通量表示电场和场源电荷关系的定理,它给出了通过任一封闭曲面的电通量与封闭曲面内所包围的电荷代数和的定量关系。

首先讨论一个点电荷 q 激发的电场。以 q 所在点为中心,作一半径为 r 的闭合球面,点电荷 q 处在球面球心位置,如图 8-10 所示。

在球面 S 上任取一面元 $\mathrm{d}\boldsymbol{S}$,其法线 $\boldsymbol{n}$ 与面元 $\mathrm{d}\boldsymbol{S}$ 处场强方向相同。根据球的对称性和库仑定律,球面上每一点处的电场强度的大小都相等,即

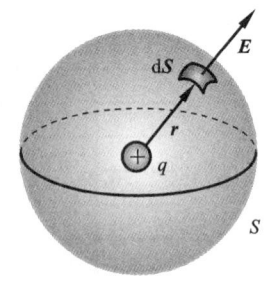

图 8-10

$$E=\frac{q}{4\pi\varepsilon_0 r^2}$$

根据电通量的定义,可知通过任意面元 dS 的电通量为

$$\mathrm{d}\Phi_e = \boldsymbol{E} \cdot \mathrm{d}\boldsymbol{S} = \frac{q}{4\pi\varepsilon_0 r^2}\mathrm{d}S$$

通过整个闭合球面的电通量为

$$\Phi_e = \oint_S \mathrm{d}\Phi_e = \frac{q}{4\pi\varepsilon_0 r^2}\oint_S \mathrm{d}S = \frac{q}{\varepsilon_0}$$

此结果说明穿过该球面的电通量只与它所包围的电荷的电量有关,而与 r 无关。当球心的点电荷为正电荷时,计算的电通量为正值,说明电场线从正电荷出发穿出球面终止于无穷远;当球心的点电荷为负电荷时,计算的电通量为负值,说明此时的电场线从无穷远出发穿入球面终止于负电荷。

如果包围点电荷的不是闭合球面,而是任意闭合曲面 S',如图 8-11 所示,可以以点电荷 q 为中心做一包 q 和闭合曲面 S' 的球面 S。根据点电荷激发电场的特点,其发出的电场线从 q 出发连续地延伸到无限远处。因此,从 S' 穿出的电场线必然也从球面 S 穿出,并且通过闭合曲面 S' 和 S 的电场线的条数是一样的,即通过的电通量相等。因此,通过任意形状的包围点电荷 q 的闭合曲面的电通量也等于 $\frac{q}{\varepsilon_0}$。

如果闭合曲面 S' 不包围点电荷 q,如图 8-12 所示,同理,由电场线的连续性可知,从点电荷 q 出发的电场线从闭合曲面一侧穿入后必然从另一侧穿出,且进入闭合曲面 S' 的电场线条数和穿出闭合曲面 S' 的电场线条数是一样的。根据电通量的性质,从闭合曲面外侧穿入闭合面的电通量取负值,穿出的电通量取正值。所以,通过闭合曲面 S' 的电通量的代数和为零,即在闭合曲面外侧的电荷产生的电场对通过该闭合曲面的电通量没有贡献。

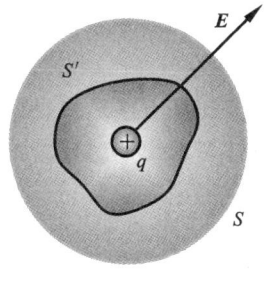

图 8-11

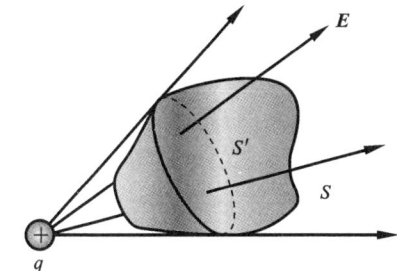

图 8-12

对于由 n 个点电荷 $q_1, q_2, \cdots, q_n$ 构成的点电荷系来说,在它们激发的电场中的任意一点,其电场可以根据电场强度叠加原理求出:

$$\boldsymbol{E} = \boldsymbol{E}_1 + \boldsymbol{E}_2 + \cdots + \boldsymbol{E}_n$$

式中:E 为总场强;$E_1,E_2,\cdots,E_n$ 为每个点电荷单独存在时在该点产生的场强。根据电通量的定义,该点电荷系对电场空间中任意曲面 S 的电通量为

$$\Phi_e = \oint_S \boldsymbol{E} \cdot \mathrm{d}\boldsymbol{S} = \oint_S \boldsymbol{E}_1 \cdot \mathrm{d}\boldsymbol{S} + \oint_S \boldsymbol{E}_2 \cdot \mathrm{d}\boldsymbol{S} + \cdots + \oint_S \boldsymbol{E}_n \cdot \mathrm{d}\boldsymbol{S} = \Phi_1 + \Phi_2 + \cdots + \Phi_n$$

式中:$\Phi_1,\Phi_2,\cdots,\Phi_n$ 为电荷系中每个点电荷产生的电场通过该面的电通量。根据以上讨论,如果第 i 个点电荷没有被曲面 S 包围时,其产生的电场对曲面 S 的电通量的贡献为零,如果第 i 个点电荷被曲面 S 包围,则其产生的电场对曲面 S 的电通量的贡献为 $\dfrac{q_i}{\varepsilon_0}$。因此,$n$ 个点电荷构成的点电荷系对任意曲面 S 的电通量为

$$\Phi_e = \oint_S \boldsymbol{E} \cdot \mathrm{d}\boldsymbol{S} = \frac{\sum q_i}{\varepsilon_0} \tag{8-11}$$

式(8-11)右边对 q_i 的求和只是针对闭合曲面内的电荷,闭合曲面外的电荷对闭合面的通量没有贡献。结论:在真空中的任何静电场中,通过任一封闭曲面电场的电通量等于该闭合曲面所包围的电荷电量的代数和除以 ε_0,而与闭合曲面外的电荷无关,这就是真空中静电场的**高斯定理**。

对高斯定理的理解应特别注意以下几点:

(1) 高斯定理表达式中的场强 E 是曲面上各点的场强,它是由全部电荷(包括曲面内和曲面外的电荷)共同激发的合场强,并不是只由封闭曲面内的电荷贡献的;

(2) 通过任一封闭曲面的总电通量只取决于该闭合曲面所包围的电荷,即只有闭合曲面所包围的电荷才对总电通量有贡献,曲面外部电荷对总电通量无贡献;

(3) 当场源电荷分布具有某种对称性时,可利用高斯定理求出这种电荷系或连续分布带电体的场强分布,而且这种方法在数学上比用库仑定律简便得多。

8.2.4 高斯定理的应用

用高斯定理求特殊带电体的电场强度非常方便,一般需要如下三步:首先,对带电体进行对称性分析,由电荷分布的对称性,分析场强分布的对称性;其次,根据场强分布的特点,作适当的高斯面,高斯面的选取要求待求场强的场点必须在此高斯面上,同时穿过该高斯面的电通量容易计算;最后,由高斯定理求出通过闭合面的电通量与包围电量的关系式,并进行求解。下面举例说明高斯定理在求解特殊带电体时的基本方法。

【**例 8-7**】 求均匀带电球面的场强分布,设球面的半径为 R,总电量为 q。

解 由于电荷球对称分布,则场强分布具有球对称性。该球面上各点场强的大小是相等的,方向沿径向方向。

当 P 点位于带电球面外时,通过 P 点作一球形高斯面 S(见图 8-13),高斯面 S 的中心与均匀带电球面中心重合,则根据高斯面的电通量为

$$\oint_S \boldsymbol{E} \cdot \mathrm{d}\boldsymbol{S} = \oint_S E\,\mathrm{d}S = E\oint_S \mathrm{d}S = E4\pi r^2$$

根据高斯定理,可知

$$\Phi_e = E4\pi r^2 = \frac{q}{\varepsilon_0}$$

$$\boldsymbol{E} = \frac{q}{4\pi\varepsilon_0 r^2}\boldsymbol{r}^0 \quad (r>R)$$

$\boldsymbol{r}^0$ 为球心 O 指向场点 P 的矢径方向的单位矢量。

当 P 点位于带电球面内时,高斯面的选取方法与球面外的情况相同,这时高斯面包围的电量为 0,因此,根据高斯定理

$$\boldsymbol{E} = 0 \quad (r<R)$$

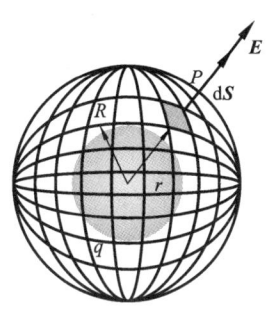

图 8-13

运用类似的方法,可根据高斯定理求解半径为 R、带电量为 Q 的均匀带电球体内外的电场强度分布为

$$\boldsymbol{E} = \begin{cases} \dfrac{Q\boldsymbol{r}}{4\pi\varepsilon_0 R^3}, & r \leqslant R \\[2mm] \dfrac{Q\boldsymbol{r}^0}{4\pi\varepsilon_0 r^2}, & r > R \end{cases}$$

请读者自己完成相应计算。通过以上计算结果可以看出,均匀带电球面产生的电场在球面处不连续,但均匀带电球体产生的电场在球体表面处连续分布。

【例 8-8】 求"无限长"均匀带电直线的场强分布(设带电直线的电荷线密度为 $+\lambda$)

解 根据电荷分布的轴对称性,可以分析出无限长均匀带电直线产生的电场分布也具有轴对称性,离轴线垂直距离为 r 的任意点的场强均相等。由对称性分析,可知场强方向一定垂直于直线,因此可以通过 P 点作一半径为 r、高为 l 的圆柱形高斯面,带电直线与圆柱面的轴线重合,如图 8-14 所示。

因为圆柱形高斯面的上下底面与场强方向处处垂直,故电场强度对上下底面的电通量为零,仅圆柱侧面电通量不为零。基于以上分析,利用高斯定理可知通过圆柱形高斯面的电通量为

$$\oint_S \boldsymbol{E} \cdot \mathrm{d}\boldsymbol{S} = E2\pi rl = \frac{\lambda l}{\varepsilon_0}$$

化简可得"无限长"均匀带电直线的场强大小分布

$$E = \frac{\lambda}{2\pi\varepsilon_0 r}$$

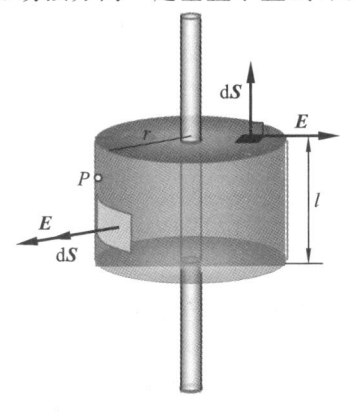

图 8-14

方向沿垂直于"无限长"均匀带电直线的径向

方向。

读者可以试着根据以上方法,求解一半径为 R、电荷面密度为 σ 的无限长均匀带电圆柱面的场强分布为

$$E = \begin{cases} \dfrac{R\sigma}{\varepsilon_0 r}, & r>R \\ 0, & r<R \end{cases}$$

若令 λ 表示圆柱面单位长度的带电量,即 $\lambda=2\pi R\sigma$,则当 $r>R$ 时,无限长均匀带电圆柱面的场强是否与无限长均匀带电直线的场强分布相同?为什么?

8.3 电场力的功与电势

8.3.1 静电场力的功

8.2 节研究了电场强度,当电荷处在电场中时,它将受到电场的静电场力,当电荷在电场中沿着某个路径运动时,电场力就要做功。本节研究电荷在电场中移动时电场力做的功和电势能及电势。

如图 8-15 所示,以 q 表示固定于 O 点的点电荷,当另一点电荷 q_0 在电场中由 a 点沿任一曲线(路径)移动到 b 点时,q 对 q_0 的电场力将做功。

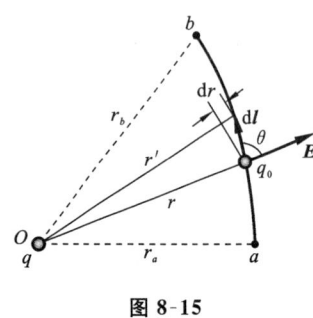

图 8-15

因为 q_0 受到的电场力在 ab 路径上的大小和方向都在发生变化,因此该电场力对 q_0 做功为变力做功。在 q_0 运动路径上的任一点附近取一元位移 $\mathrm{d}\boldsymbol{l}$,q_0 在 $\mathrm{d}\boldsymbol{l}$ 上受到的电场力为 $\boldsymbol{F}=q_0\boldsymbol{E}$,假设该点的场强方向与元位移方向的夹角为 θ,则电场力在元位移 $\mathrm{d}\boldsymbol{l}$ 上对 q_0 做功为

$$\mathrm{d}W = \boldsymbol{F}\cdot\mathrm{d}\boldsymbol{l} = q_0\boldsymbol{E}\cdot\mathrm{d}\boldsymbol{l} = q_0 E\cos\theta\mathrm{d}l$$

因为 $\mathrm{d}l\cos\theta = r'-r = \mathrm{d}r$,所以

$$\mathrm{d}W = q_0 E\cos\theta\mathrm{d}l = q_0 E\mathrm{d}r = \frac{1}{4\pi\varepsilon_0}\frac{q_0 q}{r^2}\mathrm{d}r$$

当 q_0 从 a 点运动到 b 点时,电场力做的总功为

$$W = \int_a^b \mathrm{d}W = \int_{r_a}^{r_b}\frac{1}{4\pi\varepsilon_0}\frac{q_0 q}{r^2}\mathrm{d}r = \frac{q_0 q}{4\pi\varepsilon_0}\left(\frac{1}{r_a}-\frac{1}{r_b}\right) \tag{8-12}$$

式(8-12)说明在点电荷 q 的电场中,电场力对点电荷 q_0 做的功,只取决于运动路线的起点和终点位置,与运动路径无关。

由此可以看出,如果点电荷 q_0 经任一闭合线路回到原处,则静电场力做的功为零。上述结论可以推广到点电荷系或任意带电体产生的电场。譬如,静电场是由 n

个点电荷系产生的,根据电场力和电场强度叠加原理,试验点电荷 q_0 受到的总电场力为

$$F = q_0 E = q_0 (E_1 + E_2 + \cdots + E_n)$$

这时,当 q_0 在任意点处运动元位移 dl 时,电场力做的元功为

$$dW = F \cdot dl = q_0 E \cdot dl = q_0 (E_1 + E_2 + \cdots + E_n) \cdot dl$$

q_0 从 a 点运动到 b 点时,电场力做的总功为

$$W = \int_a^b dW = \sum_{i=1}^n \frac{q_0 q_i}{4\pi\varepsilon_0} \left(\frac{1}{r_{ai}} - \frac{1}{r_{bi}} \right) \tag{8-13}$$

式中:r_{ai}、r_{bi} 分别表示路径起点 a 和终点 b 与场源第 i 个点电荷 q_i 的距离大小。通过对比可以发现,点电荷系产生的电场对试验点电荷 q_0 的电场力在 ab 路径上所做的功同样只取决于运动路线的起点和终点位置,与运动过程无关。由此可以得出结论:试验电荷在任意静电场中运动时,无论该电场是由一个点电荷产生的,还是由多个点电荷产生的,静电场力对试验电荷所做的功,只与试验电荷的电量、电场本身的性质及路径始末位置有关,与试验电荷运动路径无关。这个结论说明静电场是保守场,静电力为保守力。

8.3.2 静电场的环流定理

静电场力做功的保守性还可以通过另外一种形式表述,假设 q_0 从 a 点经过 c 点运动到 b 点,再从 b 点经过另外一条路径 d 回到 a 点,根据电场力做功的特点,可知电场力做的总功为零,即

$$W = \oint_l q_0 E \cdot dl = \int_{acb} q_0 E \cdot dl + \int_{bda} q_0 E \cdot dl$$
$$= \int_{acb} q_0 E \cdot dl - \int_{adb} q_0 E \cdot dl = 0$$

由于 q_0 不等于零,所有由上式可知

$$\oint_l E \cdot dl = 0 \tag{8-14}$$

这就是**静电场的环路定理**。说明静电场的电场强度沿任意闭合路径的线积分等于零,即静电场的环流为零,所以静电场是保守力场,也称为无旋场。

8.3.3 电势能

由于静电场是保守场,所以在静电场中可以引入电势能的概念。与物体在重力场中具有重力势能一样,电荷在电场中具有一定的**电势能**。静电场力对电荷所做的功等于电荷电势能增量的负值。这样,当试验电荷 q_0 从 a 点移到 b 点时,静电场力所做的功可以表示为

$$W_{ab} = \int_a^b q_0 E \cdot dl = -(E_{pb} - E_{pa}) = E_{pa} - E_{pb} \tag{8-15}$$

电势能也和重力势能一样,是一个相对量。在重力场中,要确定物体在某点的重力势能,就必须选择一个势能为零的参考点。同理,要确定电荷在某点的电势能,就必须选择一个电势能为零的参考点。在上式中,若选 q_0 在点 b 处的电势能为零,即 $E_{pb}=0$,则 q_0 在 a 点处的电势能为

$$E_{pa} = \int_a^b q_0 \boldsymbol{E} \cdot \mathrm{d}\boldsymbol{l}$$

电势能为零的参考点的选择是任意的,这要视处理问题的方便而定。对于无限大带电体,电势能零点一般选在有限远处某一点。对于分布在有限区域的电荷系或带电体,通常选取无穷远处为电势能零点,这时电场空间中 q_0 在任意一点 a 处的电势能为

$$E_{pa} = \int_a^\infty q_0 \boldsymbol{E} \cdot \mathrm{d}\boldsymbol{l} \tag{8-16}$$

即试验电荷 q_0 在电场中任一点 a 处的电势能等于把 q_0 由 a 点移动到无穷远处时电场力所做的功。需要注意的是,电势能的概念不是只针对于试验电荷 q_0,而是属于试验电荷和电场构成的系统共同所有,我们不能抛开电场本身去单独讨论 q_0 的电势能的大小。在国际单位制中,电势能的单位是焦耳,用符号 J 表示。

8.3.4 电势与电势差

有了电势能的概念,就可以建立电势的概念。从上面的讨论可知:电势能不仅与试验电荷 q_0 有关,还与电场的性质及场点的位置有关,所以不能用电荷在静电场中的电势能来描述静电场的性质。但是,比值 E_p/q_0 却是一个与检验电荷 q_0 无关的量值,反映了电场本身的性质。因此,我们就将 E_p/q_0 定义为静电场中某点的电势,用符号 U 表示,在国际单位制中,电势单位是伏特,简称伏(V)。

$$U_a = \frac{E_{pa}}{q_0} = \int_a^\infty \boldsymbol{E} \cdot \mathrm{d}\boldsymbol{l} \tag{8-17}$$

在电场中某点的电势,等于单位正电荷从该点经过任意路径移动到电势能零参考点时,电场力所做的功。通常电势零参考点的选取方法与电势能零点的选取方法相同,对于电荷分布在有限区域的电场空间,通常选取无穷远处为电势零点。实际应用中取大地、仪器外壳等为电势零点。

式(8-17)表明,静电场中某点的电势,在数值上等于单位正电荷在该点处所具有的电势能。或者说,在数值上等于把单位正电荷从该点经任意路径移动到电势零点的过程中,电场力所做的功。从数学角度看,静电场中某点的电势又可以理解为电场强度沿任意路径从考察点到无限远处的线积分。

关于电势的概念需要注意以下几点:

(1) 电势也是描述静电场基本性质的物理量,只与电场本身的性质和场点位置有关,与试验电荷 q_0 无关;

(2) 电势是标量,在电场空间,电势逐渐降低的方向与电场线的方向一致;

(3) 电势是相对量,与电势零点的选择有关,电势零点位置选取不同,所考察点的电势也不相同。

静电场中任意两点 a 和 b 的电势之差称为 a、b 两点的电势差,也称为电压,通常用 U_{ab} 来表示。根据电势的定义(见式(8-17)),可以求任意两点的电势差为

$$U_{ab} = U_a - U_b = \int_a^\infty \boldsymbol{E} \cdot \mathrm{d}\boldsymbol{l} - \int_b^\infty \boldsymbol{E} \cdot \mathrm{d}\boldsymbol{l} = \int_a^b \boldsymbol{E} \cdot \mathrm{d}\boldsymbol{l} \tag{8-18}$$

式(8-18)表示,静电场中任意两点的电势差等于把单位正电荷从 a 点移动到 b 点电场力所做的功,不同于电势,电势差的值与电势零参考的选取无关,仅由电场本身的性质和始末位置决定。从数学上看,任意两点的电势差又等于电场强度矢量沿着任意路径从 a 点移动到 b 点的线积分。有了电势差的概念,电场力对任意试验电荷 q_0 由 a 点运动到 b 点所做的功为

$$W_{ab} = q_0(U_a - U_b)$$

也就是说,只有知道任意两点的电势差的大小,就可以根据上式求电场力所做的功。

8.3.5 电势的计算

1. 点电荷产生的电场中的电势

根据上一节的内容,点电荷 q 的电场强度 $\boldsymbol{E}$ 可以表示为

$$\boldsymbol{E} = \frac{q}{4\pi\varepsilon_0 r^2}\boldsymbol{r}^0$$

根据电势定义,选距离点电荷 q 无限远处为电势零参考点,则

$$U_a = \int_a^\infty \boldsymbol{E} \cdot \mathrm{d}\boldsymbol{l} = \int_r^\infty \frac{q}{4\pi\varepsilon_0 r^2}\mathrm{d}r = \frac{q}{4\pi\varepsilon_0 r} \tag{8-19}$$

2. 点电荷系产生的电场中的电势

若有一 n 个点电荷构成的电荷系,根据电场强度叠加原理,在空间任意点的合场强为

$$\boldsymbol{E} = \sum_{i=1}^n \frac{q_i}{4\pi\varepsilon_0 r_i^2}\boldsymbol{r}_i^0$$

按照电势零参考点选取的一般原则,取距离点电荷系无限远处为电势零参考点,则电场空间中任意点 a 处的电势为

$$U_a = \int_a^\infty \boldsymbol{E} \cdot \mathrm{d}\boldsymbol{l} = \sum_{i=1}^n \frac{q_i}{4\pi\varepsilon_0 r_i}$$

对于电荷连续分布的有限大小的带电体,可以看作是由许多个电荷元构成的特殊质点系,同样选取无限远处为电势零参考点,则总电场在 a 点处的电势等于无限多个电荷元在 a 点处的电势之和,可以用积分表示为

$$U_a = \int_V dU = \int_V \frac{dq}{4\pi\varepsilon_0 r}$$

其中,r 是带电体上任意电荷元到场点 a 的距离,积分是对整个带电体存在电荷的分布区域进行体积分。

结论:点电荷系产生的电场中,某点的电势等于各个点电荷单独存在时,在该点产生的电势的代数和,这称为**电势叠加原理**。

【例 8-9】 已知电偶极子的电偶极矩为 $\boldsymbol{p} = q\boldsymbol{l}$,求电偶极子形成的电场中任一点的电势。

解 已知形成的电偶极子的正负点电荷分布在有限区域,因此计算电势时,取无穷远为电势零参考点,则根据电势叠加原理,电场空间中任意一点 P 的电势为

$$U = \frac{q}{4\pi\varepsilon_0 r_+} - \frac{q}{4\pi\varepsilon_0 r_-} = \frac{q}{4\pi\varepsilon_0} \frac{r_- - r_+}{r_- r_+}$$

因为 $r \gg l$,所以根据近似关系

$$r_- \approx r + \frac{l\cos\theta}{2}, \quad r_+ \approx r - \frac{l\cos\theta}{2}$$

$$r_- - r_+ \approx l\cos\theta$$

$$r_+ r_- \approx r^2$$

$$U \approx \frac{ql\cos\theta}{4\pi\varepsilon_0 r^2} = \frac{p\cos\theta}{4\pi\varepsilon_0 r^2}$$

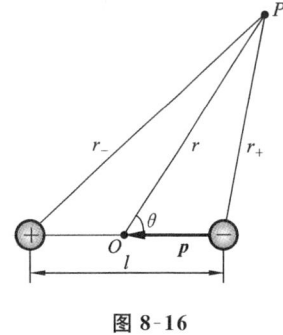

图 8-16

上面推导中用到的 θ 为电偶极子中心 O 与场点 P 的连线和电偶极子轴的夹角。

【例 8-10】 有一半径为 R 的均匀带电细圆环,所带总电量为 q,求在圆环轴线上任意点的电势,如图 8-17 所示。

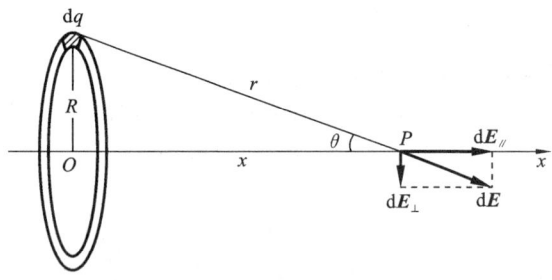

图 8-17

解 取无穷远处为电势零参考点,将圆环分割成许多小线元,每个线元带电量为 dq,即

$$dq = \lambda dl = \frac{q}{2\pi R} dl$$

电荷元 dq 在 P 点贡献的电势为

$$dU = \frac{dq}{4\pi\varepsilon_0 r} = \frac{q}{8\pi\varepsilon_0 R} \frac{dl}{\sqrt{R^2+x^2}}$$

式中:R 和 x 均为常数;根据电势叠加原理,整个带电圆环在 P 点贡献的电势为

$$U_P = \frac{q}{8\pi\varepsilon_0 R \sqrt{R^2+x^2}} \oint_l dl = \frac{q}{4\pi\varepsilon_0 \sqrt{R^2+x^2}}$$

讨论:(1) 若 $x=0$,则 $U_P = \frac{q}{4\pi\varepsilon_0 R}$;

(2) 若 $x \gg R$,则 $\sqrt{R^2+x^2} \approx x$,$U_P = \frac{q}{4\pi\varepsilon_0 x}$。

这时场点距离圆环很远,整个圆环在 P 点贡献的电势近似等于将圆环上所有电量集中在圆心处的点电荷产生的电势。

【例 8-11】 求均匀带电球面内外空间的电势分布。该球面半径为 R,电量为 Q。

解 根据题意可知,均匀带电球面的电荷分布具有球对称性,应用高斯定理,通过距离球心 r 的 P 点作一球形高斯面。由对称性分析,球面上各点的场强大小相等,方向沿径向。根据高斯定理,先求球面内外的电场强度分布

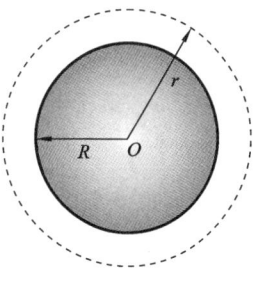

图 8-18

$$\oint_S \boldsymbol{E} \cdot d\boldsymbol{S} = \frac{\sum q_\text{内}}{\varepsilon_0}$$

$$E = \begin{cases} \dfrac{Q}{4\pi\varepsilon_0 r^2}, & r>R \\ 0, & r<R \end{cases}$$

根据式(8-19),设无穷远处为电势零参考点,则均匀带电球面外侧 P 点的电势为

$$U_P = \int_r^\infty \boldsymbol{E} \cdot d\boldsymbol{l} = \int_r^\infty \frac{Q}{4\pi\varepsilon_0} \frac{dr}{r^2} = \frac{Q}{4\pi\varepsilon_0 r}$$

球面内 P' 点的电势为

$$U_{P'} = \int_r^\infty \boldsymbol{E} \cdot d\boldsymbol{l} = \int_r^R 0 dr + \int_R^\infty \frac{Q}{4\pi\varepsilon_0} \frac{dr}{r^2} = \frac{Q}{4\pi\varepsilon_0 R}$$

上式说明球面内和球面上各点的电势相等,带电球面包围的空间电势相等。

【例 8-12】 如图 8-19 所示,半径分别为 R_A 和 R_B 的两个同心均匀带电球面 A 和 B,内球面 A 带电 $+q$,外球面 B 带电 $-q$,求 A、B 两球面的电势差。

解 方法一:可以通过高斯定理先求解同心均匀带电球面 A 和 B 间的电场强度分布,再根据电势差定义式 $U_{ab} = \int_a^b \boldsymbol{E} \cdot d\boldsymbol{l}$ 求解,请读者自己完成相应计算。

方法二:根据电势叠加原理计算。

根据例 8-11 的计算结果可知,内球面 A 上任意点的电势是由 A、B 两球面的

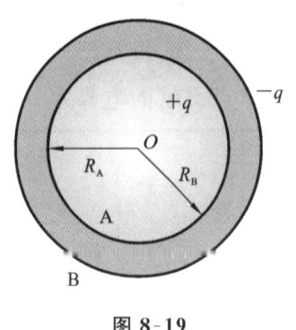

图 8-19

电场共同贡献的,可求出 A、B 两球面在 A 球面上贡献的电势分别为

$$U'_A = \frac{q}{4\pi\varepsilon_0 R_A}$$

$$U''_A = \frac{-q}{4\pi\varepsilon_0 R_B}$$

根据电势叠加原理,A 球面的总电势为

$$U_A = U'_A + U''_A = \frac{q}{4\pi\varepsilon_0}\left(\frac{1}{R_A} - \frac{1}{R_B}\right)$$

同理,可知 A、B 两球面在 B 球面上贡献的电势分别为

$$U'_B = \frac{q}{4\pi\varepsilon_0 R_B}$$

$$U''_B = \frac{-q}{4\pi\varepsilon_0 R_B}$$

B 球面的总电势为

$$U_B = U'_B + U''_B = 0$$

则 A、B 两球面的电势差为

$$U_{AB} = U_A - U_B = \frac{q}{4\pi\varepsilon_0}\left(\frac{1}{R_A} - \frac{1}{R_B}\right)$$

8.4　电场强度与电势的关系

8.4.1　等势面

电势与电场强度一样都是描述静电场性质的基本物理量,但电场强度的分布一般用电场线形象地表示,其形成的场为矢量场;电势的分布用等势面来描述,其形成的场为标量场。在静电场中,电势相等的点组成的曲面称为**等势面**,如图 8-20 所示。图中的实线为电力线,而虚线是等势面。

如图 8-20(a)所示的点电荷电场中,因为电势分布是关于 r 的函数,所以其等势面为以点电荷为球心的球面,而点电荷激发的电场线沿着径向方向,由此可以看出,电场线与等势面相交处相互垂直。图 8-20(b)和(c)分别表示的是有限长均匀带电直线段和电偶极子形成的电场线及等势面。

下面证明在任意静电场中,等势面和电场线处处都是垂直的。

已知带电量为 $+q$ 的点电荷的电场线和等势面如图 8-21 所示,设有一试验电荷 q_0 沿着某个等势面方向从 a 点到 b 点运动了元位移 $\mathrm{d}l$,a 点和 b 点均在同一等势面

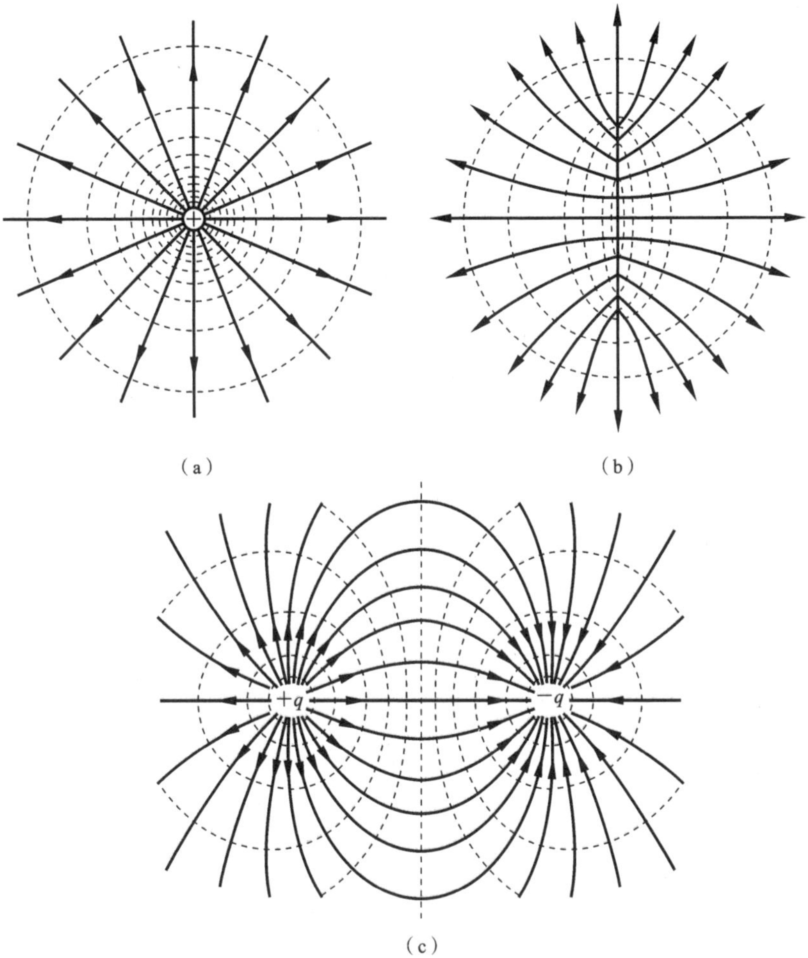

图 8-20

上。根据电场力做功的计算方法,可得电场力做功为
$$dW = q_0 \boldsymbol{E} \cdot d\boldsymbol{l} = q_0 E\cos\theta dl$$

因为 a 点和 b 点在同一等势面上,根据电势差与电场力做功的关系

$$dW = q_0(U_a - U_b) = 0$$

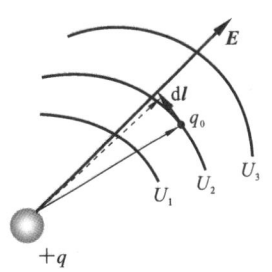

图 8-21

可知,$\cos\theta = 0$,$\theta = \dfrac{\pi}{2}$,即该点电场强度方向与元位移 dl 相互正交。因为电场线方向沿着场强方向,元位移 dl 的方向为等势面在该点的切线方向,故等势面和电场线满足处处正交,该推导过程对任意静电场同样成立。同时根据电场力做功与电势差的关系,

若试验电荷 q_0 沿着电场线方向从一个等势面上的 a' 点运动到另一个等势面上的 b' 点,运动的位移为 $\mathrm{d}l'$,则这时电场力做功为

$$\mathrm{d}W' = \boldsymbol{E} \cdot \mathrm{d}\boldsymbol{l}' = q_0(U_{a'} - U_{b'}) > 0$$

即 $U_{a'} > U_{b'}$,说明电场线的方向总是电势降低的方向。

关于等势面,我们可以得到如下几点结论:

(1) 在任意静电场中,把试验电荷沿等势面移动时,电场力所做的功为零;

(2) 在任意静电场中,电场线总是与等势面相互正交,电场线的方向指向电压降的方向;

(3) 与电力线相似,从等势面的疏密程度也能表示电场强度的强弱分布。在画等势面时,通常规定相邻两等势面的电势差相同。这时,等势面较密的区域,说明这些位置电场强度大,等势面较稀疏的区域,说明这些位置电场强度小。

8.4.2 电势与电场强度的微分关系

根据电势的定义可知,电场空间中某点的电势大小等于电场强度从该点沿着任意路径到电势零参考点的线积分。下面推导电场强度与电势的微分关系。

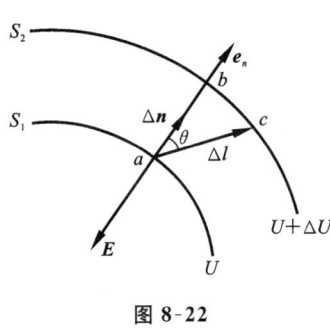

图 8-22

如图 8-22 所示,在静电场中有两个靠得很近的等势面 S_1 和 S_2,它们的电势分别为 U 和 $U+\Delta U$,两等势面的法线方向为 $\boldsymbol{e}_n$,规定等势面的法线方向 $\boldsymbol{e}_n$ 指向电势增加的方向。在两等势面上分别任意选取两点 a 点和 c 点,两点间的距离为 Δl。设 Δl 与 $\boldsymbol{e}_n$ 的夹角为 θ。因为电场线沿着电势降低的方向同时与等势面垂直,所以可知该点电场强度方向与 $\boldsymbol{e}_n$ 方向相反。根据电场强度与电势差的关系式:

$$U_a - U_b = \int_a^b \boldsymbol{E} \cdot \mathrm{d}\boldsymbol{l} = E_n \Delta l \cos\theta = E_n \Delta n$$

因为

$$U_a - U_b = -\Delta U$$

所以

$$E_n = -\frac{\Delta U}{\Delta n}$$

当两个等势面靠得很近时,$\Delta n \to 0$,则

$$E_n = -\lim_{\Delta n \to 0} \frac{\Delta U}{\Delta n} = -\frac{\partial U}{\partial n} \tag{8-20}$$

式(8-20)中的负号表示电场强度的方向与等势面的法线方向相反,即电场强度的方向总是电压降的方向,用矢量形式表示为

$$E = -\frac{\partial U}{\partial n}e_n \tag{8-21}$$

在直角坐标系中，电势是关于空间坐标的函数，则电场强度沿这三个坐标轴的分量分别为

$$E_x = -\frac{\partial U}{\partial x}, \quad E_y = -\frac{\partial U}{\partial y}, \quad E_z = -\frac{\partial U}{\partial z}$$

用矢量表达式可写为

$$E = -\left(\frac{\partial U}{\partial x}i + \frac{\partial U}{\partial y}j + \frac{\partial U}{\partial z}k\right) \tag{8-22}$$

如果已知电势的分布函数，根据电场强度与电势的微分关系，可计算电场强度。

【例 8-13】 利用电场强度与电势的微分关系，求均匀带电细圆环轴线上任一点的电场强度。

解 根据电势叠加原理可知，均匀带电细圆环轴线上任一点的电势为

$$U_p = \frac{Q}{4\pi\varepsilon_0 \sqrt{R^2 + x^2}}$$

因为电势只是关于 x 的单值函数，根据电场强度与电势的微分关系式(8-22)可得，任一 P 点处的电场强度大小为

$$E = E_x = -\frac{\partial U}{\partial x} = -\frac{d}{dx}\left(\frac{Q}{4\pi\varepsilon_0 \sqrt{R^2 + x^2}}\right) = \frac{1}{4\pi\varepsilon_0} \frac{xQ}{(R^2 + x^2)^{\frac{3}{2}}}$$

其方向沿 x 轴正方向。

根据电场强度与电势的微分关系，读者可以试着证明一个半径为 R、电荷面密度为 σ 的均匀带电圆盘轴线上任一点的电场强度为

$$E = \frac{\sigma}{2\varepsilon_0}\left(1 - \frac{x}{\sqrt{R^2 + x^2}}\right)i$$

式中：x 为场点到圆盘中心的距离大小。

8.5 静电场中的导体

8.5.1 导体的静电平衡

金属导体的电结构特征是指在它的内部存在大量可以自由移动的电荷，称为自由电子。将金属导体放在静电场中，它内部的自由电子将受到静电场力的作用而产生定向运动，并集结在导体表面。在静电场力的作用下，负电荷将集中在导体的一侧，而相对的另一侧则出现正电荷，这样一个原本电中性的导体在静电场力的作用下会出现电荷的重新分配，局部表面区域将会带电，这就是静电感应现象。由静电感应现象所产生的电荷，称为感应电荷。感应电荷同样在周围空间激发电场，这部分电场

称为感应电场,感应电场与外加电场在空间相互叠加。一般情况下,在导体内部感应电场与外电场方向相反,随着感应电荷的逐渐累积,感应电场也随之增加,直至感应电场与外加电场在导体内部完全抵消,这时导体内部没有可移动的自由电子,且导体内部的场强为零。我们把在导体中没有自由电子定向运动的状态,称为静电平衡状态。导体要达到静电平衡状态需要满足如下的静电平衡条件:

(1) 导体内部的电场强度处处为零(否则自由电子在静电场力的作用下会继续移动);

(2) 导体表面上的电场强度方向处处与导体表面垂直(否则自由电子将会在沿导体表面切向方向的电场力的作用下继续做定向运动)。

以上两个条件是导体静电平衡的必要条件。虽然静电平衡下的导体内部没有净余的电荷,内部电场强度处处为零,但导体表面上有电荷分布,且表面上的电场垂直于导体表面。由导体的静电平衡条件可以证明处在静电平衡状态下的导体是等势体,导体表面为等势面(因为导体内部的场强处处为零,根据电势差的定义可知,导体上任取两点的电势差一定等于零,即导体上任意点的电势相等)。

8.5.2 导体表面的电荷和电场

处在静电平衡中的导体,电荷只能分布在导体的表面上,在导体表面上电荷的分布与导体本身的形状以及附近带电体的状况等多种因素有关。对于孤立的带电体,实验表明:导体表面凸出而尖锐的部分,曲率较大(如尖端部分),这些位置表面电荷面密度也较大;导体表面凹陷部分,曲率为负值,表面电荷面密度较小。下面根据高斯定理求出导体表面附近的电场强度与该表面处电荷面密度的关系。

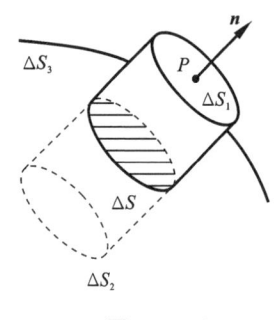

图 8-23

如图 8-23 所示,在导体表面附近取一点 P,过 P 点作一个平行于导体表面的小面积元 ΔS_1,并以此为底面,然后作一个圆柱形的高斯面从导体表面穿过,圆柱形高斯面的轴线垂直导体表面,其中另一底面 ΔS_2 处于导体内。假设高斯面的两个底面无限靠近导体表面,则可知 $\Delta S_1 = \Delta S_2 = \Delta S$。通过此封闭圆柱面的电通量为

$$\Phi_e = \oint_S \bm{E} \cdot \mathrm{d}\bm{S} = \int_{\Delta S_1} \bm{E} \cdot \mathrm{d}\bm{S} + \int_{\Delta S_2} \bm{E} \cdot \mathrm{d}\bm{S} + \int_{\Delta S_3} \bm{E} \cdot \mathrm{d}\bm{S}$$

由于导体内部的场强处处为零,而表面紧邻 P 点处的场强又与表面垂直,所以通过导体内底面 ΔS_2 和圆柱侧面 ΔS_3 的电通量均为零,因此通过整个圆柱形高斯面的电通量仅有通过 ΔS_1 的电通量且不等于零,即

$$\Phi_e = \oint_S \bm{E} \cdot \mathrm{d}\bm{S} = \int_{\Delta S_1} \bm{E} \cdot \mathrm{d}\bm{S} = E \Delta S_1$$

如果以 σ 表示导体表面上 P 点附近的面电荷密度,则根据高斯定理可得

$$E\Delta S = \frac{\sigma \Delta S}{\varepsilon_0} \xrightarrow{\text{表面临近处的场强与表面垂直}} E = \frac{\sigma}{\varepsilon_0} n \qquad (8-23)$$

其中,n 表示导体表面外法线方向的单位矢量。当 $\sigma>0$ 时,导体表面附近电场强度方向垂直表面向外;当 $\sigma<0$ 时,电场强度方向垂直表面向内。式(8-23)还表明带电导体表面附近的电场强度大小与该处附近电荷面密度成正比。

在生活中,我们有时会遇到带有尖端的导体出现放电现象。这是因为带有尖端的导体,在尖端处电荷密度很大,导致尖端处的电场也很强,当尖端周围的电场强度大到一定值时,就可使空气中残留的带电离子在电场作用下发生激烈运动,在运动的过程中由于与空气分子激烈碰撞,使得空气电离产生大量的带电粒子,这时原来不导电的空气变得容易导电。与尖端上电荷异号的带电粒子受尖端电荷的吸引,飞向尖端,与尖端上的电荷中和;与尖端上电荷同号的带电粒子受到排斥而从尖端附近飞出。由于空气电离后在尖端附近产生高速离子流,从表象上看,就好像尖端上的电荷被"喷射"出来一样,这就是尖端放电现象。避雷针就是根据尖端放电的原理制成的,但避雷针必须与大地有良好的接触才能起作用,否则会适得其反。如果高处的避雷针尖端附近积累的大量电荷不能通过大地释放掉,反而会更容易造成雷击建筑物事件的发生。在高压设备中,为了防止因尖端放电而引起的危险和电能的浪费,通常采取表面光滑的较粗导体作为输电线。此外,一些高压设备的电极的形状也经常设计得非常光滑,目的就是为了避免尖端放电的产生,提高高压设备的安全性。

8.5.3 静电屏蔽

1. 导体空腔中无带电体

当导体空腔中无带电体时,在静电平衡条件下,导体内表面无电荷分布。证明如下,对于腔内没有带电体的空腔导体,在导体内部作一包围空腔内表面的高斯面 S,如图 8-24(a)所示。根据静电平衡条件下导体的性质可知,高斯面 S 上的场强在静电平衡状态时处处为零,由高斯定理可知通过高斯面 S 的电通量为零,即高斯面 S 包围的电荷电量代数和为零。因为空腔内部自由空间无带电体,空腔导体内部又无电荷分布,所有导体空腔内表面上的电荷代数和一定为零,导体空腔内表面没有电荷分布,导体内表面也不可能分布着等量异号电荷。因为如果在导体内表面分布着等量异号电荷,根据电场线的性质,导体内部的电场线只能从导体空腔内表面某正电荷处出发,而终止于导体空腔内表面负电荷处,不能从导体内部穿过。但静电平衡时的导体为等势体,导体内部或空腔中无电场分布,也就不可能存在电场线。所有内表面上电荷密度为零,内表面附近也不会有电场。

2. 导体空腔中有带电体

对于腔内有带电体的空腔导体,如图 8-24(b)所示,用高斯定理可以证明,空腔

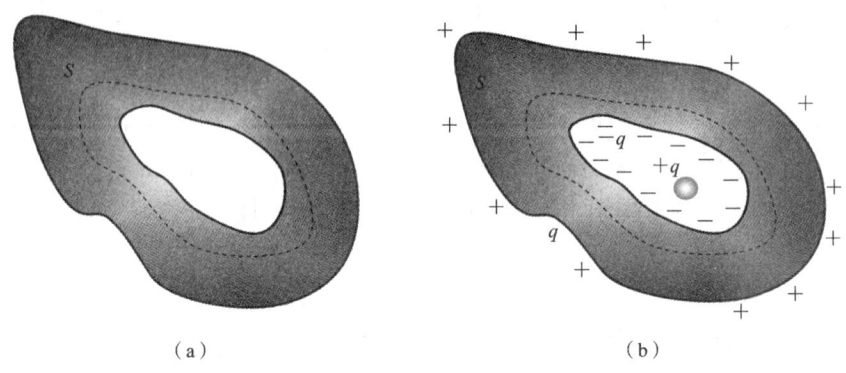

图 8-24

内表面必定带有与腔内带电体等量异号的电荷。设空腔内部存在一个带电量为 $+q$ 的点电荷,可以作一个从导体内部穿过并包围空腔内表面的封闭高斯面 S,根据高斯定理,通过高斯面 S 的电通量仍然为零,即高斯面包围空间电量的代数和为零。根据静电平衡下导体的性质,空腔导体内不仅无电场也无电荷分布,感应电荷只能分布在导体表面,所以根据高斯面包围电荷电量代数和为零可知,导体内表面一定分布着等量异号的电荷。整个空腔导体与其他体系无电荷交换,如果原来空腔导体本身带电量为 $+Q$,为了保持空腔导体电荷守恒,则可推出这时空腔导体外表面带电量为 $Q+q$。

3. 静电屏蔽

根据以上讨论,在导体空腔内部若不存在其他带电体,则无论导体外部电场如何分布,也不管导体空腔自身带电情况如何,只要处于静电平衡状态,导体空腔内必定不存在电场,这时导体壳的表面起到保护作用。另外,如果空腔内部存在电量为 $+q$ 的带电体,则在空腔内、外表面必将分别产生 $-q$ 和 $+q$ 的电荷,外表面的电荷 $+q$ 将会在空腔外空间产生电场。若将导体接地,则由外表面电荷产生的电场随之消失,于是腔外空间将不再受腔内电荷的影响。这种利用导体静电平衡性质使导体空腔内部空间不受腔外电荷和电场的影响,或者将导体空腔接地,使腔外空间免受腔内电荷和电场影响的现象,称为静电屏蔽。

静电屏蔽在无线电技术防止信号干扰方面有着十分重要的应用。例如,常把测量仪器用金属壳或金属网罩起来,以使内部电路不受外界电场的干扰;在高压设备的外面罩上接地的金属网栅,以使高压带电体不受外界影响,提高高压设备的安全性。

【例 8-14】 在一个接地的导体球附近有一个电量为 q 的点电荷。已知球的半径为 R,点电荷到球心的距离为 l,如图 8-25 所示。求导体球表面感应电荷的总电量 q'。

解 因为导体球接地,所以整个导体球的电势为零,球心 O 点的电势也为零。根据电势叠加原理,球心 O 点的电势是由点电荷 q 和球面上感应电荷 q' 共同产生

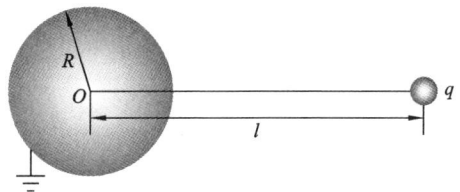

图 8-25

的。球外的点电荷在球心处贡献的电势为

$$U_{O1} = \frac{q}{4\pi\varepsilon_0 l}$$

导体球面上的感应电荷在球心处的电势为

$$U_{O2} = \oint_S \frac{\sigma' \mathrm{d}S}{4\pi\varepsilon_0 R} = \frac{q'}{4\pi\varepsilon_0 R}$$

根据电势叠加原理，球心处的电势为

$$U_O = U_{O1} + U_{O2} = \frac{q}{4\pi\varepsilon_0 l} + \frac{q'}{4\pi\varepsilon_0 R} = 0$$

可得

$$q' = -\frac{R}{l}q$$

8.6 静电场中的电介质

8.6.1 电介质的极化机理

电介质通常指的是不导电的绝缘体，其主要特征是它的分子中电子被原子核约束，很难逃脱原子的束缚，因此介质内几乎没有可自由移动的自由电子，其导电能力很差，故称为绝缘体。它与导体的显著区别是，在外电场作用下，电介质的内部或表面仍然带电，电介质内部的场强也不为零。我们把这种电介质在外电场作用下出现的带电现象称为电介质的极化，而电介质极化所出现的电荷，称为极化电荷或束缚电荷。

电介质中每个分子都是一个复杂的带电体系，它们分布在线度为 10^{-10} m 数量级的体积内。在考虑介质分子受外电场作用或介质分子在远处产生电场时，都可认为其中的正电荷等价于集中于一点，称为正电荷中心，而负电荷集中于另一点，则称为等价的负电荷中心。若分子的正电荷中心和负电荷中心重合在一起，如氢(H_2)、氮(N_2)、氦(He)等，其固有电矩为零，则这类电介质称为无极分子电介质；而像氯化氢(HCl)、水(H_2O)等介质分子，在正常情况下，它们内部的电荷分布不对称，因此分子的正电荷中心和负电荷中心不重合，存在电偶极矩，这类介质分子称为有极分子电介质。但由于分子无时无刻都存在着热运动,在物理小体积内,每个分子的电偶极矩取向都是完全随机的,因而物理小体积内的电偶极矩可以抵消,也没有宏观电偶极矩分布,整个电介质对外不显电性。

当在外电场作用下,无极分子电介质中的正负电荷中心受到相反方向的电场力作用,导致正负电荷中心将发生微小的相对位移,从而形成电偶极子。其电偶极矩取向沿外电场方向排列起来,如图 8-26(a)所示,这时电介质的电偶极矩矢量和不再等于零。同时,无极分子电介质在外电场作用下,这些发生相对位移的电荷不能在介质内自由移动,也不能脱离电介质的表面,因此把这种无极分子电介质的极化现象称为位移极化。

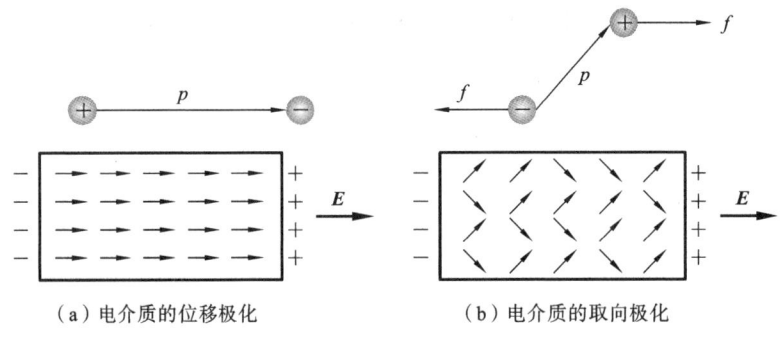

(a)电介质的位移极化   (b)电介质的取向极化

图 8-26

与无极分子电介质位移极化不同,有极分子本身具有电偶极矩,当处在外电场中时,各分子在外电场力偶矩的作用下,整体转向趋于外电场的方向,但由于分子热运动的影响,虽然有机分子的极化不会像位移极化那样整齐,但从整体上看,这种转向排列的结果也使其电偶极矩的矢量和不等于零,如图 8-26(b)所示。我们把有极分子电介质在外电场作用下的这种极化称为取向极化。综上所述,无论是无极分子电介质还是有极分子电介质,在外电场中都会出现极化现象。我们在对宏观电介质的极化进行描述时,虽然位移极化和取向极化的微观机理不同,但宏观结果是一样的,都会产生束缚电荷,内部电场都不为零,因此在后续的讨论中,不会对这两类电介质明显加以区分。

8.6.2 极化强度和极化电荷

当电介质被极化后,对于任意物理无限小的体积元 ΔV,内部包含着大量的分子电偶极矩,求电偶极矩的矢量和不会抵消,因此为了描述电介质的极化程度,我们定义了极化强度矢量 $\boldsymbol{P}$,其数学表达式为

$$\boldsymbol{P} = \lim_{\Delta V \to 0} \frac{\sum \boldsymbol{p}_i}{\Delta V} \tag{8-24}$$

式中：p_i 是第 i 个分子的电偶极矩矢量，即极化强度矢量 P 可看成单位体积内分子电偶极矩的矢量和。注意极化强度是一个宏观矢量函数，若电介质在某些区域内各点的极化强度 P 相同，则称该区域是均匀极化，否则是非均匀极化。一般情况下，外加电场越强，极化现象越明显，极化强度 P 就越大；反之，外电场越弱，极化现象越不显著，极化强度 P 就越小。由此可见，极化强度 P 可以用来描述电介质的极化程度。在国际单位制中，极化强度 P 的单位为库仑每平方米（C/m^2）。

由于极化电荷是电介质极化的结果，所以极化电荷与电介质极化强度之间一定存在某种定量关系。实验表明，在各向同性均匀电介质中，极化强度与介质内的电场强度成正比例关系，即

$$P = \varepsilon_0 \chi E \tag{8-25}$$

式中：E 是自由电荷电场强度 E_0 和极化电荷电场强度 E' 叠加后的合场强；χ 是电介质的极化率，对于均匀各向同性电介质，χ 一般是一个正的实常数，极化强度的方向与电场强度方向相同。

下面以无极分子电介质为例来讨论极化电荷与极化强度的关系。假设电介质在外电场作用下产生均匀极化，在电介质内取一圆柱形的体积元 dV，该体积元的底面积为 dS，沿着轴线方向的斜高为 l，如图 8-27

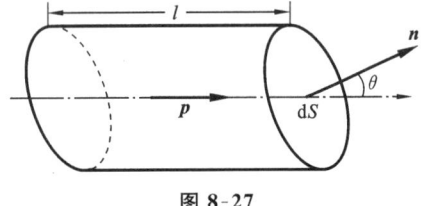

图 8-27

所示。设电介质中电场 E 的方向（与极化强度 P 方向相同）与 dS 的法线 n 方向的夹角为 θ，由于电场力的作用，无极分子的正负电荷中心将沿电场方向拉开位移 l，即位移极化导致每个电偶极子的电矩大小为 $p = ql$。为了简化分析，我们假设每个电偶极子的负电荷中心的位置不变，即全部负电中心在极化后全部在体积元 dV 中，在电场 E 的作用下，此体积元内所有分子的正电荷中心将穿过右侧的 dS 面到前侧去。以 q 表示每个等效电偶极子的正电荷量，则由于位移极化而越过 dS 面元的总电荷量为

$$dq' = qndV = qnldS\cos\theta = \boldsymbol{P} \cdot d\boldsymbol{S} \tag{8-26}$$

式中：n 是单位体积内的分子数。则由于极化穿过有限面积 S 的电荷可表示为

$$q' = \int_S \boldsymbol{P} \cdot d\boldsymbol{S}$$

根据式（8-26）可知，由于电介质极化而在介质表面 dS 出现的面束缚电荷密度 σ' 为

$$\sigma' = \frac{dq'}{dS} = P\cos\theta = \boldsymbol{P} \cdot \boldsymbol{n} \tag{8-27}$$

若 S 是封闭曲面，则穿过整个封闭曲面的极化电荷为

$$q'_S = \oint_S \boldsymbol{P} \cdot d\boldsymbol{S} \tag{8-28}$$

这些穿过底面的极化电荷在分子的束缚下分布在介质的表面,称这些电荷为面分布的极化电荷。同时因为电介质是电中性的,据电荷守恒定律,电介质极化后在封闭面内净余的束缚电荷为

$$q'_V = -q'_S = -\oint_S \boldsymbol{P} \cdot \mathrm{d}\boldsymbol{S} \tag{8-29}$$

式(8-29)表明,在各向同性介质中,任意闭合曲面包围的体积内的极化电荷总量与介质表面分布的极化电荷等值反号,面分布的极化电荷总量 q'_S 等于极化强度对闭合曲面的通量,这就是极化电荷与极化强度的关系。

8.6.3 电介质中的高斯定理与电位移矢量 D

在外电场的作用下,电介质中某点的总电场 $\boldsymbol{E}$ 等于自由电荷的场强 $\boldsymbol{E}_0$ 和极化电荷在该点激发的场强 $\boldsymbol{E}'$ 的矢量和,即

$$\boldsymbol{E} = \boldsymbol{E}_0 + \boldsymbol{E}' \tag{8-30}$$

我们把真空中的高斯定理推广到电介质中同样成立,只是这时高斯定理等式右边包围的电荷不仅有自由电荷,还包含由于电介质的极化而出现的束缚电荷,这时高斯定理可表示为

$$\oint_S \boldsymbol{E} \cdot \mathrm{d}\boldsymbol{S} = \frac{1}{\varepsilon_0}(q + q')$$

式中:q 是高斯面内包围的自由电荷电量的代数和;q' 是高斯面 S 内包围的束缚电荷的代数和,这里的 q' 即式(8-29)中的 q'_V。因为电介质中的束缚电荷很难测定,为此可以把上式中的束缚电荷 q' 用可测的物理量 $\boldsymbol{P}$ 对闭合曲面 S 的通量来表示,把式(8-29)代入上式整理后可得

$$\oint_S (\varepsilon_0 \boldsymbol{E} + \boldsymbol{P}) \cdot \mathrm{d}\boldsymbol{S} = q$$

定义电位移矢量

$$\boldsymbol{D} = \varepsilon_0 \boldsymbol{E} + \boldsymbol{P} \tag{8-31}$$

在国际单位制中 $\boldsymbol{D}$ 的单位与极化强度 $\boldsymbol{P}$ 的单位相同,即 C/m^2。电介质中的高斯定理可表示为

$$\oint_S \boldsymbol{D} \cdot \mathrm{d}\boldsymbol{S} = q \tag{8-32}$$

注意:式(8-32)右边的 q 是高斯面内包围的自由电荷电量的代数和,与束缚电荷无关。式(8-32)是静电场的基本定理之一。它表明,通过任意闭合曲面的电位移通量等于闭合曲面内包围的自由电荷代数和,与束缚电荷无关。根据电位移矢量 $\boldsymbol{D}$ 与电场强度 $\boldsymbol{E}$ 及极化强度 $\boldsymbol{P}$ 的关系可知,对于各向同性线性均匀电介质,电位移矢量 $\boldsymbol{D}$ 又可以表示为

$$\boldsymbol{D} = \varepsilon_0(1+\chi)\boldsymbol{E} = \varepsilon_0 \varepsilon_r \boldsymbol{E} = \varepsilon \boldsymbol{E} \tag{8-33}$$

式中：ε_r 称为相对介电常数（$\varepsilon_r = 1 + \chi$）；ε 称为绝对介电常数（也叫介质的电容率）。可见，对于各向同性均匀电介质，D 与 E 满足简单的正比关系。当 $\varepsilon = \varepsilon_0$ 时，式(8-32)表示的高斯定理回到了真空情形。因为极化率 $\chi > 0$，所以在各向同性均匀电介质中 $\varepsilon > \varepsilon_0$。当然，如果还想用真空中的高斯定理来处理电介质中的问题，则只需将 ε_0 换为 ε 即可推广到各向同性均匀电介质中。注意：在推导上述公式时，假设电介质是各向同性均匀介质，但关于电位移矢量 D 的基本定义及其高斯定理（见式(8-32)）则适用于任何电介质。

【例 8-15】 如图 8-28 所示，半径为 R_1 的球形导体，带电量为 Q，球形导体外包围着一层电介质，其相对介电常数为 ε_r，电介质的外表面对应的球面半径为 R_2，求空间电场分布规律。

解 由于带电系统的球对称性，可知该体系的 E 是以场点到球心的距离 r 的函数，应用电介质中的高斯定理

$$\oint_S \boldsymbol{D} \cdot d\boldsymbol{S} = q$$

以 O 点为中心，通过空间任意场点作一球形高斯面。根据静电平衡的性质，自由电荷只能均匀地分布在球形导体的表面，因此根据高斯定理可得

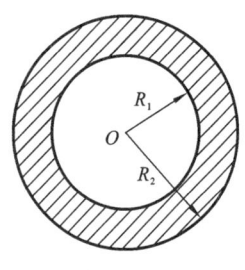

图 8-28

$$D \cdot 4\pi r^2 = \begin{cases} 0, & r < R_1 \\ Q, & R_1 < r < R_2 \\ Q, & r > R_2 \end{cases}$$

因为在真空中 $D = \varepsilon_0 E$，在电介质中 $D = \varepsilon_0 \varepsilon_r E$，所以空间的电场分布为

$$E(r) = \begin{cases} 0, & r < R_1 \\ \dfrac{Q}{4\pi\varepsilon_0 \varepsilon_r r^2}, & R_1 < r < R_2 \\ \dfrac{Q}{4\pi\varepsilon_0 r^2}, & r > R_2 \end{cases}$$

场强的方向沿径向。由结果可知，由于电介质极化而出现的束缚电荷所激发的电场 E' 削弱了原来的电场 E_0，因而介质中的总场强 E 比没有电介质时在相同场点的场强 E_0 要小。

8.7 电容和电容器

8.7.1 孤立导体的电容

本节首先讨论孤立带电导体的电容。理论和实验都证明，任何一种孤立带电导

体,它所带的电量 Q 与其电势 U 满足正比关系,而两者的比值为一常数,我们把这个比值称为孤立导体的电容,用 C 表示,即

$$C = \frac{Q}{U} \tag{8-34}$$

例如,一个半径为 R、带电量为 Q 的孤立导体球,其电势为 $U = \frac{Q}{4\pi\varepsilon_0 R}$,根据电容的定义式(8-34),可知其电容为

$$C = \frac{Q}{U} = 4\pi\varepsilon_0 R$$

由此可见,孤立导体的电容 C 只取决于导体自身的几何因素,与导体所带的电量及电势无关,它反映了孤立导体储存电荷和电能的能力。

在国际单位制中,电容的单位为法拉(F)。因为法拉的单位很大,在实际使用中,我们更多地用微法(μF)或皮法(pF)来表示实际电容器的电容,这些单位之间满足换算关系:$1\text{ F} = 10^6 \text{ }\mu\text{F} = 10^{12}\text{ pF}$。

8.7.2 电容器及其电容

在一个带电导体周围放入其他导体,由于静电感应现象,这时导体的电势 U 不仅与其所带的电量 Q 有关,而且还与其他导体的位置、形状以及所带电量等因素有关。也就是说,其他导体的存在将会影响到导体的电容。为了消除周围导体的影响,可以用一个封闭的导体外壳将孤立导体封闭起来,这样就构成一个简单的电容器装置。顾名思义,电容器就是能够有效存储电荷的装置。我们常用的电容器是由中间夹有电介质的两块金属板构成。

设有两个导体 A 和 B 组成一电容器(常称导体 A、B 为电容器的两个极板)。若 A、B 带电量分别为 $+Q$ 和 $-Q$,其电势分别为 U_A 和 U_B,则电容器的电容定义为:一个极板的电量 Q 与两极板间的电势差的比值,即

$$C = \frac{Q}{U_A - U_B} = \frac{Q}{U_{AB}} \tag{8-35}$$

电容器的电容与孤立导体的电容类似,只与两个带电导体的几何尺寸、形状、相对位置以及两导体间有无电介质等因素有关,与两个导体是否带电或带电多少无关。实际上,孤立导体也可以看成是一种特殊的电容器,只不过另一导体极板在电势为零的无限远处而已。

8.7.3 几种常见的电容器及其电容

1. 平行板电容器及其电容

平行板电容器是由两块彼此靠得很近的平行金属板构成,如图 8-29 所示。设金属板的面积为 S,内侧表面间的距离为 d,当 $d \ll \sqrt{S}$ 时,两平行板可看成无限大平面,

若忽略边缘效应,则两平行板间的电场就基本上是均匀电场。若两平行极板带等量异号电荷$\pm Q$,面电荷密度为$\pm\sigma$,根据无限大均匀带电平面电场的特点可知,两平行板间的电场强度为$E=\dfrac{\sigma}{\varepsilon_0}$,则两极板间的电势差$U_{AB}$为

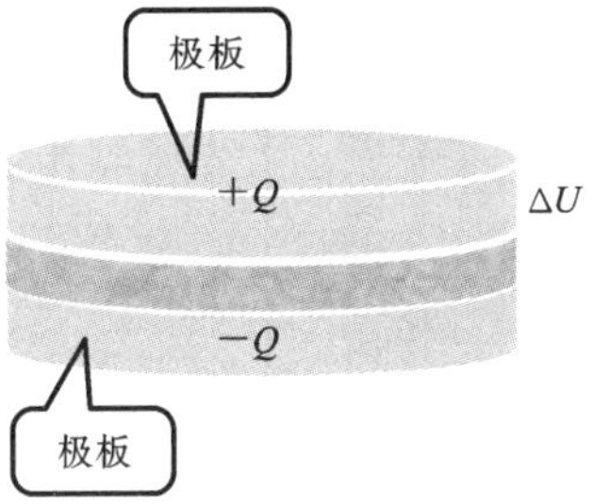

$$U_{AB}=\int_A^B \boldsymbol{E}\cdot \mathrm{d}\boldsymbol{l}=Ed=\dfrac{\sigma}{\varepsilon_0}d=\dfrac{Q}{\varepsilon_0 S}d$$

根据式(8-35)可得平行板电容器的电容为

$$C=\dfrac{Q}{U_{AB}}=\dfrac{\varepsilon_0 S}{d} \tag{8-36}$$

图 8-29

式(8-36)表明:平行板电容器的电容与极板面积S成正比,与两极板间的距离d成反比,与两极板带电量无关。

2. 同心球形电容器及其电容

这种电容器是由两个同心放置的导体球壳构成,如图 8-30 所示。设内球壳的外

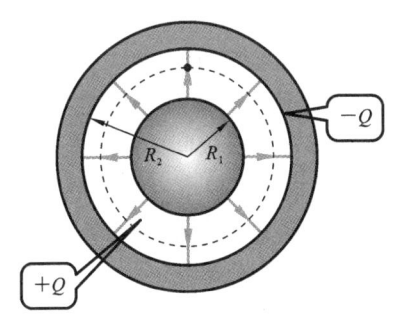

图 8-30

半径为R_1,外球壳的内半径为R_2,内球壳上带电量为$+Q$,外球壳上带电量为$-Q$。根据静电平衡导体的性质,内球壳电量$+Q$均匀分布在半径为R_1的球面上,外球壳电量$-Q$均匀分布在半径为R_2的球面上。根据高斯定理可求得两球壳之间的电场强度为

$$\boldsymbol{E}=\dfrac{Q}{4\pi\varepsilon_0 r^2}\boldsymbol{r}^0$$

电场方向沿径向向外。两球壳间的电势差为

$$U_{AB}=\int_A^B \boldsymbol{E}\cdot \mathrm{d}\boldsymbol{l}=\int_{R_1}^{R_2}\dfrac{Q}{4\pi\varepsilon_0 r^2}\mathrm{d}r=\dfrac{Q}{4\pi\varepsilon_0}\left(\dfrac{1}{R_1}-\dfrac{1}{R_2}\right)$$

根据式(8-35)可得同心球形电容器的电容为

$$C=\dfrac{Q}{U_{AB}}=\dfrac{4\pi\varepsilon_0 R_1 R_2}{R_2-R_1} \tag{8-37}$$

式(8-37)表明,球形电容器的电容仅与两同心导体球的半径R_1和R_2有关,与两导体球的带电量无关。注意:当$R_2\to\infty$时,电容器的电容为$C=4\pi\varepsilon_0 R_1$,与上面讨论的孤立导体球的电容完全相同。

3. 圆柱形电容器及其电容

圆柱形电容器是由两个彼此靠得很近的同轴导体圆柱面构成,如图 8-31 所示。设内、外同轴圆柱面的半径分别为R_1和R_2,圆柱的长为l,内外圆柱面带电量为

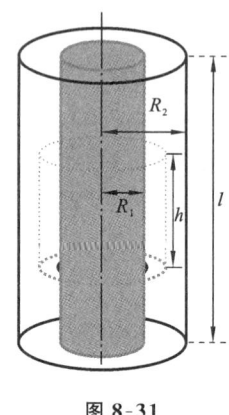

图 8-31

$\pm Q$。若两圆柱面的半径差值远小于圆柱的长 l,则可忽略柱面两端的边缘效应,认为圆柱是无限长的。根据高斯定理作一共轴的圆柱形高斯面,可求得两圆柱面之间的电场强度为

$$E = \frac{\lambda}{2\pi\varepsilon_0 r}r^0$$

式中:λ 是内柱面单位长度所带的电量;r^0 为垂直于轴线沿向外的径向方向的单位矢量。根据电势差的计算公式,两柱面间的电势差为

$$U_{AB} = \int_A^B \boldsymbol{E} \cdot \mathrm{d}\boldsymbol{l} = \int_{R_1}^{R_2} \frac{\lambda}{2\pi\varepsilon_0 r}\mathrm{d}r = \frac{\lambda}{2\pi\varepsilon_0}\ln\frac{R_2}{R_1}$$

因为内柱面单位长度所带电量为 $\lambda = \dfrac{Q}{l}$,所以同轴圆柱形电容器的电容为

$$C = \frac{Q}{U_{AB}} = \frac{2\pi\varepsilon_0 l}{\ln(R_2/R_1)} \tag{8-38}$$

上述计算结果再次说明电容器的电容只与带电体本身的性质有关,与其所带电量无关。根据以上几例,可以归纳出计算电容器电容的基本步骤如下:首先假设两个极板分别带有 $\pm Q$ 的电量,根据带电导体的电荷对称性计算出两极板间的电场强度分布(一般可用高斯定理计算场强);然后根据电场强度求出两极板间的电势差;最后根据电容的定义计算电容器的电容。在上面推导不同形状电容器电容的过程中,假设两导体板间无电介质,如果在导体板间填充了某种各向同性的均匀电介质,则只需把最后结果中的真空中的介电常数 ε_0 用介质的介电常数 ε 替换即可,公式中的基本关系保持不变。

8.7.4 电容器的串联和并联

在实际应用中,既要考虑电容器的电容值,又要考虑电容器的耐压值,当单个电容器不能同时满足这两个要求时,就需要把现有的电容器适当连接后使用。当几只电容器互相连接后,它们所容的电荷量与其两端的电势差之比,称为它们的等值电容。

若将 n 个电容器串联(电极首尾相接),则流入电容器组的电荷 $+Q$ 全部进入第一个电容器的高电势极板(接电源正极),其另一侧极板则由于静电感应带 $-Q$ 电量,于是近邻的第二个电容器的两极板依次带电量 $+Q$ 和 $-Q$,其他电容器极板带电依次类推。故串联总电容满足如下关系:

$$C = \frac{Q}{U} = \frac{Q}{U_1 + U_2 + \cdots + U_n} = \frac{1}{\dfrac{U_1}{Q} + \dfrac{U_2}{Q} + \cdots + \dfrac{U_n}{Q}} = \frac{1}{\dfrac{1}{C_1} + \dfrac{1}{C_2} + \cdots + \dfrac{1}{C_n}}$$

即等值电容 C 满足关系

$$\frac{1}{C}=\frac{1}{C_1}+\frac{1}{C_2}+\cdots+\frac{1}{C_n} \tag{8-39}$$

若 n 个电容器并联（各电容器的正、负极分别连在一起），则 Q 等于每个电容器的电荷之和，即 $Q=Q_1+Q_2+\cdots+Q_n$，其并联等值电容 C 为

$$C=\frac{Q}{U}=\frac{Q_1}{U}+\frac{Q_2}{U}+\cdots+\frac{Q_n}{U}=C_1+C_2+\cdots+C_n \tag{8-40}$$

应当指出，当电容器串联时，总电容降低，但耐压能力增强；当电容器并联时，总电容增加，而耐压值等于耐压能力最低的电容器的耐压值。在具体电路中，根据电路的要求使用不同的连接方法。有时还采取既有串联，又有并联的电容器组合，即电容器的混联。

8.8 电场的能量

8.8.1 带电体系的静电能

任何带电物体都具有能量，那么如何评估一个带电体所带的能量大小呢？众所周知，物体所带电量可以看成是由许多个电荷元不断聚集而形成的，假设处在 A 点的带电量为 Q 的带电体是由一个一个电荷元从无穷远处搬运过来形成的。在搬运过程中，假设已知带电体的电势为 U，则从无限远处把一个带电量为 $\mathrm{d}q$ 的电荷元搬运到 A 处，外界必须克服电场力做功。根据功能原理，假设取众多电荷元处于无限远处且彼此远离时的电势能为零，则把所有电荷元搬运到 A 点克服电场力所做的总功最终转化为带电体系电势能。下面以平行板电容器为例，说明电场能量的存储过程，并由平行板电容器两极板间的电场能量推出电场能量的一般表达式。

电容器的充电过程可以理解为不断地把电荷元 $\mathrm{d}q$ 从一个极板移到另一个极板，最后使两极板分别带有电量 $+Q$ 和 $-Q$。如果在移动第 i 个电量 $\mathrm{d}q$ 时，两极板已经分别带电量 $+q$ 和 $-q$，此时两极板间的电势差为 U，若继续将第 i 个电量 $\mathrm{d}q$ 从正极板移到负极板，电源需要克服两极板间的电场力做功，所做的元功为

$$\mathrm{d}A=U\mathrm{d}q=\frac{q}{C}\mathrm{d}q$$

式中：C 为电容器的电容。电容器所带电量从零增加到 Q 的过程中，外力所做的总功为

$$A=\int_0^Q \frac{1}{C}q\mathrm{d}q=\frac{Q^2}{2C}$$

因电容器开始充电时，两极板不带电荷，即电容器中不存储能量，当充电完成时，外力所做的功 A 全部以电势能的形式储存在电容器极板之间的电场中，根据能量守

恒,电容器中存储的能量在数值上等于外力所做的功 A,即

$$W_e = A = \frac{Q^2}{2C} = \frac{1}{2}QU_{AB} = \frac{1}{2}CU_{AB}^2 \tag{8-41}$$

式中:U_{AB} 是电容器带电量为 Q 时两极板间的电势差。式(8-41)即为电容器极板间电场能量的三种表达式,上面结果对任何结构的电容器都是成立的。

8.8.2 静电场的电场能量

带电体系具有静电能,那么带电体系所具有的静电能是由电荷本身产生的,还是由电荷激发的静电场产生的? 因为静电场与静电荷是相互依存,不可分离的,因此无法直接观察出电场能量是定域于电荷还是定域于电场。实际上,可以通过对电磁波的传播过程分析得出判断,根据后续的麦克斯韦方程组,我们知道变化的电场可以产生磁场,变化的磁场可以产生电场,从而在空间形成电磁波,电磁波在传播过程中则可以脱离激发它的电荷和电流而独立传播并携带能量。也就是说,电磁波能量定域于激发它的场中,脱离场源本身。由此可见,静电场的电场能量是定域于静电场中的。

既然电场能量定域于电场空间,我们就可以推导出关于电场能量的通用表达式。仍然以平行板电容器为例,设平行板电容器极板面积为 S,两极板间距离为 d,极板上所带自由电荷为 Q(电荷面密度为 σ),极板间充有介电常数为 ε 的电介质。根据平行板电容器的特点,可求出两极板间的电场强度大小为

$$E = \frac{\sigma}{\varepsilon}$$

两极板间电场为均匀电场,其电势差为

$$U_{AB} = Ed = \frac{Qd}{S\varepsilon}$$

极板带电量满足关系

$$Q = S\sigma = SE\varepsilon$$

根据式(8-41),有

$$W_e = \frac{1}{2}QU_{AB} = \frac{1}{2}\varepsilon E^2 Sd = \frac{1}{2}\varepsilon E^2 V$$

其中,$V=Sd$ 是平行板电容器两极板所包围的体积(不考虑边缘效应),由此可以求出电容器中静电场能量密度为

$$w_e = \frac{W_e}{V} = \frac{1}{2}\varepsilon E^2 = \frac{1}{2}ED \tag{8-42}$$

虽然式(8-42)是由平行板电容器极板间的电场这一特殊情况下推出来的,但可以证明这个公式适用于任何电场。不仅对静电场成立,对变化的电场也成立;不仅对均匀电场成立,对非均匀电场也成立。有了静电场能量密度与场强的基本关系,我们就可

以求任何空间的电场总能量。如果空间各点的电场强度不均匀,可以根据电场的分布特点,选择一合适的体积元 dV(要求体积元 dV 内的能量密度不变),则在体积元 dV 内的电场能量为

$$dW_e = w_e dV$$

电场总能量为电场能量密度对整个电场存在的全部空间进行体积分,即

$$W_e = \int dw_e = \int_V \frac{1}{2}\varepsilon E^2 dV = \int_V \frac{1}{2} DE\, dV \tag{8-43}$$

在各向同性介质中,电位移矢量 $\boldsymbol{D}$ 和电场强度矢量 $\boldsymbol{E}$ 的方向相同,这时电场能量密度也可以用两矢量的点积表示,即

$$w_e = \frac{1}{2}\boldsymbol{E} \cdot \boldsymbol{D} \tag{8-44}$$

电场总能量可以采用下列形式计算,即

$$W_e = \int_V \frac{1}{2}\boldsymbol{E} \cdot \boldsymbol{D}\, dV \tag{8-45}$$

【例 8-16】 已知一半径为 a 的均匀带电球体,其电荷体密度为 ρ(ρ 为常数),球内、外的介电常数均为 ε_0,试计算电场强度分布及总的静电场能量。

解 由高斯定理 $\oint_S \boldsymbol{E} \cdot d\boldsymbol{S} = \dfrac{q_{内}}{\varepsilon_0}$,得电场强度

$$\boldsymbol{E}_1 = \frac{\rho r}{3\varepsilon_0}\boldsymbol{r}^0, \quad r \leqslant a$$

$$\boldsymbol{E}_2 = \frac{\rho a^3}{3\varepsilon_0 r^2}\boldsymbol{r}^0, \quad r > a$$

电场能量密度为

$$w_1 = \frac{1}{2}\varepsilon_0 E_1^2, \quad r < a$$

$$w_2 = \frac{1}{2}\varepsilon_0 E_2^2, \quad r > a$$

总电场能量为

$$W = \int_V w\, dV = \int_0^a \frac{1}{2}\varepsilon_0\left(\frac{\rho r}{3\varepsilon_0}\right)^2 4\pi r^2\, dr + \int_a^\infty \frac{1}{2}\varepsilon_0\left(\frac{\rho a^3}{3\varepsilon_0 r^2}\right)^2 4\pi r^2\, dr = \frac{4\pi\rho^2 a^5}{15\varepsilon_0}$$

本 章 小 结

1. 库仑定律

在真空中,两个静止点电荷之间的相互作用力的大小与这两个点电荷所带电量 q_1 和 q_2 的乘积成正比,与它们之间的距离 r 的平方成反比,即

$$\boldsymbol{F} = \frac{1}{4\pi\varepsilon_0}\frac{q_1 q_2}{r^2}\boldsymbol{r}^0$$

式中：q_1 和 q_2 表示两个点电荷所带电量；r^0 表示施力电荷指向受力电荷矢径方向的单位矢量。

2. 电场强度

某点电场强度的大小等于单位电荷在该点的受力大小，方向为正电荷在该点受力的方向，点电荷产生的电场可以表示为

$$E = \frac{q}{4\pi\varepsilon_0 r^2} r^0$$

由电场强度叠加原理，可知 n 个点电荷在某点激发的电场等于每个点电荷单独存在时在该点激发的电场强度的矢量和，即

$$E = E_1 + E_2 + \cdots + E_n = \sum_i E_i = \sum_i \frac{q_i}{4\pi\varepsilon_0 r_i^2} r_i^0$$

3. 高斯定理

在真空中的任何静电场中，通过任一闭合曲面的电场强度通量等于该闭合曲面所包围的电荷电量的代数和除以 ε_0，而与闭合曲面外的电荷无关，这就是真空中静电场的高斯定理，即

$$\Phi_e = \oint_S E \cdot dS = \frac{\sum q_i}{\varepsilon_0}$$

4. 静电场的环流定理

在静电场中，电场强度沿任意闭合路径的线积分恒等于零，即

$$\oint_l E \cdot dl = 0$$

5. 电势能和电势

试验电荷在电场中任一点 a 处的电势能等于把 q_0 由 a 点移动到电势能零参考点电场力所做的功，即

$$E_{pa} = \int_a^\infty q_0 E \cdot dl$$

在电场中某点 a 处的电势，等于单位正电荷从该点经过任意路径移动到电势能零参考点时，电场力所做的功，即

$$U_a = \frac{E_{pa}}{q_0} = \int_a^\infty E \cdot dl$$

静电场中任意两点的电势差等于把单位正电荷从 a 点移动到 b 点电场力所做的功，即

$$U_{ab} = U_a - U_b = \int_a^\infty E \cdot dl - \int_b^\infty E \cdot dl = \int_a^b E \cdot dl$$

6. 电势叠加原理

点电荷系产生的电场中，某点的电势等于各个点电荷单独存在时，在该点产生的

电势的代数和,即

$$U_a = \sum_{i=1}^{n} u_i$$

对于连续分布的带电体,其激发的电场在某点的电势可用下列积分来表示,即

$$U_a = \int_V \mathrm{d}U = \int_V \frac{\mathrm{d}q}{4\pi\varepsilon_0 r}$$

7. 电场强度与电势的关系

电场中某点的电场强度大小等于电势分布函数沿等势面法线方向变化率的负值,即

$$E_n = -\lim_{\Delta n \to 0} \frac{\Delta U}{\Delta n} = -\frac{\partial U}{\partial n}$$

上式中的负号表示电场强度的方向与等势面的法线方向相反,即电场强度的方向总是沿着电压降的方向,用矢量形式表示为

$$\bm{E} = -\frac{\partial U}{\partial n}\bm{e}_n$$

在直角坐标系中,某点的电场强度等于该点电势梯度的负值,用矢量表达式可写为

$$\bm{E} = -\left(\frac{\partial U}{\partial x}\bm{i} + \frac{\partial U}{\partial y}\bm{j} + \frac{\partial U}{\partial z}\bm{k}\right)$$

8. 导体的静电平衡

(1) 处在静电平衡下的导体,其内部的电场强度处处为零,导体内部无可移动的自由电荷。

(2) 导体表面上的电场强度方向处处与导体表面垂直,整个导体为等势体,导体表面附近的电场强度与该处的电荷面密度之间满足如下关系:

$$\bm{E}_{表面} = \frac{\sigma}{\varepsilon_0}\bm{n}$$

9. 电介质中的高斯定理

电位移矢量 $\bm{D}$ 对任意闭合曲面的电位移通量等于闭合面内包围的自由电荷代数和,与闭合曲面内的束缚电荷无关。

$$\oint_S \bm{D} \cdot \mathrm{d}\bm{S} = q$$

10. 电容器的电容

电容器的电容为电容器极板带电量 Q 与两极板间的电势差的比值,即

$$C = \frac{Q}{U_A - U_B} = \frac{Q}{U_{AB}}$$

当 n 个电容器串联时,其等效电容的倒数等于各个电容器电容的倒数之和,即

$$\frac{1}{C}=\frac{1}{C_1}+\frac{1}{C_2}+\cdots+\frac{1}{C_n}$$

当 n 个电容器并联时,其并联等效电容 C 为各个电容器电容之和,即

$$C=C_1+C_2+\cdots+C_n$$

11. 静电场的能量

在各向同性介质中,电场能量密度等于电位移矢量 $\boldsymbol{D}$ 和电场强度矢量 $\boldsymbol{E}$ 的标积的二分之一,即

$$w_e=\frac{1}{2}\boldsymbol{E}\cdot\boldsymbol{D}$$

整个电场空间的总能量可以用下列积分表示:

$$W_e=\int_V \frac{1}{2}\boldsymbol{E}\cdot\boldsymbol{D}\mathrm{d}V$$

思 考 题

8.1 在用电场强度叠加原理计算连续分布带电体产生的电场时,是否可以直接对所选的电荷元产生的电场大小进行积分,而暂时不用考虑场强方向问题,为什么?

8.2 在理解电场强度概念时,为什么不能根据公式 $\boldsymbol{E}=\boldsymbol{F}/q_0$ 说某点的电场强度与试验电荷在该点所受的电场力成正比,与试验电荷的电量成反比?

8.3 把一点电荷放在一电场中,如果除静电力外不受其他力的作用,把它由静止状态释放,问此电荷是否沿着电场线运动?

8.4 在用高斯定理求电场强度分布时,为什么对带电体的电荷分布对称性有要求,而在高斯定理中却并未对带电体的形态有特别要求?

8.5 用矢量标积形式 $\mathrm{d}\Phi_e=\boldsymbol{E}\cdot\mathrm{d}\boldsymbol{S}$ 表示的电通量是否就是穿过面元 $\mathrm{d}S$ 的电场线数目?说说你的看法。

8.6 若产生电场的电荷分布在有限空间内,则一般选无穷远处为电势能零参考点,试说明下列两种情况下,点电荷 q 的电势能是正还是负。

(1) 点电荷 q 在同号电荷激发的电场中;(2) 点电荷 q 在异号电荷激发的电场中。

8.7 计算电场空间某点的电势大小时,我们是否只需知道空间的电场强度分布就可以算出?如果不能,还需要什么条件?

8.8 有两个半径相等的导体球 A 和 B,都带负电,但 A 球比 B 球电势高,用细导线把两球连接起来,则负电荷如何流动?

8.9 为什么说处在静电平衡状态下的导体内部没有电荷分布?如果有电荷存在,导体是否还处在静电平衡状态?

8.10 介质的极化现象与导体的静电感应现象有什么区别?

8.11 根据电容器电容的基本公式 $C=Q/U$,我们是否可以说一个电容器的电容与两极板间的电势差成反比,与极板所带电量 Q 成正比?

8.12 一块电中性的电介质在外电场的作用下会产生极化效应,根据电荷守恒,极化后的极化电荷的代数和仍等于零,那么我们是否可以通过将正、负极化电荷用导线连接使其中和掉? 为什么?

8.13 根据电介质中的高斯定理可知,通过任意闭合曲面的电位移通量仅仅与闭合曲面包围的自由电荷有关,那么是否我们也可以说电介质中的电场强度仅与有电介质中的自由电荷有关?

练 习 题

8.1 关于摩擦起电现象,下列说法中正确的是( )。
(A) 摩擦起电是用摩擦的方法将其他物质变成电荷
(B) 摩擦起电是通过摩擦将一个物体中的电荷转移到另一个物体
(C) 通过摩擦起电的两个原来不带电的物体,一定带有等量异号电荷
(D) 通过摩擦起电的两个原来不带电的物体,可能带有同号电荷

8.2 对于库仑定律,下面说法正确的是( )。
(A) 只要计算真空中两个静止点电荷间的相互作用力,无论距离大小都可以使用公式 $F=\dfrac{1}{4\pi\varepsilon_0}\dfrac{q_1 q_2}{r^2}r^0$
(B) 只要是两个相距有限远的带电小球,它们之间的相互作用力都可以用库仑定律计算
(C) 相互作用的两个点电荷,不论它们的电荷量是否相同,它们之间的库仑力大小一定相等、方向相反
(D) 当两个半径为 r 的带电金属球心相距为 $4r$ 时,它们之间相互作用的静电力大小只取决于它们各自所带的电荷量

8.3 下列说法中错误的是( )。
(A) 只要有电荷存在,电荷周围就一定存在着电场
(B) 电场是一种物质,它与其他物质一样,是不依赖我们的感觉而客观存在的东西
(C) 电荷间的相互作用是通过电场而产生的,电场最基本的性质是对处在它里面的电荷有力的作用
(D) 电场是人们假想出来的,其实根本就不存在

8.4 下列说法中正确的是( )。
(A) 电场强度反映了电场的力的性质,因此场中某点的场强与检验电荷在该点

所受的电场力成正比

(B) 电场中某点的场强等于 F/q,但与检验电荷的受力大小及所带电量无关

(C) 电场中某点的场强方向即检验电荷在该点的受力方向

(D) 公式 $E=kQ/r^2$ 对于任何形状的带电体都是适用的

8.5 下列关于高斯定理说法中正确的是(　　)。

(A) 高斯定理适用于任何静电场

(B) 高斯定理只适用于真空中的静电场

(C) 高斯定理只适用于具有球对称性、轴对称性和面对称性的静电场

(D) 高斯定理只适用于虽然不具有 C 中所述的对称性,但可以找到合适高斯面的静电场

8.6 一个电荷只在电场力作用下从电场中的 A 点移到 B 点时,电场力做了 5×10^{-6} J 的功,那么(　　)。

(A) 电荷在 B 处时将具有 5×10^{-6} J 的电势能

(B) 电荷在 B 处时将具有 5×10^{-6} J 的动能

(C) 电荷的电势能减少了 5×10^{-6} J

(D) 电荷的动能增加了 5×10^{-6} J

8.7 一个点电荷,从静电场中的 a 点移至 b 点,其电势能的变化为零,则(　　)。

(A) a、b 两点的场强一定相等

(B) 该电荷一定沿等势面移动

(C) 作用于该点电荷的电场力与其移动方向总是垂直的

(D) a、b 两点的电势相等

8.8 电场中有 A、B 两点,把某点电荷 q 从 A 点移到 B 点的过程中,电场力对该电荷做了负功,则下列说法正确的是(　　)。

(A) 该电荷是正电荷,则电势能减少

(B) 该电荷是正电荷,则电势能增加

(C) 该电荷是负电荷,则电势能增加

(D) 电荷的电势能增加,但不能判定是正电荷还是负电荷

8.9 一个带正电的质点(可看作点电荷),电量 $q=2.0\times10^{-9}$ C,在静电场中由 a 点移到 b 点,在这个过程中,除电场力做功外,其他力做的功为 6.0×10^{-5} J,质点的动能增加了 8.0×10^{-5} J,则 a、b 两点间的电势差 U_{ab} 为(　　)。

(A) 3×10^4 V　　(B) 1×10^4 V　　(C) 4×10^4 V　　(D) 7×10^4 V

8.10 半径为 r 的均匀带电球面 1,带电量为 q;其外有同心的半径为 R 的均匀带电球面 2,带电量为 Q,则此两球面之间的电势差 U_1-U_2 为(　　)。

(A) $\dfrac{q}{4\pi\varepsilon_0}\left(\dfrac{1}{r}-\dfrac{1}{R}\right)$ (B) $\dfrac{Q}{4\pi\varepsilon_0}\left(\dfrac{1}{R}-\dfrac{1}{r}\right)$

(C) $\dfrac{1}{4\pi\varepsilon_0}\left(\dfrac{q}{r}-\dfrac{Q}{R}\right)$ (D) $\dfrac{q}{4\pi\varepsilon_0 r}$

8.11 真空中有一点电荷 Q，在与它相距为 r 的 a 点处有一试验电荷 q，现使试验电荷 q 从 a 点沿半圆弧轨道运动到 b 点，如图 8-32 所示，则电场力对 q 做功为（ ）。

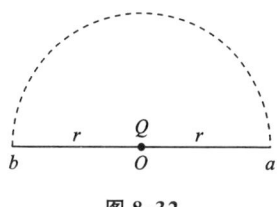

图 8-32

(A) $\dfrac{Qq}{4\pi\varepsilon_0 r}$ (B) $\dfrac{Qq}{2\pi\varepsilon_0 r}$

(C) $\dfrac{Qq}{4\pi\varepsilon_0 r^2}$ (D) 0

8.12 有两个带电不等的金属球，直径相等，但一个是空心的，一个是实心的。现用导线将两个金属球连接在一起，则这两个金属球上的电荷（ ）。

(A) 不变化   (B) 平均分配

(C) 空心球电量多   (D) 实心球电量多

8.13 一平行板电容器始终与一稳压电源相连，现将一块均匀的电介质板插进电容器，电介质刚好充满两极板间的空间，与未插电介质时相比（ ）。

(A) 电容器所带的电荷量不变   (B) 电容器的电容增大

(C) 两极板间各处电场强度减小   (D) 两极板间的电势差减小

8.14 下列关于电容器的说法中，正确的是（ ）。

(A) 电容越大的电容器，带电荷量也一定越多

(B) 电容器不带电时，其电容为零

(C) 由 $C=Q/U$ 可知，C 不变时，只要 Q 不断增加，则 U 可无限制地增大

(D) 电容器的电容与它是否带电无关，只取决于电容器本身的结构及周围电介质的性质

8.15 当一个电容器所带电荷量为 Q 时，两极板间的电势差为 U，如果所带电荷量增大为 $2Q$，则（ ）。

(A) 电容器的电容增大为原来的 2 倍，两极板间电势差保持不变

(B) 电容器的电容减小为原来的 1/2，两极板间电势差保持不变

(C) 电容器的电容保持不变，两极板间电势差增大为原来的 2 倍

(D) 电容器的电容保持不变，两极板间电势差减少为原来的 1/2

8.16 如图 8-33 所示，先接通 S 使电容器充电，然后断开 S。当增大两极板间距离时，电容器所带电荷量 Q、电容 C、两板间电势差 U 以及电容器两极板间场强 E 的变化情况是（ ）。

(A) Q 变小，C 不变，U 不变，E 变小

(B) Q 变小，C 变小，U 不变，E 不变
(C) Q 不变，C 变小，U 变大，E 不变
(D) Q 不变，C 变小，U 变小，E 变小

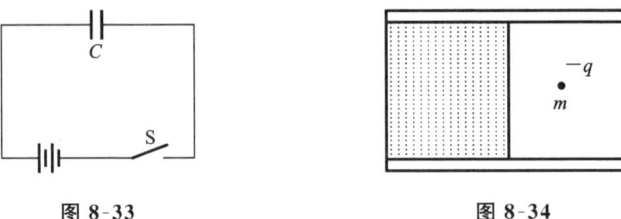

图 8-33　　　　　　　　　　图 8-34

8.17　一个大平行板电容器水平放置，两极板间的一半空间充有各向同性均匀电介质，另一半为空气，如图 8-34 所示。当两极板带上恒定的等量异号电荷时，有一个质量为 m 的带电量为 $-q$ 的质点，平衡在极板间的空气区域中。此后，若把电介质抽去，则该质点（　　）。
(A) 保持不动　　　　　　　　(B) 向上运动
(C) 向下运动　　　　　　　　(D) 不能确定是否运动

8.18　如图 8-35 所示，A 为带正电 Q 的金属板，沿金属板的垂直平分线，在距板 r 处放一质量为 m、电荷量为 q 的小球，小球受水平向右的电场力偏转 θ 角而静止，小球用绝缘丝线悬挂于 O 点。试求小球所在处的电场强度。

8.19　无限长均匀带电直线，电荷线密度为 λ，被弯曲成相互垂直的两半无限长。试求：如图 8-36 所示 P 点的电场强度。

8.20　如图 8-37 所示，一个细的带电半圆环，其半径为 R，其电荷线密度在图示坐标系中满足 $\lambda = \lambda_0 \sin\theta (\lambda_0 > 0)$。求圆心 O 处的场强。

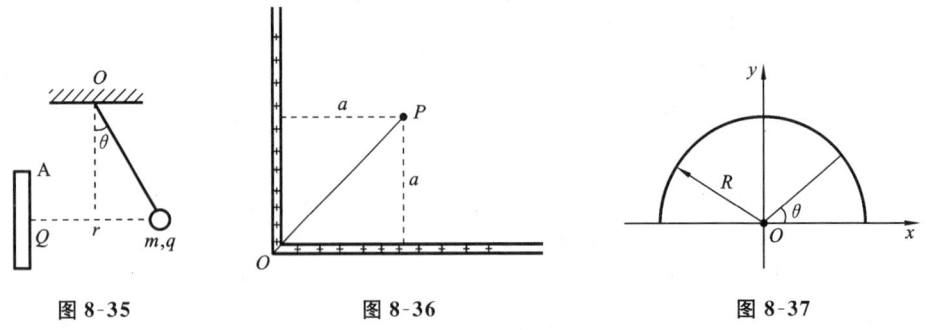

图 8-35　　　　　　图 8-36　　　　　　图 8-37

8.21　真空中有两块互相平行的无限大均匀带电平板 A、B，其电荷面密度分别为 $+2\sigma$ 和 $+\sigma$，取向右为 Ox 轴正方向。求如图 8-38 所示的三个区域的电场强度。

8.22　图 8-39 所示的为一个有厚度的均匀带电球壳，其电荷体密度为 ρ，球壳内表面半径为 R_1，外表面半径为 R_2。设无限远处为电势零参考点，求空腔内、外任

一点(距球心距离为 r)处的电势大小。

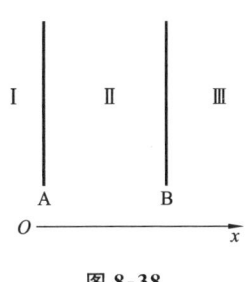

图 8-38

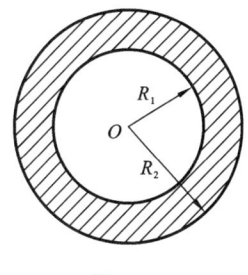

图 8-39

8.23 一半径为 R 的非均匀带电球体,其电荷体密度为 $\rho=kr(r\leqslant R)$,其中 k 为一正常数,带电球体外无电荷分布,求:

(1) 球内、外的电场强度分布;

(2) 假设无限远处为电势零参考点,则外球面的电势为多大?

8.24 内外半径分别为 R_1 和 R_2 的两无限长共轴均匀带电圆柱面,$R_1=1.5$ cm,$R_2=5.0$ cm。在距圆柱面轴线 $r_1=2$ cm 处有一点电荷 $q_0=6.6\times10^{-10}$ C,在电场力作用下,运动到距圆柱面轴线 $r_1=4$ cm 处,电场力做功 2.5×10^{-6} J,求内圆柱面单位长度所带电荷量 λ。

8.25 在电场中把电荷量为 2.0×10^{-9} C 的正电荷从 A 点移到 B 点,静电力做功为 -1.5×10^{-7} J,再把该电荷从 B 点移到 C 点,静电力做功为 4.0×10^{-7} J。求:

(1) A、B、C 三点中哪点的电势最高?哪点的电势最低?

(2) A 与 B 间、B 与 C 间、A 与 C 间的电势差各是多大?

(3) 把 -1.5×10^{-9} C 的电荷从 A 点移到 C 点,静电力做多少功?

8.26 如图 8-40 所示,一个电子(质量为 m)电荷量为 e,以初速度 v_0 沿着匀强电场的电场线方向飞入匀强电场,已知匀强电场的场强大小为 E,不计重力,求:

(1) 电子在电场中运动的加速度;

(2) 电子进入电场的最大距离;

(3) 电子进入电场最大距离的一半时的动能;

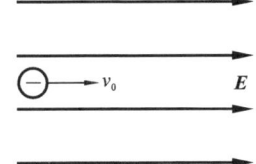

图 8-40

8.27 设雷雨云位于地面以上 500 m 的高度,其面积为 10^7 m²,为了估算,把它和地面看作一个平行板电容器,此雷雨云与地面间的电势梯度为 10^4 V/m,若一次雷电即把雷雨云的电能全部放完,则此能量相当于质量为多少千克的物体从 500 m 高空落到地面所释放的能量?

8.28 如图 8-41 所示,导体球 A 与导体球面 B 共心放置,导体球 A 的半径为 R_A,导体球面 B 的半径为 R_B,其带电量分别为 q 和 Q,以无穷远处为电势零参考点,求:(1) 导体球 A 的电势;(2) 若把内球接地,则内球带电量变为多少?

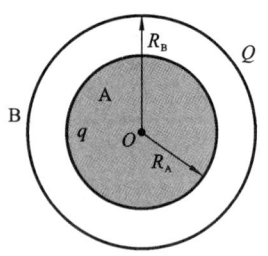

图 8-41

8.29 长为 L 的两个同轴的圆柱面,半径分别为 a 及 b,且 $L \gg b$,这两个圆柱面带有等值异号电荷 Q,两圆柱面间充满介电常数为 ε 的电介质。求:

(1) 在一个半径为 $r(a<r<b)$、厚度为 dr 的圆柱壳中任一点的能量密度 w 是多少?

(2) 这柱壳中的能量 dW 是多少?

(3) 电介质中总能量 W 是多少?

(4) 从电介质总能量求圆柱形电容器的电容 C。

第 9 章　稳 恒 磁 场

采用西南交通大学原创技术的世界首条高温超导高速磁浮工程化样车及试验线

2021年1月13日上午,采用西南交通大学原创技术的世界首条高温超导高速磁浮工程化样车及试验线在四川成都正式启用,这标志着高温超导高速磁浮工程化研究从无到有的突破,具备了工程化试验示范条件。

高温超导磁浮列车技术拥有无源自稳定、结构简单、节能、无化学和噪声污染、安全舒适、运行成本低等优点,是理想的新型轨道交通工具,适用于多种速度域,尤其适合高速及超高速线路的运行。具有自悬浮、自导向、自稳定特征的高温超导磁浮列车技术,是面向未来发展、应用前景广阔的新制式轨道交通方式。该技术拟首先在大气环境下实现工程化,预期运行速度目标值大于 600 km/h,可望创造在大气环境下陆地交通的速度新纪录。下一步计划结合未来真空管道技术,开发填补陆地交通和航空交通速度空白的综合交通系统,将为远期向 1000 km/h 以上速度值的突破奠定基础,从而构建陆地交通运输的全新模式,引发轨道交通发展的前瞻性、颠覆性变革。

来源:四川新闻网

第 8 章讨论了静电场的基本性质和基本规律，本章将讨论稳恒电流产生的磁场的性质和规律。首先引入描述磁场的物理量——磁感应强度，然后介绍毕奥-萨伐尔定律、磁场高斯定律和安培环路定律以及磁介质的性质。在第八章中，我们知道静止电荷在周围空间可以产生电场，如果电荷相对观察者运动，则不仅可以产生电场也可以产生磁场。电荷的定向运动可以产生电流，因此电流也可以产生磁场。从场的观点看，电荷与电荷之间的静电场力是通过电场进行传递的，而运动电荷与运动电荷之间、电流与电流之间或运动电荷与电流之间的磁场力则是通过磁场进行传递的。电荷在磁场中运动会受到洛伦兹力的作用，载流导线在磁场中会受到安培力的作用，载流线圈在磁场中会受到磁力矩的作用，这些磁场特殊的性质和规律在许多领域中有着广泛的应用。

本章所探讨的概念、规律和理论方法与静电场是类似的，但又有所不同，因此在学习过程中要与静电场进行对比，做到融会贯通。

9.1 磁场与磁感应强度

9.1.1 磁现象

人类对磁现象的认识有着悠久的历史，早在我国战国时期（公元前 475—公元前 221 年）就已经发现了磁石吸铁的现象，并发明了"司南"（即指南针的前身）用来判断方向。到北宋时期，我国科学家沈括研制出航海用的指南针，并发现了地磁偏角。早期的指南针是将天然的磁铁矿石制成条形磁棒，这些磁棒的两端磁性很强，其中部几乎无磁性。将磁棒制成小磁针，用细线系在中部将其悬挂，磁针会自动转向南北方向，因此，将磁针指北的一端称为 N 极，指南的一端称为 S 极。在西方，古希腊人在公元前 500 年左右就对天然磁铁的磁性做过定性研究并有相关的文字记录。但公认对磁学有系统定量研究的第一篇论著是由英国人吉尔伯特（Gilbert）在 1600 年发表的，他也因此被称为"磁学之父"。人类对磁现象的认识始于对永磁铁的观察。永磁铁分为天然磁铁和人造磁铁两种。永磁铁不存在单一的磁极，磁铁的两个磁极 N 极和 S 极不可分割、同时共存，该性质不同于静电场中的正电荷和负电荷，正电荷和负电荷在静电场中可以分别独立存在。

虽然磁现象与电现象早就被人类发现，但长期以来，人们对磁学和电学的研究都是独立进行的。直到 1820 年丹麦物理学家奥斯特（Oersted）发现了电流的磁效应，人们才开始认识到电和磁之间具有密切的联系。该效应是奥斯特在向学生做演示实验时发现的，放在通有电流的导线周围的小磁针会受到力的作用而发生偏转，当载流导线中电流方向不同时，小磁针的转动方向也随着发生改变。随后，法国科学家安培发现放在磁铁周围的载流导线或载流线圈，也会受到磁铁的作用力而发生运动，两个通电导线之间也存在着某种相互作用力。当把载流导线弯曲成两个线圈面对面平行放置时,若在两线圈中通相同方向的电流,两线圈会相互吸引;若通的电流方向相反,则两线圈相互排斥。安培的系列实验表明:电流和永磁铁一样会表现出磁性。为了探索出磁现象的本质,建立一种把磁现象和电现象统一起来的理论,安培在1922年提出了解释磁现象本质的分子电流假说。他认为一切磁现象的根源起因于电流,任何物质都是由原子和分子构成的,而分子中的电子和质子等带电粒子会形成微小的闭合电流,称为分子电流。每个分子电流都具有磁性,相当于一个基元磁铁。对于非磁性物质,受分子热运动的影响,各分子电流方向完全是随机的,就相当于许多个基元磁铁杂乱无章地堆放在一起,磁性相互抵消,从宏观上看,整个物质块对外不显磁性;对于永磁性物质,各分子电流会比较规则地排列起来,各分子磁性相互加强,从而导致这种物质对外显示磁性。而处在外磁场中的物质与永磁体类似,虽然原来的物质不显磁性,但在外磁场的作用下,原本方向杂乱无章的分子电流将趋向于外磁场的方向,这些等效的基元磁铁的磁性会相互加强,则物质对外显示磁性。安培提出的分子电流假说虽然受历史条件限制难免有些粗糙,但其本质与近代物理对磁现象本质的认识基本相同。特别是分子电流假说的提出可以很好地解释磁铁与磁铁、磁铁与电流、电流与电流之间的各种相互作用。例如,磁铁与载流导线之间的相互作用本质上就是磁铁里面排列整齐的分子电流与载流导线之间的相互作用。分子电流假说也可以解释为什么一个磁体的N极和S极不能单独存在,因为基元磁铁的两个磁极相对于分子电流的正反两个面,对于同一个分子环形电流,这两个面不能单独存在。

随着人们对电流本质认识的逐渐深入,特别是认识到电流是带电粒子定向运动引起的,这样电流之间的相互作用就可以认为是运动电荷之间的相互作用。而磁效应的根源可以说是运动电荷之间相互作用引起的。而运动电荷之间、载流导线之间存在的相互作用力(称为磁力),可以说是运动电荷之间相互作用的表现。

9.1.2 磁感应强度

与电场类似,磁铁与磁铁之间、磁铁与电流之间、电流与电流之间的磁力也是通过一种特殊的物质进行相互作用的,我们把能够传递这样相互作用的物质称为磁场(magnetic field)。任何运动电荷或电流都会在其周围产生磁场,处在磁场中的其他运动电荷或电流会受到磁场的作用,这就是磁场的基本属性。磁场与电场一样,是一种看不见、摸不着的特殊物质,拥有质量、动量和能量等基本物质属性。

在静电场中,我们通过引入电场强度矢量 E 来描述电场的性质,因此为了描述磁场的基本性质,我们引入物理量磁感应强度来描述磁场的强弱和方向,磁感应强度矢量常用 B 来表示。那么,如何定义磁感应强度 B 呢?与电场类似,这里可以根据磁场对运动电荷的作用力来定量描述磁场,由于磁场力的大小不仅与运动电荷的电量有关,还与电荷的速度大小及方向有关,因此,磁感应强度的定义方法要比电场强

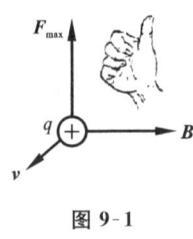

图 9-1

度的定义方法复杂一些。为了定义磁感应强度,假设有一运动电荷 q 以一定速度 v 通过场点 P,我们把这一运动电荷作为检验电荷来检验磁场。实验表明:在磁场中总有一个确定的方向,当检验电荷 q 以某一速度 v 沿此方向(或该方向的反方向)运动时,无论电荷的速度大小如何变化,q 均不受磁场力的作用,用小磁针来检验,该方向正是 **B** 的方向;当 q 的运动方向偏离 **B** 的方向时,则磁力开始显露出来;当 q 的运动方向垂直于 **B** 的方向时(见图 9-1),磁力达到了最大值 F_{max}。实验表明,对于磁场中的固定点 P,当 q 通过该点时,$F_{max}/(qv)$ 始终保持不变,对于不同点,$F_{max}/(qv)$ 有不同的值。可见,磁场中某点的 $F_{max}/(qv)$ 反映了该点磁场的性质,这个比值越大,表明运动电荷通过该点时受到的磁场力越大,磁场越强。因此,磁感应强度 **B** 的大小可定义为

$$B = \frac{F_{max}}{qv} \tag{9-1}$$

即磁场中某点 P 的磁感应强度大小等于运动的检验电荷通过该点时所受的最大磁场力 F_{max} 与检验电荷电量 q 和速度大小 v 乘积的比值,磁感应强度 **B** 的方向与检验电荷所受磁场力为零时的速度方向相同,且 **B** 的方向使得 $qv \times B$ 的方向与磁场力 **F** 同向,满足右手螺旋定则,如图 9-1 所示。

在国际单位制中,F 的单位为牛顿(N),q 的单位为库仑(C),电荷运动速度的单位为米每秒(m/s),因此 B 的单位可以写为 $N \cdot s \cdot C^{-1} \cdot m^{-1}$,称为特斯拉(Tesla),记作 T。在工程上,$B$ 常用高斯(Gauss)的单位,记作 G,两者的换算关系为

$$1 \text{ T} = 10^4 \text{ G}$$

表 9-1 给出了几种磁场的磁感应强度的大小。一般认为,$B > 10^{-2}$ T 时为强磁场,10^{-6} T $< B < 10^{-2}$ T 时为弱磁场,$B < 10^{-6}$ T 时为极弱磁场。由表 9-1 可见,地球磁场为弱磁场,动物磁场为极弱磁场,脉冲星上的磁场是迄今为止所知的最强大的天然磁场。

表 9-1 几种磁场的磁感应强度 单位:T

种 类	磁感应强度	种 类	磁感应强度
脉冲星	10^8	太阳磁场	10^{-4}
超导脉冲的磁场	$10 \sim 100$	地球赤道磁场	$3 \times 10^{-5} \sim 4 \times 10^{-5}$
电动机和变压器	$0.9 \sim 1.7$	地球两极磁场	$6 \times 10^{-5} \sim 7 \times 10^{-5}$
磁疗器	$0.1 \sim 0.2$	动物心脏	10^{-10}
核磁共振仪	$4 \times 10^{-4} \sim 8 \times 10^{-4}$	动物大脑	10^{-12}

9.2 毕奥-萨伐尔定律

9.2.1 毕奥-萨伐尔定律

在静电学中，求带电体在周围空间某点激发的电场强度 E 的基本方法，是将带电体拆分成许多个电荷元 dq，每个电荷元都可以看作点电荷，利用点电荷的电场强度计算公式，先求出电荷元 dq 在场点的电场强度 dE，再根据电场强度叠加原理，利用数学上的积分运算求整个带电体在场点的电场总强度。我们知道，任意载流导线在周围空间一定也激发相应的磁场，那么怎样才能确定空间中某点的磁场呢？参考电场强度的计算方法，可以把任意形状的载流导线划分成许多个电流元 Idl（其中 I 为导线中通过的电流强度，dl 为在导线上沿电流流向任取的一小段有向线元，线元的方向规定为该处电流的流向），如图 9-2 所示，而整个载流导线所产生的磁场，就是这些电流元所产生的磁场 dB 的叠加。按此思路，要确定任一个载流导线在周围产生的磁场，关键是要确定任一电流元 Idl 在场点激发的磁场。

19 世纪 20 年代，受奥斯特发现电流磁效应的启发，法国人毕奥(J. B. Biot)和萨伐尔(F. Savart)通过长直导线和弯曲导线对磁极作用力的分析，并在著名的法国数学家拉普拉斯(P. S. M. Laplace)的帮助下总结出了任一电流元 Idl 在某点产生的磁感应强度 dB 的基本规律，这就是毕奥-萨伐尔定律，其内容如下：

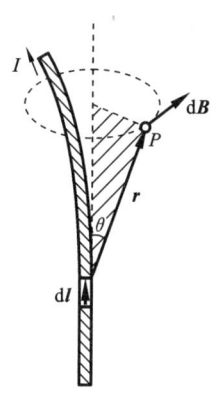

图 9-2

任意电流元 Idl 在真空中某点 P 所产生的磁感应强度 dB 的大小与电流元的大小成正比，与电流元 Idl 和 r 的夹角的正弦 $\sin\theta$ 成正比，与电流元到 P 点的距离 r 的平方成反比，用数学表达式可写为

$$dB = \frac{\mu_0}{4\pi} \frac{Idl\sin\theta}{r^2} \quad (9-2)$$

其中，dB 的方向垂直于 Idl 和 r 所组成的平面，满足右手螺旋定则，即 dB 的方向与矢积 $Idl \times r$ 的方向相同（见图 9-2）。

综合以上分析，载流导体中的任一电流元 Idl 在空间任意一点 P 处所产生的磁感应强度 dB 可用矢量式表示为

$$dB = \frac{\mu_0}{4\pi} \frac{Idl \times r^0}{r^2} \quad (9-3)$$

式中：$\mu_0 = 4\pi \times 10^{-7}$ N/A^2，称为真空磁导率；r^0 是矢径 r 方向的单位矢量。

有了任意电流元产生磁场的矢量表达式（见式(9-3)），则根据电场强度叠加原

理就可通过积分求出任一个载流导线在空间任意场点 P 的磁感应强度,即

$$\boldsymbol{B} = \int_l \mathrm{d}\boldsymbol{B} = \int_l \frac{\mu_0}{4\pi} \frac{I\mathrm{d}\boldsymbol{l} \times \boldsymbol{r}^0}{r^2} \tag{9-4}$$

式(9-3)常被称为毕奥-萨伐尔定律的微分形式,式(9-4)被称为毕奥-萨伐尔定律的积分形式。

【例 9-1】 一根长为 L 的直导线载有电流 I,求该载流体系在其周围某一点 P(距离导线为 a)处产生的磁感应强度。

解 为了求距离导线为 a 的 P 点处的磁感应强度,在导线上任取一段电流元 $I\mathrm{d}l$,电流元到 P 点的矢径为 $\boldsymbol{r}$,如图 9-3 所示。根据毕奥-萨伐尔定律,可写出电流元 $I\mathrm{d}l$ 在 P 点处的磁感应强度 $\mathrm{d}\boldsymbol{B}$ 的大小为

$$\mathrm{d}B = \frac{\mu_0}{4\pi} \frac{I\mathrm{d}l\sin\theta}{r^2}$$

用右手螺旋定则可以判断该电流元在 P 点处产生的 $\mathrm{d}\boldsymbol{B}$ 的方向垂直纸面向内,并且整个导线上的各个电流元在 P 点产生的磁感应强度方向相同。因此,P 点处的总磁感应强度应等于各个电流元在该点产生的磁感应强度的代数和,即

$$B = \int_L \mathrm{d}B = \int_L \frac{\mu_0}{4\pi} \frac{I\mathrm{d}l\sin\theta}{r^2}$$

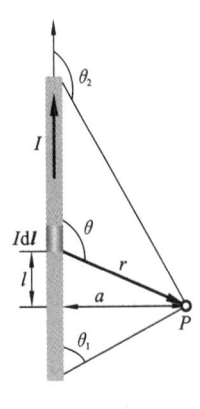

图 9-3

由图 9-3 可以看出,电流元选取的位置不同,则 r、θ 和 l 的大小不同,因此以上积分中出现的三个变量需要统一为一个变量后才能进行积分,根据图中的几何关系可以找到三个变量的关系如下:

$$r = a\csc\theta$$
$$l = a\cot(\pi - \theta) = -a\cot\theta$$

对上式求微分可得

$$\mathrm{d}l = a\csc^2\theta\mathrm{d}\theta$$

利用以上关系将积分统一为关于变量 θ 的积分,整理后可得

$$B = \frac{\mu_0 I}{4\pi a} \int_{\theta_1}^{\theta_2} \sin\theta\mathrm{d}\theta = \frac{\mu_0 I}{4\pi a}(\cos\theta_1 - \cos\theta_2)$$

上式中的积分上下限 θ_1 和 θ_2 分别表示载流直导线起点和终点对应的电流元和位矢 $\boldsymbol{r}$ 与电流元的夹角。若导线为无限长,则 $\theta_1 \approx 0, \theta_2 \approx \pi$,$P$ 点处的磁感应强度大小为

$$B = \frac{\mu_0 I}{2\pi a}$$

这个结果表明,无限长载流直导线周围的磁感应强度 $\boldsymbol{B}$ 的大小与载流导线的电流成正比,与导线到场点 P 的距离成反比,磁感应强度方向沿着通过各点圆的切线方向,其指向与电流方向满足右手螺旋定则。

【例 9-2】 设在真空中有一半径为 R 的载流圆线圈,线圈中通有电流 I,求其轴线上任一点 P 处的磁感应强度的大小和方向。

解 以圆环中心 O 为坐标原点,OP 方向为 x 轴,建立如图 9-4 所示的直角坐标系。根据毕奥-萨伐尔定律,在圆环上取任一电流元 Idl,该电流元在 P 点产生的 $d\boldsymbol{B}$ 的大小为

$$dB = \frac{\mu_0}{4\pi}\frac{Idl}{r^2}$$

由图 9-4 可见,载流圆环上各个电流元在 P 点处产生的 $d\boldsymbol{B}$ 方向各不相同。为了求矢量和,可将 $d\boldsymbol{B}$ 分解为平行于 x 轴的分量和垂直于 x 轴的分量。根据圆电流的对称性,关于 O 点对称位置取相同大小的电流元在 P 点处的 $d\boldsymbol{B}$ 关于 x 轴对称,也就是说载流圆环在 P 点处的磁感应强度沿垂直于 x 轴的分量逐对抵消,$\boldsymbol{B}$ 仅沿平行于 x 轴的分量不为零,即

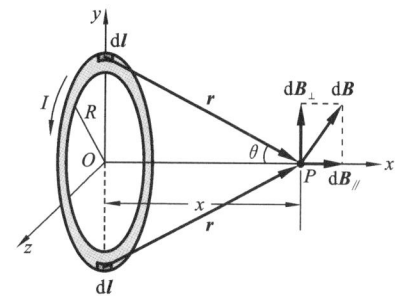

图 9-4

$$B = B_x = \int dB\sin\theta$$

由于

$$\sin\theta = \frac{R}{r}$$

$$r^2 = R^2 + x^2$$

所以

$$B = \frac{\mu_0 I}{4\pi}\int_l \frac{\sin\theta dl}{r^2} = \frac{\mu_0 IR}{4\pi r^3}\int_0^{2\pi R} dl = \frac{\mu_0 IR^2}{2(x^2+R^2)^{\frac{3}{2}}}$$

注意:$\boldsymbol{B}$ 的方向垂直于载流圆环平面,与环形电流方向构成右手螺旋关系,沿 x 轴正方向。

若载流圆环扩展成为密绕的 N 匝线圈,则

$$B = \frac{N\mu_0 IR^2}{2(x^2+R^2)^{\frac{3}{2}}}$$

下面我们讨论两种特殊情况:

(1) 当场点 P 在圆环的中心处,即 $x = 0$,则 P 点处的磁感应强度大小为

$$B = \frac{\mu_0 I}{2R}$$

(2) 场点远离载流线圈,即 $x \gg R$,则圆线圈轴线上 P 点处的磁感应强度大小为

$$B = \frac{\mu_0 IR^2}{2x^3} = \frac{\mu_0 IS}{2\pi x^3}$$

式中:$S=\pi R^2$ 为圆环包围的面积。

对于平面载流线圈的磁感应强度也常用磁矩 p_m 这一物理量来表示,磁矩的定义式为

$$p_m = ISe_n$$

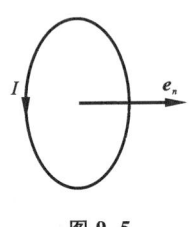

图 9-5

式中:S 为载流线圈包围的面积;I 为线圈中的电流;e_n 为载流线圈平面的法向单位矢量,其方向与电流方向呈右螺旋关系,如图 9-5 所示。则上面载流圆线圈在轴线上任一点 P 处产生的磁感应强度可表示为

$$B = \frac{\mu_0 p_m}{2\pi (R^2 + x^2)^{\frac{3}{2}}}$$

圆心处的磁感应强度为

$$B = \frac{\mu_0 p_m}{2\pi R^3}$$

这个结果表明,磁矩是产生磁场的本源。磁矩是一个非常重要的物理量,在研究物质的磁性,以及原子、分子及原子核物理时经常使用。众所周知,任何物质都是由原子、分子组成的,每个原子又是由电子和原子核构成的,每一个电子都在特定的轨道上运动,因此,作轨道运动的电子都会有轨道磁矩。同时,电子还存在自旋运动,自旋运动也会产生等效的自旋磁矩。若电子的轨道磁矩和自旋磁矩的矢量和不为零,其矢量和称为电子磁矩,这些电子磁矩的矢量和(事实上还应包括原子核的磁矩)构成原子磁矩。对分子而言,分子中所有原子磁矩的矢量和又构成分子磁矩。分子磁矩可以视为由一个等效电流产生,这个电流就是分子电流。当构成物质的每个分子的分子磁矩取向一致时,这些分子磁矩就会在宏观上表现出磁性,这就是物质磁性起源的机理。

【例 9-3】 如图 9-6 所示,有一个长为 L、半径为 R 的载流密绕直螺线管,螺线管单位长度的匝数为 n,通有电流 I。设把螺线管放在真空中,求管内轴线上某一点处的磁感应强度。

解 考虑到载流直螺线管为密绕螺线管,故可以把长直螺线管看成是由一系列紧密并排的圆线圈构成的,在沿轴线方向距离 P 点 l 处取一长度为 dl 的螺线管元,该螺线管元共有线圈匝数为 $dN = ndl$,由例 9-2 的结果,一个载流圆形线圈在 P 点处的磁感应强度为

$$B = \frac{\mu_0 I R^2}{2(l^2 + R^2)^{\frac{3}{2}}}$$

则在 l 处所取的长度为 dl 的螺线管元(匝数为 dN)在 P 点处的磁感应强度大小为

$$dB = \frac{\mu_0}{2} \frac{R^2 In dl}{(l^2 + R^2)^{\frac{3}{2}}}$$

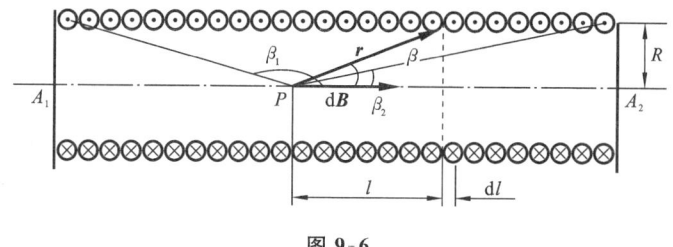

图 9-6

方向沿轴线向右,因各螺线管元在 P 点处产生的磁感应强度方向相同,所以整个螺线管在 P 点处产生的总磁感应强度为

$$B = \int \mathrm{d}B = \frac{\mu_0 nI}{2} \int_{l_1}^{l_2} \frac{R^2 \mathrm{d}l}{(R^2 + l^2)^{\frac{3}{2}}}$$

根据图 9-6 所示的几何关系可知

$$l = R\cot\beta, \quad \mathrm{d}l = -R\csc^2\beta\mathrm{d}\beta, \quad R^2 + l^2 = R^2\csc^2\beta$$

其中,β 为 $\mathrm{d}l$ 处的螺旋管相对于 P 点的位置矢量 r 与螺旋管轴线间的夹角(规定沿轴线水平向右为正方向),将上述关系代入积分式,整理后可得

$$B = -\frac{\mu_0 nI}{2} \int_{\beta_1}^{\beta_2} \sin\beta\mathrm{d}\beta = \frac{\mu_0 nI}{2}(\cos\beta_2 - \cos\beta_1)$$

式中:β_1 和 β_2 分别表示螺线管左右两端相对于 P 点的位矢与轴线之间的夹角。

由以上结果可以看出,若螺线管两端延伸到无限远处,此时 $\beta_1 = \pi, \beta_2 = 0$,则 P 点处的磁感应强度为

$$B = \mu_0 nI$$

由此可以看出,当不考虑螺线管两端边缘效应时,螺线管内部轴线的磁场可看成匀强磁场,若螺线管为半无限长(即从 P 点处分成两部分),则 $\beta_1 = \frac{\pi}{2}, \beta_2 = 0$,或 $\beta_1 = \pi, \beta_2 = \frac{\pi}{2}$,有

$$B = \frac{1}{2}\mu_0 nI$$

上式表明,半无限长直螺线管端点轴线上某点处的磁感应强度是无限长直螺线管磁感应强度的一半,根据以上分析可画出长直螺线管轴线上的磁场分布曲线,如图 9-7 所示。

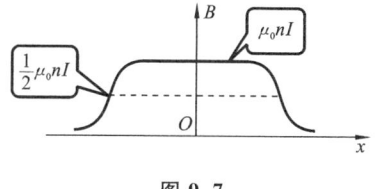

图 9-7

【例 9-4】 有一长为 b、线密度为 λ 的带电线段 AB,可绕距离为 a 的 O 点旋转,如图 9-8 所示。设旋转角速度为 ω,转动过程中线段 A 端距离轴 O 的距离 a 保持不变,求带电线段在 O 点产生的磁感应强度和磁矩。

解 (1)由于带电线段 AB 的不同位置绕 O 点转动的线速度不同,在 AB 上距

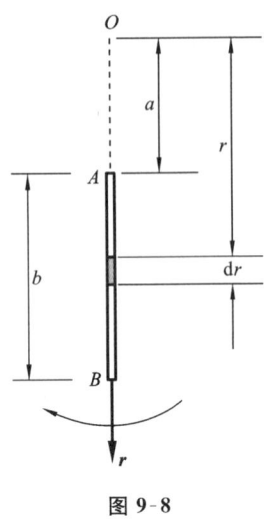

图 9-8

O 点距离为 r 处取一线元 dr,线元带电量为 $dq = \lambda dr$,当 AB 以角速度 ω 旋转时, dq 形成环形电流,其电流大小为

$$dI = \frac{dq}{\frac{2\pi}{\omega}} = \frac{\omega dq}{2\pi} = \frac{\omega}{2\pi}\lambda dr$$

圆电流在圆心 O 处的磁感应强度为

$$dB = \frac{\mu_0 dI}{2r}$$

将电流微分 dI 代入上式可得

$$dB = \frac{\mu_0 \lambda \omega}{4\pi} \frac{dr}{r}$$

带电线段 AB 在 O 点产生的磁感应强度为

$$B = \int dB = \frac{\mu_0 \lambda \omega}{4\pi} \int_a^{a+b} \frac{dr}{r} = \frac{\mu_0 \lambda \omega}{4\pi} \ln\frac{a+b}{a}$$

当带电线段为正电荷时,磁感应强度方向垂直于纸面向里。

(2)旋转带电线元 dr 形成的等效电流的磁矩为

$$dP_m = \pi r^2 dI = \frac{\lambda \omega}{2} r^2 dr$$

考虑到所有线元的磁矩方向相同,则旋转的带电线段 AB 产生的总磁矩为

$$p_m = \int dP_m = \int_a^{a+b} \frac{\lambda \omega}{2} r^2 dr = \frac{\lambda \omega}{6}[(a+b)^3 - a^3]$$

当带电线段为正电荷时,磁矩方向也垂直于纸面向里。

9.2.2 运动电荷的磁场

我们知道电流是由电荷定向运动产生的,所有载流导线产生磁场的本质是导线内大量运动电荷产生的磁场叠加后的结果。我们可以根据毕奥-萨伐尔定律,推导出运动电荷产生的磁场。

为此,可以从有限长的载流导线中截取一小段电流元,如图 9-9 所示。假设电流元的长度为 dl,导线的横截面积为 S,导线中运动电荷的电量为 $+q$,单位体积的电荷数目为 n。为了简化计算,假设电流元中的所

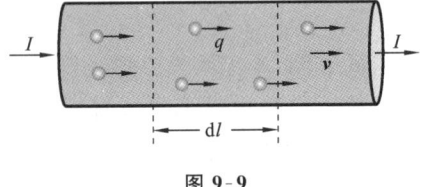

图 9-9

有电荷定向运动的速度均为 v。根据电流的定义,可知电流元中的电流可以表示为

$$I = nqvS$$

将毕奥-萨伐尔定律(见式(9-3))中的电流用上式替换后可得

$$d\boldsymbol{B} = \frac{\mu_0}{4\pi} \frac{(nqvS)d\boldsymbol{l} \times \boldsymbol{r}^0}{r^2}$$

对于带正电的载流子，q 的速度方向与 $d\boldsymbol{l}$ 方向相同。因此，上式又可以写成

$$d\boldsymbol{B} = \frac{\mu_0}{4\pi} \frac{(nqSdl)\boldsymbol{v} \times \boldsymbol{r}^0}{r^2}$$

已知电流元 Idl 中包含的电荷数 dN 为

$$dN = nSdl$$

在电流元中，每个运动电荷对磁场的贡献是等效的，则平均到一个运动电荷贡献的磁感应强度为

$$\boldsymbol{B}_q = \frac{d\boldsymbol{B}}{dN} = \frac{\mu_0}{4\pi} \frac{q\boldsymbol{v} \times \boldsymbol{r}^0}{r^2} \tag{9-5}$$

由式(9-5)即可确定一个运动电荷在某点激发的磁感应强度，上式中的 $\boldsymbol{r}^0$ 为电荷 q 指向场点的位矢 $\boldsymbol{r}$ 方向的单位矢量。运动电荷产生的磁感应强度方向可根据式(9-5)中的矢积运算通过右手螺旋定则进行判断，注意公式中的电荷电量 q 为代数值，当载流子为负电荷时，q 自带负号(如电子 $q=-e$)。

9.3　磁场的高斯定理与安培环路定理

9.3.1　磁通量

磁场与电场一样都是抽象的。为了形象地描述磁场，可以像在电场中引入电场线一样，用磁感应线(又称磁力线)来表示稳恒磁场的分布。磁感应线的画法与电场线类似，规定磁感应线上每一点的切线方向与该点的磁感应强度 $\boldsymbol{B}$ 的方向一致，某点周围磁感应线的疏密程度反映该点磁感应强度 $\boldsymbol{B}$ 的大小。图 9-10(a)、(b)、(c)分别是根据实验规律描绘的载流直导线、载流圆环和载流螺线管的磁感应线的示意图。从图中可以看出，不同于电场线，每一条磁感应线都是无头无尾的闭合曲线，并且与

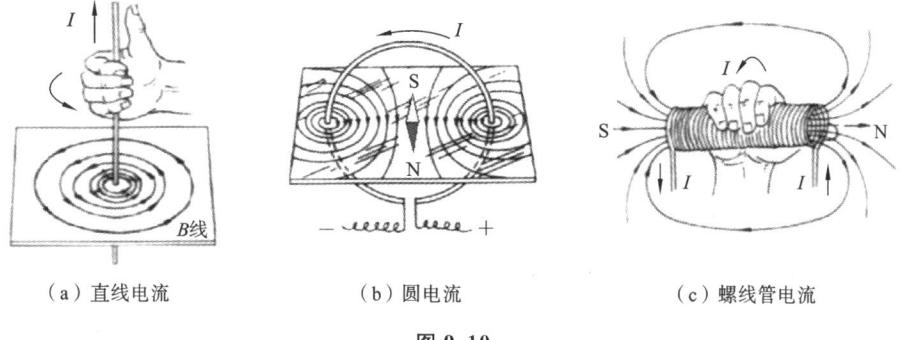

(a) 直线电流　　　　(b) 圆电流　　　　(c) 螺线管电流

图 9-10

电流相互嵌套,磁感应线的方向与嵌套的电流方向满足右手螺旋定则。

为了使磁感应线能定量地描述磁场的分布,通常规定在磁场空间中某点,沿垂直于该点磁场方向单位面积通过的磁感应线的数目来表示该点 **B** 的大小。由于表示磁场的磁感应线都是闭合曲线,根据磁场的这个性质,可以仿照静电场中电通量的概念引入磁通量,在磁场中穿过任一面元的磁通量定义为(见图 9-11)

$$d\Phi_m = \boldsymbol{B} \cdot d\boldsymbol{S} \tag{9-6}$$

通过任一曲面的磁通量为

$$\Phi_m = \int_S \boldsymbol{B} \cdot d\boldsymbol{S} \tag{9-7}$$

如果曲面 S 为封闭曲面,则根据前面对封闭曲面正方向的规定,曲面由里向外的法线方向为面元的正方向,如图 9-12 所示,封闭曲面的磁通量可表示为

$$\Phi_m = \oint_S \boldsymbol{B} \cdot d\boldsymbol{S} \tag{9-8}$$

磁通量的单位是韦伯,用 Wb 表示,1 Wb=1 T·m²。

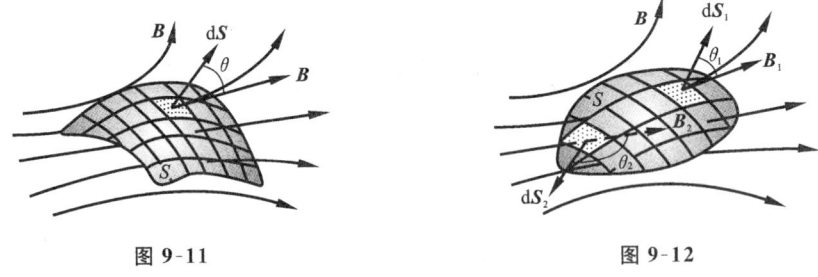

图 9-11　　　　　　　　　图 9-12

9.3.2　磁场的高斯定理

由于磁感应线是无头无尾的闭合曲线,因此从任意闭合曲面一侧穿入的磁感应线必然从闭合曲面的另一侧穿出,根据规定,穿入闭合曲面的磁通量取负值,穿出闭合曲面的磁通量取正值,故通过空间中任意封闭曲面的磁通量必为零,即

$$\oint_S \boldsymbol{B} \cdot d\boldsymbol{S} = 0 \tag{9-9}$$

这就是磁场的高斯定理。磁场的高斯定理是磁场的一条基本规律。与静电场相比,静电场的高斯定理说明静电场是有源场,其电场线起自于正电荷,终止于负电荷,不形成闭合曲线。而磁场的高斯定理表明磁感应线是无头无尾的闭合曲线,磁感应线既无源头,又无尾,因而稳恒磁场是无源场,又称涡旋场。显然,磁场的这个性质与磁单极子的不存在是紧密相关的。

当然磁单极子的发现意义重大,如果能在现实中找到磁单极子,则能够使新能源的利用和开发进入新的阶段。而最贴近人们生活的,就是磁悬浮列车的制造技术将

有质的飞跃,因为在车的悬浮运行中可消除磁损耗和热损耗,使列车出行更安全、更经济。如果我们拥有一个仅具有南极或者北极的物体,那么它的很多应用都不会受到我们不需要的那个磁极的影响,比如真正意义上的直流发电机将离我们不再遥远。

1931年,著名的英国物理学家狄拉克首先从理论上预言,磁单极子是可以独立存在的。他认为,既然电有基本电荷——电子存在,磁也应有基本磁荷——磁单极子存在,这样,电磁现象的完全对称性就可以得到保证。因此,他以电动力学和量子力学为基础进行演绎推导,前所未有地把磁单极子作为一种新粒子提出来。以前,狄拉克曾经预言过正电子的存在,并已经被实验所证实,这一次他提出的磁单极子假设同样震惊了整个科学界。

在磁单极子的理论研究方面,除狄拉克最早提出的磁单极子学说外,还有其他一些科学家也曾提出过多种学说,各有其特点和根据。如著名的美籍意大利物理学家费米也曾经从理论上探讨过磁单极子,并且也认为它可能存在。华裔物理学家、诺贝尔物理学奖获得者杨振宁教授等一些著名的科学家,也从不同方面不同程度地对磁单极子理论做出了补充和完善。他们弥补了狄拉克理论中的一些缺陷和不足,给磁单极子的设想辅以更坚实的理论基础。

高能加速器是科学家实现寻找磁单极子美好理想的另一种重要手段。科学家利用高能加速器加速核子(如质子),以之冲击原子核,希望这样能够使理论中的紧密结合的正负磁单极子分离,以求找到磁单极子。美国的科学家利用同步回旋加速器,多次用高能质子与轻原子核碰撞,但是也没有发现磁单极子产生的迹象。这样的实验已经做了很多次,得到的都是否定的结果。

然而半个多世纪以来,实验物理学家们从高能加速器,天上的宇宙线、陨星(陨石)和月球岩石,地下的岩石和海底岩石等许多方面进行了寻找磁单极子的艰苦努力,但至今仍没有得到肯定的结果。人们推测,磁单极子可能是在宇宙形成之初产生的,残存下来的很少,并且分布在广袤的宇宙之中,因此,寻找起来当然不易。看来,磁单极问题不仅涉及自然界的平衡原理,还涉及小到微观,大到宇观的许多基本问题。正因为如此,它不断燃起科学家们的探索热情。据报道,中国科学院物理研究所研究员方忠等人在理论上证明了磁单极的存在,这一研究结果,发表在2003年美国出版的《科学》杂志上。看来,磁单极之谜仍将是21世纪物理学的热点问题之一。

9.3.3 安培环路定理

在静电场中,电场强度 E 对任意闭合曲线的环流恒等于零,说明静电场是保守场,静电场力是保守力。那么,在磁场中磁感应强度 B 的环流又等于什么呢?下面将证明磁感应强度 B 对任意闭合曲线的环流一般不等于零,我们用一个特例来推导关于磁感应强度 B 的环流的安培环路定理。

如图9-13所示,已知一无限长载流直导线通过的电流为 I,根据无限长载流直导线的磁场分布特点可知,在垂直于无限长直导线的平面上距离导线为 r 的圆环上磁感应强度大小相等,方向沿圆环的切向方向,与电流方向满足右手螺旋定则。现在垂直于导线的平面内,作一包围电流的任意闭合曲线 L,L 的绕行方向与电流 I 的方向同样构成右手螺旋关系,如图 9-14 所示。因为 L 上各点的磁感应强度各不相同,为了求磁感应强度 B 对该闭合曲线的环流,可以先在 L 上任意位置处取一线元 $\mathrm{d}l$,则根据图 9-14 可以得出

$$\boldsymbol{B} \cdot \mathrm{d}\boldsymbol{l} = \frac{\mu_0 I}{2\pi r}\cos\theta \mathrm{d}l = \frac{\mu_0 I}{2\pi r} r\mathrm{d}\varphi$$

磁感应强度 B 沿整个 L 的环流为

$$\oint_l \boldsymbol{B} \cdot \mathrm{d}\boldsymbol{l} = \frac{\mu_0 I}{2\pi r}\oint_l r\mathrm{d}\varphi = \mu_0 I$$

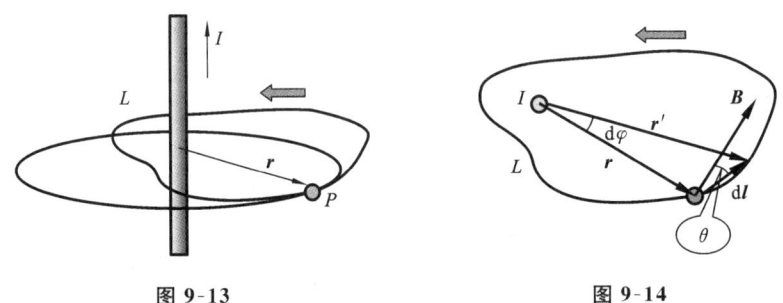

图 9-13　　　　　　　图 9-14

若回路 L 的绕行方向与 I 的方向成左手螺旋关系,如图 9-15 所示,则磁感应强度 B 沿整个 L 的环流为

$$\oint_l \boldsymbol{B} \cdot \mathrm{d}\boldsymbol{l} = -\frac{\mu_0 I}{2\pi r}\oint_l r\mathrm{d}\varphi = -\mu_0 I$$

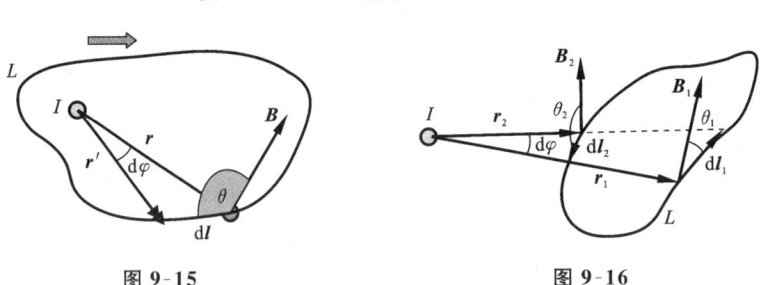

图 9-15　　　　　　　图 9-16

如果闭合回路 L 不包围电流 I,如图 9-16 所示,可以作由电流指向线元 $\mathrm{d}l_1$ 末端的辅助线,与位矢 r_1 截取闭合回路 L 另一侧的线元为 $\mathrm{d}l_2$,电流指向线元 $\mathrm{d}l_2$ 的位矢为 r_2。根据无限长载流直导线磁场的分布特点,在 $\mathrm{d}l_1$ 和 $\mathrm{d}l_2$ 处的磁感应强度大小分别为

$$B_1 = \frac{\mu_0 I}{2\pi r_1}, \quad B_2 = \frac{\mu_0 I}{2\pi r_2}$$

且有
$$\boldsymbol{B}_1 \cdot \mathrm{d}\boldsymbol{l}_1 = -\boldsymbol{B}_2 \cdot \mathrm{d}\boldsymbol{l}_2 = \frac{\mu_0 I}{2\pi}\mathrm{d}\varphi$$

因此
$$\boldsymbol{B}_1 \cdot \mathrm{d}\boldsymbol{l}_1 + \boldsymbol{B}_2 \cdot \mathrm{d}\boldsymbol{l}_2 = 0$$

由图 9-16 可以看出,对于不包围电流 I 的任意闭合曲线 L,可以按照上述方法将 L 分割成许多个这样一一对应的线元对,则必有
$$\oint_l \boldsymbol{B} \cdot \mathrm{d}\boldsymbol{l} = 0$$

现将磁场由一个无限长载流直导线产生的情况拓展到由 n 个无限长载流直导线产生的情况,其中 L 包围的电流为 $I_1,I_2,\cdots,I_k$,如图 9-17 所示,这时磁感应强度 $\boldsymbol{B}$ 沿 L 的环流为

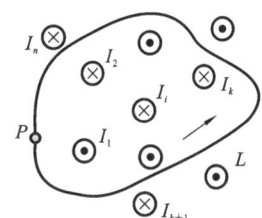

图 9-17

$$\oint_L \boldsymbol{B} \cdot \mathrm{d}\boldsymbol{l} = \oint_L \sum \boldsymbol{B}_i \cdot \mathrm{d}\boldsymbol{l} = \mu_0 \sum_{i=1}^k I_i$$

通过以上讨论,可以得出如下结论:在真空中,磁感应强度 $\boldsymbol{B}$ 对任意闭合路径 L 的环流等于穿过闭合路径 L 内的所有传导电流代数和乘以 μ_0,其数学表达式为

$$\oint_L \boldsymbol{B} \cdot \mathrm{d}\boldsymbol{l} = \mu_0 \sum_i I_{i内} \tag{9-10}$$

这个结论称为安培环路定理。在安培环路定理中,当环路的绕行方向与穿过闭合回路的电流方向满足右手螺旋关系时,电流取正值;当环路的绕行方向与穿过闭合回路的电流方向满足左手螺旋关系时,电流取负值。环路外的电流对 $\boldsymbol{B}$ 的环流没有贡献,仅与环路内包括的电流有关。

由安培环路定理可以看出,一般来说 $\boldsymbol{B}$ 的环流不为零,只有当闭合回路内没有包围电流,或者所包围电流的代数和为零时,$\boldsymbol{B}$ 的环流才为零。值得注意的是,虽然环路外的电流对环流大小没有贡献,但对式(9-10)左边的 $\boldsymbol{B}$ 是有贡献的,即 $\boldsymbol{B}$ 是由环路内外电流共同产生的。在第 8 章,我们根据静电场场强的环路积分等于零可以判断出静电场是保守场,在矢量分析中,也称为无旋场。根据安培环路定理可以看出,稳恒磁场的性质与静电场的不同,磁场是非保守场,也称为有旋场。

安培环路定理的意义不仅在于指出了磁场的涡旋特性,由于安培环路定理对积分回路没有任何限制,这就使得利用安培环路定理可以很方便地计算出一些具有对称分布特点的电流产生的磁场。

【例 9-5】 求通有电流 I 的无限长直载流密绕螺线管内外的磁感应强度分布,设螺线管单位长度密绕的匝数为 n。

解 由对称性分析可知,螺旋管内平行于轴线的磁场为均匀磁场,方向沿轴向。

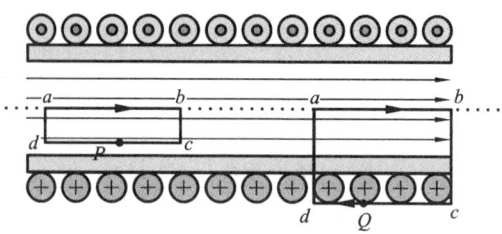

图 9-18

在图 9-18 中通过 P 点作一矩形回路 $L(abcd)$，其中 ab 与螺线管的轴线重合，磁场 $\boldsymbol{B}$ 的方向与电流 I 的方向成右手螺旋关系。根据安培环路定理，$\boldsymbol{B}$ 沿 L 回路的环流可写为

$$\oint_L \boldsymbol{B} \cdot \mathrm{d}\boldsymbol{l} = \int_a^b \boldsymbol{B} \cdot \mathrm{d}\boldsymbol{l} + \int_b^c \boldsymbol{B} \cdot \mathrm{d}\boldsymbol{l} + \int_c^d \boldsymbol{B} \cdot \mathrm{d}\boldsymbol{l} + \int_d^a \boldsymbol{B} \cdot \mathrm{d}\boldsymbol{l} = 0$$

因为磁场方向与轴线平行，所以磁感应强度 $\boldsymbol{B}$ 对回路中 bc 和 da 两段的积分为零，即

$$\oint_L \boldsymbol{B} \cdot \mathrm{d}\boldsymbol{l} = \int_a^b \boldsymbol{B} \cdot \mathrm{d}\boldsymbol{l} + \int_c^d \boldsymbol{B} \cdot \mathrm{d}\boldsymbol{l} = 0$$

由例 9-3 的结果可知，轴线 ab 上的磁感应强度大小为 $B = \mu_0 nI$，方向与 ab 方向相同，故

$$\mu_0 nI \cdot ab - B \cdot cd = 0$$

即

$$B = \mu_0 nI$$

这个结果说明无限长直螺线管内部的磁场为均匀磁场。

求螺线管外任一点 Q 的磁场时，可在图 9-18 中通过 Q 点作一类似的矩形回路 $L(abcd)$，根据安培环路定理可得

$$\oint_L \boldsymbol{B} \cdot \mathrm{d}\boldsymbol{l} = \int_a^b \boldsymbol{B} \cdot \mathrm{d}\boldsymbol{l} + \int_c^d \boldsymbol{B} \cdot \mathrm{d}\boldsymbol{l} = \mu_0 nI \cdot ab$$

即

$$\mu_0 nI \cdot ab - B \cdot cd = \mu_0 nI \cdot ab$$
$$B = 0$$

结果说明无限长直载流螺线管外的磁场为零。

【例 9-6】 求均匀载流无限长圆柱导体内外的磁场分布，导体截面半径为 R。

解 设 P 为导体外任一场点，它到圆柱轴线的垂直距离为 r，由电流分布的对称性可知，P 点处磁感应强度的大小只与 r 有关，圆柱导体的磁感应线是垂直于轴线平面并以平面与轴线交点为中心的同心圆。若把无限长圆柱导体看成是由很多无限长载流直导线组成的，在导体的横截面内对称选取一对直线电流 $\mathrm{d}I$，这一对直线电流在 P 点产生的磁场在沿矢径 r 方向的分量相互抵消，合成的磁场方向沿圆的切线方

向,与 r 垂直。整个圆柱形载流导体在 P 点产生的磁场一定与 r 垂直,并与电流成右手螺旋关系。

根据以上分析,可选取一个通过场点 P 并以圆柱轴线为中心的闭合回路 l(见图 9-19(a)),环路的绕行方向与电流成右手螺旋关系。在导体外任一点,即当 $r>R$ 时,应用安培环路定理可写出

$$\oint_l \boldsymbol{B} \cdot \mathrm{d}\boldsymbol{l} = \mu_0 I$$

即

$$2\pi r B = \mu_0 I$$

由此得出导体外的磁感应强度为

$$B = \frac{\mu_0 I}{2\pi r}$$

在导体内部,即当 $r<R$ 时,作类似的闭合回路 l,由安培环路定理可得

$$\oint_l \boldsymbol{B} \cdot \mathrm{d}\boldsymbol{l} = \mu_0 \frac{\pi r^2}{\pi R^2} I$$

即

$$2\pi r B = \frac{\mu_0 r^2}{R^2} I$$

由此解出

$$B = \frac{\mu_0 I r}{2\pi R^2}$$

可见,圆柱形导体外的磁场与电流全部集中在圆柱轴线上的一根载流直导线产生的磁场一样;在圆柱体内部,B 与 r 成正比,B 随 r 的分布如图 9-19(b)所示。

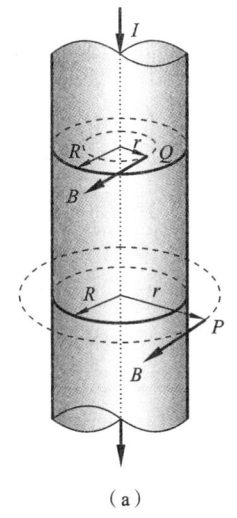

(a)

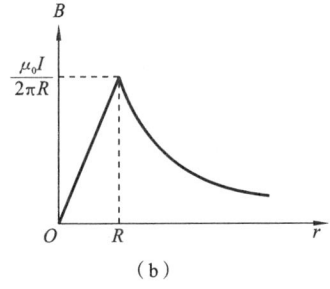

(b)

图 9-19

【例 9-7】 如图 9-20 所示,有一螺绕环,总匝数为 N,环的平均半径为 $\bar{r}$,求环内轴线上某一点 P 处的磁感应强度。

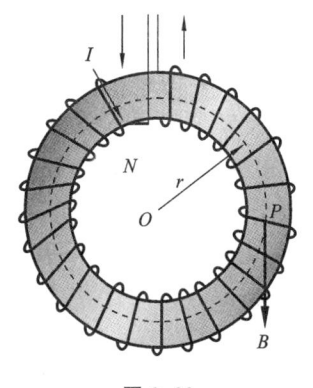

图 9-20

解 如果螺绕环上的线圈绕得很密且均匀分布,则根据电流分布的对称性可以判断,磁力线是以 O 点为中心并从螺绕环内部穿过的一个个同心圆环,同一条磁力线上的磁感应强度大小相等,磁场方向沿环的切线方向并与电流方向成右手螺旋关系。因此,可以以 O 点为中心,通过 P 点作一半径为 r 的圆形安培环路,根据安培环路定理,有

$$\oint_l \boldsymbol{B} \cdot \mathrm{d}\boldsymbol{l} = B\oint_l \mathrm{d}l = \mu_0 N I$$

$$B = \frac{\mu_0 N I}{2\pi r}$$

如果螺绕环的截面很小,则可认为$r \approx \bar{r}$,螺绕环的匝数密度为$n = \dfrac{N}{2\pi r}$,则螺绕环的磁感应强度大小为$B = \mu_0 nI$,环内各点的磁感应强度大小可近似认为是相等的。如果求环外一点的磁场,则可通过安培环路定理用相同的方法计算出环外任一点的$B = 0$,请读者试着写出计算步骤。

通过以上例题可以看到,用安培环路定理计算磁场分布是简单而有效的,它可以避免应用毕奥-萨伐尔定律而必须涉及的矢量积分。但是,这种方法要求电流必须满足一定的对称性。利用安培环路定理求具有特殊对称性的电流分布的磁场可简单分为三步:首先,要根据电流的分布特点分析磁场分布的对称性;其次,选择一个合适的积分回路,或者使某一段积分线路上B为常数,或者使某一段积分线路上B处处与dl垂直;最后,利用安培环路定理公式(9-10)计算出环路包围的电流并求出B。注意:利用安培环路定理求B的关键在于能否找出一个合适的闭合回路,以使式(9-10)左侧中的B能以标量形式从积分号内提出来,从而得出B的环流。

9.4 磁场对载流导线的作用

9.4.1 安培定律

处在磁场中的载流导线会受到磁场的作用力,称为安培力。那么安培力是如何产生的呢?我们知道载流导线中有大量作定向运动的电荷,这些运动电荷在磁场中会受到磁场的作用力,称为洛伦兹力。通常单个运动电荷所受的洛伦兹力很小,不易观测。但对于载流导线而言,导线中大量定向运动的电荷所受的洛伦兹力会整体传递给导线,从而使整个载流导线在磁场中感受到一个宏观可测的作用力,也就是说安培力是载流导线中大量运动电荷所受洛伦兹力的宏观表现。安培在1820年从大量实验中总结出载流导线在磁场中所受作用力的基本规律,称为安培定律。安培定律的表述如下:

处在磁场中某点处的电流元Idl将受到磁场的作用力$d\boldsymbol{F}$,$d\boldsymbol{F}$的大小与电流元Idl的大小和该点处的磁感应强度$\boldsymbol{B}$的大小成正比,与电流元矢量和磁感应强度矢量间夹角θ的正弦$\sin\theta$成正比,$d\boldsymbol{F}$的方向垂直于Idl和$\boldsymbol{B}$构成的平面,指向满足右手螺旋定则,用数学表达式可写为

$$d\boldsymbol{F} = Id\boldsymbol{l} \times \boldsymbol{B} \tag{9-11}$$

对于任意形状的载流导线,其在磁场中所受的安培力可用下列的积分表达式进行计算:

$$\boldsymbol{F} = \int_l Id\boldsymbol{l} \times \boldsymbol{B} \tag{9-12}$$

式(9-12)对均匀磁场和非均匀磁场均成立,当载流导线处在均匀磁场中且电流为稳恒电流时,安培力公式可以写为

$$\boldsymbol{F} = I\left(\int_l \mathrm{d}\boldsymbol{l}\right) \times \boldsymbol{B} \qquad (9\text{-}13)$$

如果载流导线是闭合的,则式(9-13)中的安培力等于零。

【例题 9-8】 半径为 R 的半圆形导线放在均匀磁场中,导线所在平面与磁场的方向垂直,导线中通有电流 I,方向如图 9-21 所示。求此半圆环导线所受的磁场力。

解 方法一:建立如图 9-21 所示坐标系 xOy,在半圆形载流导线上任取电流元 $I\mathrm{d}\boldsymbol{l}$,根据安培定律,此电流元所受安培力的大小为 $\mathrm{d}F = BI\mathrm{d}l$,$\mathrm{d}\boldsymbol{F}$ 的方向为 O 点指向电流元的矢径方向。因为电流元 $I\mathrm{d}\boldsymbol{l}$ 选取的位置不同,安培力 $\mathrm{d}\boldsymbol{F}$ 的方向也不相同,因此需要将 $\mathrm{d}\boldsymbol{F}$ 沿坐标轴进行分解,分别求出分力微分 $\mathrm{d}F_x$ 和 $\mathrm{d}F_y$,然后再分别进行积分,求出总的分力。根据图 9-21 中几何关系可知

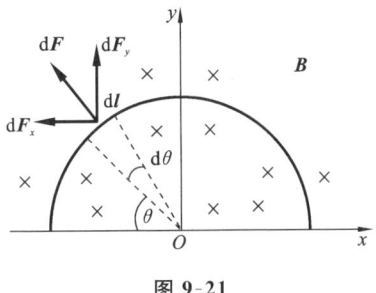

图 9-21

$$F_y = \int_l \mathrm{d}F_y = \int_l \mathrm{d}\boldsymbol{F}\sin\theta = \int_l BI\sin\theta\mathrm{d}l$$

$$F_x = \int_l \mathrm{d}F_x = -\int_l \mathrm{d}\boldsymbol{F}\cos\theta = -\int_l BI\cos\theta\mathrm{d}l$$

将 $\mathrm{d}l = R\mathrm{d}\theta$ 代入以上两式,有

$$F_y = \int_0^\pi BIR\sin\theta\mathrm{d}\theta = BIR\int_0^\pi \sin\theta\mathrm{d}\theta = 2BIR$$

$$F_x = -\int_0^\pi BIR\cos\theta\mathrm{d}\theta = -BIR\int_0^\pi \cos\theta\mathrm{d}\theta = 0$$

结果表明,放在均匀磁场中的半圆形导线所受安培力的合力仅有沿 y 轴方向的分量,沿 x 轴方向没有分量,即安培力可以用矢量形式表示为

$$\boldsymbol{F} = 2BIR\boldsymbol{j}$$

由上面的结果不难看出,作用在半圆形载流导线上总的安培力与连接半圆两端的直径通以相同电流时受到的安培力相同。

方法二:因为半圆形导线处在均匀磁场中,电流为稳恒电流,因此可用式(9-13)求其安培力,即

$$\boldsymbol{F} = I\left(\int_l \mathrm{d}\boldsymbol{l}\right) \times \boldsymbol{B} = I\boldsymbol{L} \times \boldsymbol{B} = 2BIR\boldsymbol{j}$$

上式矢积中的 $\boldsymbol{L}(\boldsymbol{L}=2R\boldsymbol{i})$ 指的是半圆形导线起点指向终点的等效位矢。由此可以看出,对于处在均匀磁场中的任意形状的载流导线,其所受的安培力与从导线的起点引向终点的直导线的安培力完全相同,在计算均匀磁场中载流导线安培力时用第

二种方法更方便。

【例 9-9】 两根无限长直导线 1 和无限长直导线 2 相互平行,距离为 a,载流分别为 I_1 和 I_2,如图 9-22 所示,求这两根直导线单位长度上相互作用的安培力。

解 载流导线 1 在载流导线 2 处产生的磁感应强度的大小为

$$B_1 = \frac{\mu_0 I_1}{2\pi a}$$

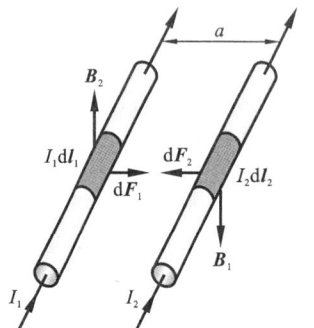

图 9-22

在载流导线 2 中任取电流元 $I_2 d\boldsymbol{l}_2$,该电流元在电流 I_1 的磁场中受到的安培力为

$$d\boldsymbol{F}_2 = I_2 d\boldsymbol{l}_2 \times \boldsymbol{B}_1$$

因为 $\boldsymbol{B}_1$ 的方向与电流元 $I_2 d\boldsymbol{l}_2$ 方向垂直,因此 $d\boldsymbol{F}_2$ 的大小为

$$dF_2 = B_1 I_2 dl_2 = \frac{\mu_0 I_1 I_2 dl_2}{2\pi a}$$

同理,载流导线 2 在载流导线 1 处产生的磁感应强度的大小为

$$B_2 = \frac{\mu_0 I_2}{2\pi a}$$

载流导线 1 中的电流元 $I_1 d\boldsymbol{l}_1$ 在磁场 $\boldsymbol{B}_2$ 中受到的安培力为

$$dF_1 = B_2 I_1 dl_1 = \frac{\mu_0 I_1 I_2 dl_1}{2\pi a}$$

于是,单位长度载流导线所受的安培力为

$$\frac{dF_2}{dl_2} = \frac{dF_1}{dl_1} = \frac{\mu_0 I_1 I_2}{2\pi a}$$

由此可见,两根导线单位长度上受到的安培力大小相等、方向相反,满足牛顿第三定律。

在国际单位制中,规定电流的单位为安培(A),就是根据上述结果规定的。在真空中平行放置的两根直导线相距为 1 m,通以大小相同的恒定电流时,如果单位长度导线受到的磁场力为 2×10^{-7} N,则每根导线中的电流就规定为 1 A。

9.4.2 载流线圈在磁场中受到的力

对于任意一个闭合的载流线圈,常称为磁偶极子。为了说明磁偶极子的基本性质,需要定义一个描述载流线圈本身属性的基本物理量磁矩 $\boldsymbol{P}_m$,即

$$\boldsymbol{P}_m = I\boldsymbol{S} = IS\boldsymbol{n} \tag{9-14}$$

式中:S 为线圈包围的面积;$\boldsymbol{n}$ 为线圈平面的法向单位矢量,其具体指向与电流绕行方向满足右手螺旋定则。磁矩可以描述线圈本身的基本属性。

下面以矩形载流线圈为例分析其在均匀磁场中的受力情况。如图 9-23 所示,矩

形线圈边长 $bc=da=l_1$,$ab=cd=l_2$,通有电流 I,线圈平面与磁场方向的夹角为 θ。

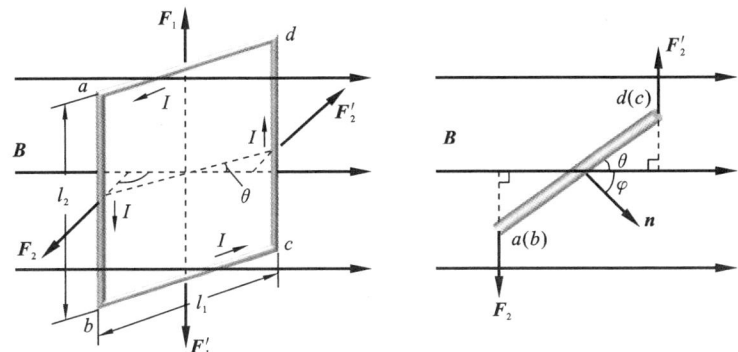

图 9-23

根据安培力公式,da 边和 bc 边受到的安培力大小相等,即
$$F_1=BIl_1\sin(\pi-\theta)=BIl_1\sin\theta$$
$$F'_1=BIl_1\sin\theta$$
这两个力大小相等、方向相反,作用力方向在一条直线上,可以抵消。利用安培定律,可以分析出 ab 和 cd 边上受到的安培力大小分别为
$$F_2=F'_2=BIl_2$$
注意:这两个力虽然大小相等、方向相反,但两力不在同一直线上,不能抵消,两力形成一力偶,该力偶矩的大小为
$$M=F_2\frac{l_1}{2}\cos\theta+F'_2\frac{l_1}{2}\cos\theta=BIl_2l_1\cos\theta=BIS\sin\varphi \tag{9-15}$$
式中:S 为矩形线圈包围的面积;φ 为线圈平面的法线方向与磁场方向的夹角 $\left(\theta+\varphi=\dfrac{\pi}{2}\right)$。

当线圈有 N 匝时,线圈的磁力矩的大小可以写成
$$M=NBIS\sin\varphi=P_mB\sin\varphi \tag{9-16}$$
式中:P_m 为线圈的磁矩($P_m=NIS$)。因为磁矩是矢量,磁力矩也是矢量,因此式(9-16)可用矢量式表示为
$$\boldsymbol{M}=\boldsymbol{P}_m\times\boldsymbol{B} \tag{9-17}$$
下面讨论几种情况:① 若线圈磁矩与磁感应强度方向垂直,$M=ISB$,此时线圈受到的磁力矩最大,在磁力矩的作用下,线圈平面由与磁场平行的位置转向与磁场垂直的位置,即使 φ 角由 $90°\to 0°$;② 若线圈磁矩与磁场平行,且 $\varphi=0$,则此时线圈不受磁力矩的作用,线圈处于稳定状态;③ 若线圈磁矩与磁场平行,但 $\varphi=\pi$,此时线圈同样不受磁力矩的作用,但线圈处于非稳定状态。一旦外界扰动造成线圈平面稍稍偏离原来平衡位置,则在磁场的作用下,线圈平面将转动 π 的夹角,直到线圈磁矩方

向与 **B** 的方向相同为止,线圈才会达到稳定状态。

9.4.3 磁力的功

载流导线或载流线圈在磁场力的作用下运动时,磁力或磁力矩将要做功。下面首先以载流导线在均匀磁场中运动为例,推导磁场力对载流导线做功的表达式。

如图 9-24 所示,设有一对光滑平行的金属导轨间隔距离为 l,导轨的左边两端通过金属直导线 cd 相连,现在两平行导轨上放置一直金属导体棒 ab,导体棒 ab 可以沿导轨方向水平滑动,已知矩形回路中通有顺时针方向的电流 I,外加磁场 **B** 的方向垂直于矩形回路,并与电流绕行方向满足右手螺旋定则,下面计算导体棒 ab 在磁场力的作用下做功的表达式。

已知当导体棒 ab 向右水平运动时,导线棒在磁场 **B** 中将受到安培力的作用,安培力 **F** 的方向与导体棒移动方向相同,大小为 $F=BIl$。在安培力 **F** 的作用下,导体棒 ab 运动的位移大小为 Δx,则磁场力在该过程中做功为

$$W = F\Delta x = BIl\Delta x = BI\Delta S \tag{9-18}$$

式中:ΔS 为导体回路增加的面积或导体棒 ab 扫过的面积。式(9-18)还可用矩形回路磁通量的增量表示为

$$W = I\Delta \Phi_m \tag{9-19}$$

式(9-19)表明,当回路中电流不变时,磁场力对导体棒所做的功等于回路电流乘以矩形回路包围面积内磁通量的增量。

如果矩形回路是刚性的(面积不变),回路中通有电流 I,该回路在磁力矩的作用下可以绕垂直于磁场方向的某个转轴转动,如图 9-25 所示。下面计算当线圈转动时,磁力矩所做的功。

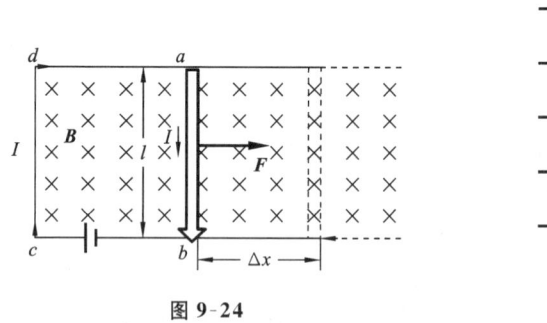

图 9-24

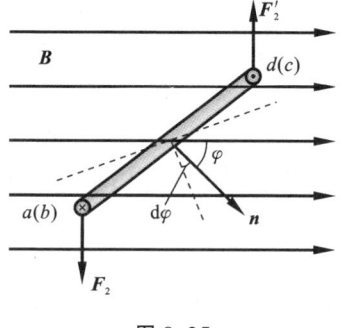

图 9-25

当矩形线圈由线圈平面法线方向与磁场方向夹角为 φ 的位置,转动一个微小角度 $d\varphi$,则磁力矩做的元功为

$$dW = -Md\varphi = -BIS\sin\varphi d\varphi \tag{9-20}$$

式(9-20)中的负号表示当线圈平面法线方向 **n** 与磁场方向夹角 φ 增加时,磁力矩做

负功。式(9-20)同样可以通过矩形回路的磁通量的增量来表示,即

$$dW = Id(BS\cos\varphi) = Id\Phi_m \tag{9-21}$$

如果线圈中的电流 I 保持不变,线圈从夹角 φ_1 的位置转动到 φ_2 的位置,则磁力矩所做的总功为

$$W = \int dW = \int_{\Phi_{m_1}}^{\Phi_{m_2}} Id\Phi_m = I(\Phi_{m_1} - \Phi_{m_2}) = I\Delta\Phi_m \tag{9-22}$$

通过对比可以看出,无论是磁力对载流导线做功,还是磁力矩对载流线圈做功,都可以用电流与磁通量增量的乘积来计算所做的总功。

如果电流 I 不是稳恒电流,则磁力所做的功只需用下列积分计算,即

$$W = \int_{\Phi_{m_1}}^{\Phi_{m_2}} Id\Phi_m \tag{9-23}$$

式(9-23)也是磁场力做功的一般表达式,虽然我们是从直的导体棒和矩形线圈推导出来的,但可以证明式(9-23)对于任意形状的载流导线或载流线圈同样成立。

【例 9-10】 有一半径为 R 的半圆形闭合载流线圈,通有电流 I,载流线圈处在均匀磁场中,磁感应强度 $\boldsymbol{B}$ 的方向与线圈平面平行,如图 9-26 所示。求:(1) 线圈所受的磁力矩;(2) 当线圈平面转到与磁场方向垂直时,磁力矩所做的功。

解 (1) 半圆形矩形线圈的磁矩为

$$\boldsymbol{P}_m = IS\boldsymbol{n} = I\frac{\pi R^2}{2}\boldsymbol{n}$$

根据磁力矩的计算公式 $\boldsymbol{M} = \boldsymbol{P}_m \times \boldsymbol{B}$,线圈的磁力矩大小为

$$M = P_m B = \frac{1}{2}\pi R^2 IB$$

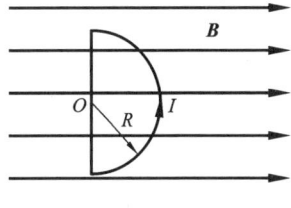

图 9-26

根据右手螺旋定则,可以判断出该线圈的磁力矩矢量垂直于 $\boldsymbol{B}$ 和 $\boldsymbol{n}$ 构成的平面,方向竖直向上。

(2) 根据式(9-22),当线圈平面从与 $\boldsymbol{B}$ 平行的位置转动到与 $\boldsymbol{B}$ 垂直的位置时,磁力矩做的总功为

$$W = \int_{\Phi_{m_1}}^{\Phi_{m_2}} Id\Phi_m = I(\Phi_{m_1} - \Phi_{m_2}) = I\left(\frac{1}{2}B\pi R^2 - 0\right) = \frac{1}{2}BI\pi R^2$$

9.5 磁场对运动电荷的作用

9.5.1 洛伦兹力

根据安培定律可知,任意电流元在磁场中将受到安培力的作用,安培力的本质是电流中大量运动的电荷所受磁场力叠加的宏观表现。因此,可以根据安培力公式来

推导出一个运动电荷在磁场中所受的作用力,即洛伦兹力。假设有一电流元 Idl,其截面积为 S,导线中的电荷数密度为 n,每个电荷所带电量为 q,载流子为正电荷,且电荷定向运动的速度为 v(为了讨论方便,认为电流元中每个电荷的运动速度相同)。根据电流定义的微观表达式 $I=nqvS$ 及安培力公式(9-11),电流元 Idl 在外磁场 B 中所受的磁场力可写为

$$d\boldsymbol{F} = Id\boldsymbol{l} \times \boldsymbol{B} = nqvSd\boldsymbol{l} \times \boldsymbol{B} = qnSdl\boldsymbol{v} \times \boldsymbol{B}$$

该电流元所包含的电荷总数 $dN=nSdl$,假设每个电荷所受的磁场力完全相同,则电流元中每一个定向运动的电荷在磁场中所受的洛伦兹力为

$$\boldsymbol{f} = \frac{d\boldsymbol{F}}{dN} = q\boldsymbol{v} \times \boldsymbol{B} \tag{9-24}$$

注意:式(9-24)中的电量 q 为代数值,当载流子为负电荷时,q 本身取负值,这时载流子的运动速度方向与电流方向相反,因此在用式(9-24)中的矢积来判断洛伦兹力方向时,不能简单地用电流方向或 dl 的方向来代替 v 的方向。

由式(9-24)可以看出,带电粒子在磁场中所受的洛伦兹力垂直于速度矢量和磁感应强度矢量构成的平面,满足右手螺旋定则。因为运动电荷受到的洛伦兹力方向与 dl 方向时刻保持垂直,所以洛伦兹力不做功,只能改变电荷的运动方向而并不改变速度的大小。

如果带电粒子所处空间中不仅有磁场还存在有电场,则这时带电粒子所受的电磁场力为

$$\boldsymbol{F} = q(\boldsymbol{E} + \boldsymbol{v} \times \boldsymbol{B}) \tag{9-25}$$

9.5.2 带电粒子在均匀磁场中的运动

一般来说,当一个带电粒子 q 以初速度 v 进入磁场时,如果速度方向与磁场方向不平行,则它将受到磁场的洛伦兹力作用。下面分几种情况来讨论带电粒子在均匀磁场中运动的特点:

(1) 当 $v // \boldsymbol{B}$ 时,根据式(9-24)可知洛伦兹力为零,粒子进入磁场后速度保持不变,将沿原方向做匀速直线运动。

(2) 当 $v \perp \boldsymbol{B}$ 时,带电粒子将受到洛伦兹力的作用,粒子将在垂直于 $\boldsymbol{B}$ 的平面内做匀速圆周运动,如图 9-27 所示,洛伦兹力提供其做圆周运动的向心力,即

$$qvB = m\frac{v^2}{R}$$

容易算出带电粒子做圆周运动的半径为

$$R = \frac{mv}{qB} \tag{9-26}$$

粒子做圆周运动的周期为

$$T = \frac{2\pi R}{v} = \frac{2\pi m}{qB} \tag{9-27}$$

式(9-27)表明,带电粒子的运动周期与其运动速率及半径无关。只要外加的匀强磁场不变,带电粒子的质量与其带电量的比值相同,则无论带电粒子以多大的速度垂直进入磁场,其旋转一圈所用的时间相同。在高能物理中,科学家们正是根据这个性质,设计出回旋加速器,以满足在实验中对高能粒子的需求。

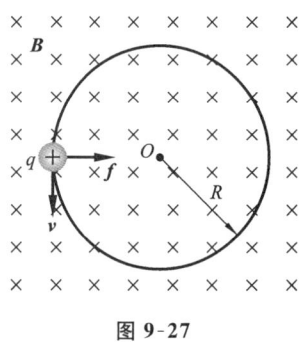
图 9-27

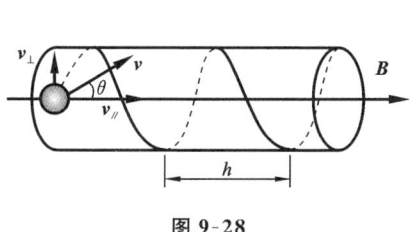
图 9-28

(3) 当带电粒子进入磁场时,v 与 B 有一夹角 θ,如图 9-28 所示,则可将 v 分解为沿磁场 B 方向的分量 $v_{/\!/}$ 和与 B 垂直的分量 $v_\perp$,即

$$v_{/\!/} = v\cos\theta, \quad v_\perp = v\sin\theta$$

这时带电粒子不仅沿着磁场方向向前运动,而且在向前运动的过程中自身还做圆周运动,带电粒子的运动轨迹将是一条螺旋线,圆周运动的半径为

$$R = \frac{mv_\perp}{qB} = \frac{mv\sin\theta}{qB}$$

带电粒子运动一个周期沿磁场方向前进的距离称为一个螺距,大小为

$$h = v_{/\!/} T = \frac{2\pi mv\cos\theta}{qB} \tag{9-28}$$

由式(9-28)可知,带电粒子运动一周所前进的距离(即螺距)与 $v_\perp$ 无关,所以,若从磁场中某点发射出一束与 B 夹角很小的电子流,且速率大小很接近,则 $v_{/\!/} = v\cos\theta \approx v$,即它们具有几乎相等的螺距 h。虽然各电子会沿不同半径的螺旋线运动,但各电子经过一个螺距 h 后又会重新聚在一起,这就是磁聚焦的基本原理。

9.5.3 霍尔效应

1879 年,美国青年物理学家霍尔发现,如果在一个通有电流的导体板上加一磁场,磁场方向垂直于板面和电流方向,如图 9-29 所示,则在导体板的前后表面之间会产生一个横向电势差 U_H,这种通电的导体板在磁场中产生横向电势差的现象称为霍尔效应。

实验表明:当外加磁场的磁感应强度不太大时,霍尔电势差 U_H 的大小与电流强

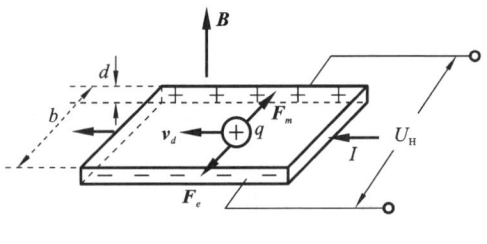

图 9-29

度 I 和磁感应强度 B 的大小成正比,而与导电板的厚度 d 成反比,即

$$U_H = R_H \frac{IB}{d} \tag{9-29}$$

式中:R_H 称为霍尔系数。那么霍尔效应是如何产生的呢？当导电板中通有电流时,其中的载流子(以正电荷为例)在电流场的作用下沿电流方向做定向运动,已知外加磁场方向与电流方向垂直,即电荷运动方向与 B 垂直,则运动电荷在洛伦兹力的作用下会向导体板的两个侧面进行偏转,从而在导体板的两个侧面形成正、负电荷的累积,电荷累积的结果必然会形成一个横向的附加电场。随着电荷累积量的逐渐增加,横向电场也逐渐增强,最终会达到一个平衡状态,这时两个侧面会形成一个稳定的横向电势差,称为霍尔电压。当达到平衡状态时,运动的电荷 q 所受的洛伦兹力和所受的横向电场力大小相等、方向相反,即满足

$$qvB = qE = q\frac{U_H}{b} \tag{9-30}$$

式中:E 为横向的霍尔电场强度;b 为导电板的宽度;U_H 为导体板两侧的横向电势差。

若载流子的浓度为 n,将电流的微观表达式 $I = qnv_d bd$ 代入式(9-30),可得霍尔电压与电流的关系

$$U_H = \frac{1}{nq} \cdot \frac{BI}{d} \tag{9-31}$$

将式(9-31)与式(9-29)进行对比,即可得到霍尔系数为

$$R_H = \frac{1}{nq} \tag{9-32}$$

式(9-32)说明,霍尔系数 R_H 与载流子电量 q 和浓度 n 的乘积成反比。注意式(9-32)中的 q 为代数量,当载流子为电子型时,$q<0$,霍尔系数取负值;当载流子为空穴型时,$q>0$,霍尔系数取正值。同时霍尔电势差的正、负也取决于载流子所带电荷的正、负。因此,通过实验测定霍尔电势差的正、负也可以判断半导体载流子类型是 N 型还是 P 型。对于金属导体而言,其载流子为自由电子,浓度很大,因此其霍尔系数很小。但对于半导体而言,其载流子的浓度要比金属导体的小很多,因此其霍尔系数也就比金属的大得多,在实验过程中半导体材料的霍尔效应更为明显,所以对半导

体材料中霍尔效应的研究为洞察其载流子浓度的变化规律提供了一种重要途径。

利用霍尔效应测量磁感应强度是霍尔效应的另一个重要应用。在式(9-29)中,将已知霍尔系数的半导体材料放在特定磁场中,通过测量出给定工作电流 I 的霍尔电压 U_H 及半导体材料的几何尺寸 d,就可以得到磁感应强度 B 的大小,这就是利用霍尔效应测量磁感应强度的基本原理。当然,也可以通过霍尔系数的大小,求半导体材料的载流子浓度 n。在半导体材料的研究中,载流子浓度 n 是一个很重要的参数。

近年来,霍尔效应已经广泛应用在各种测量技术中,其中最典型的是利用霍尔效应制作的测量磁场的高斯计。高斯计具有测量简便、成本较低和灵敏度较高等优点,使其成为科研工作者常用的测磁工具之一。随着科学技术的发展,人们已经发现利用霍尔效应制作的半导体元件,在电子信息技术中可以用于信号放大、信号调制、信号检测等方面工作。

9.6 磁 介 质

9.6.1 磁介质及其分类

处在外磁场中的物质通常会受到外磁场的影响。在外磁场的作用下,大部分物质会被磁化从而使其状态发生改变,当然每种物质受磁场的影响会各不相同,这种变化又会反过来影响磁场,我们把能够反过来影响磁场的介质称为**磁介质**,磁介质在磁场作用下发生的变化称为**磁化**。

实验表明,不同的磁介质对磁场的影响程度变化很大。设真空中原磁场的磁感应强度为 B_0,磁介质在磁场中被磁化后的磁感应强度为 B,则通常用磁介质中的磁感应强度 B 的大小与真空中的磁感应强度 B_0 的大小之比来描述磁介质被磁化后对原磁场的影响。为此,需要引入相对磁导率 μ_r,即

$$\mu_r = \frac{B}{B_0} \tag{9-33}$$

相对磁导率 μ_r 与相对介电常数 ε_r 类似,是一个由磁介质本身性质决定的无量纲物理量,它反映磁介质磁化后对磁场的影响。根据磁化机理不同,磁介质可以分为如下三类。

(1) 顺磁质:顺磁质的相对磁导率 $\mu_r > 1$,这种磁介质被磁化后,可使磁介质内部的磁场增强,即 $B > B_0$。如锰、铬、铂、氧、氮等都是典型的顺磁质。顺磁质磁化后形成的附加磁场 $\boldsymbol{B}'$ 方向与原磁场 $\boldsymbol{B}_0$ 方向相同。

(2) 抗磁质:抗磁质的相对磁导率 $\mu_r < 1$,这种磁介质被磁化后可使原磁场减弱,即 $B < B_0$。抗磁质磁化后形成的附加磁场 $\boldsymbol{B}'$ 方向与原磁场 $\boldsymbol{B}_0$ 方向相反,如铋、锌、铜、氢、水银等都是抗磁质。对于一般的磁介质,无论是顺磁质还是抗磁质,其磁化程

度都很弱,它们的 μ_r 是一个非常接近 1 的值,这类磁介质又统称为弱磁质。

(3) 铁磁质:这类磁介质磁化后对磁场的影响很大,有很强的顺磁性,能使磁场大大增强,其相对磁导率 $\mu_r \gg 1$,数量级可达 $10^2 \sim 10^5$。如铁、镍、钴等是典型的铁磁质。

表 9-2 所示的是一些常见的磁介质的相对磁导率的大小。

表 9-2 常温下一些磁介质的相对磁导率 μ_r

顺磁质	μ_r	抗磁质	μ_r	铁磁质	μ_r
真空	1	汞	0.999971	钴	250
空气	1.00000004	铋	0.99983	镍	600
氧	1.0000019	铜	0.99999	锰锌铁氧体	1500
钠	1.0000072	银	0.99998	低碳钢	2000
铝	1.000022	铅	0.999982	坡莫合金 45	2500
铂	1.000026	岩盐	0.999986	纯铁	4000
钯	1.00082	水	0.99999	铁镍合金	100000

对于弱磁质,由表 9-2 可以看出,其相对磁导率与 1 相差很小,为了讨论方便,常用磁化率 χ_m 来代替相对磁导率。磁化率 χ_m 与 μ_r 的关系是

$$\mu_r = \chi_m + 1 \tag{9-34}$$

这样就可以通过 χ_m 的正负及数量级来判断磁介质的种类,顺磁质的 $\chi_m > 0$,抗磁质的 $\chi_m < 0$,数量级约为 $\pm 10^{-5}$,铁磁质的 $\chi_m \gg 1$。

9.6.2 顺磁质和抗磁质的磁化机理

按照安培分子电流假说,物质中的每一个分子都具有分子磁矩。分子磁矩可以用一个等效圆电流来表示,这一等效圆电流称为分子电流。

磁介质分子可分为两大类:一类分子具有固有分子磁矩;另一类分子中各电子的磁矩(包括电子轨道磁矩和自旋磁矩)相互抵消,整个分子不具有固有磁矩。研究表明,抗磁质分子在没有外磁场的作用下,分子的固有磁矩为零,对外不显磁性。而对于顺磁质分子,其分子具有固有磁矩,但在分子热运动的影响下,其分子固有磁矩的取向是完全随机的,如图 9-30 所示。因此,从宏观上看,无论是抗磁质还是顺磁质,如果没有外磁场的作用,整块磁介质对外都不呈现磁性。

对于顺磁质,每个分子都具有固有磁矩,当存在外磁场时,外磁场在电子上会引起附加磁矩。但分子本身的固有磁矩比电子附加磁矩大得多,以至于电子的附加磁矩可以忽略不计。同时,磁介质内每一个分子磁矩在外磁场磁力矩的作用下,其分子磁矩的方向会逐渐转向外磁场的方向,虽然在分子热运动的作用下,并非每个分子的磁矩方向都与外磁场方向保持一致,但整体磁矩方向趋向的一致性将导致磁介质内

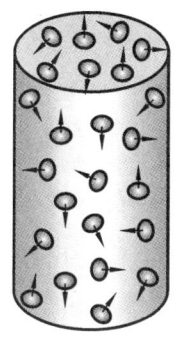 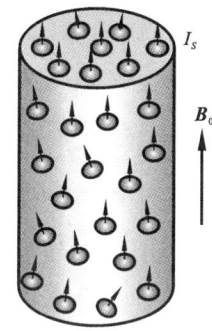

图 9-30

的分子磁矩不再能相互抵消,产生与外磁场方向相同的附加磁场 $\boldsymbol{B}'$,故顺磁质内部的磁场为外磁场和附加磁场叠加后的合磁场,磁介质在宏观上呈现出顺磁性。

在抗磁质中,每个分子的固有磁矩为零,因而在宏观上不显磁性。但在外磁场作用下,分子中的电子会在外磁场中进动而产生附加磁矩。每个分子的附加磁矩的总和不为零,且总附加磁矩的方向与外加磁场的方向相反,因而导致磁介质内部磁场减弱,产生抗磁性。该情况类似于无极分子电介质在外电场的作用下产生的位移极化,位移极化使电介质内部的附加电场 $\boldsymbol{E}'$ 与外电场 $\boldsymbol{E}_0$ 方向相反,内部电场减弱。事实上,一切物质都有一定的抗磁性,只是因为抗磁性很弱,很容易被其他磁性所掩盖而忽略掉。

9.6.3 磁介质的安培环路定理与磁场强度

在第 8 章对电介质的研究中,电介质被极化后内部的电场可以看成是自由电荷产生的电场和极化电荷产生的电场的叠加。在磁场中,磁介质被磁化后各分子电流整齐排布,在宏观上出现整体的磁化电流。因此,磁介质内的磁感应强度也可以看作是真空中传导电流产生的磁感应强度 $\boldsymbol{B}_0$ 和磁化电流 $\boldsymbol{B}'$ 产生的磁感应强度的叠加,即

$$\boldsymbol{B} = \boldsymbol{B}_0 + \boldsymbol{B}'$$

为了描述磁介质在磁场中的磁化强度,在这里引入新的物理量磁化强度,用 $\boldsymbol{M}$ 表示。可以用磁介质单位体积内分子磁矩的矢量和表示磁介质的磁化程度,即

$$\boldsymbol{M} = \frac{\sum \boldsymbol{p}_m}{\Delta V} \tag{9-35}$$

在国际单位中,磁化强度的单位为安/米(A/m)。

理论上可以证明,磁介质的磁化强度大小 M 在量值上等于磁化电流密度 j_S,且满足关系

$$I_S = \oint \boldsymbol{M} \cdot \mathrm{d}\boldsymbol{l} \tag{9-36}$$

即磁介质中的磁化强度 M 沿任意闭合曲线的环量等于穿过此闭合曲线为边界的任意曲面的总磁化电流 I_S。

在磁介质中,空间中任一点的磁感应强度是由传导电流 I_0 和磁化电流 I_S 共同产生的。根据安培环路定理,磁介质中磁感应强度 B 的环流为

$$\oint_l \boldsymbol{B} \cdot \mathrm{d}\boldsymbol{l} = \mu_0 \left(\sum_i I_{0i} + I_S \right) \tag{9-37}$$

式(9-37)右边第一项求和为闭合曲线包围的传导电流的代数和,第二项为闭合曲线包围的磁化电流。将式(9-36)代入式(9-37),移项整理后可得

$$\oint_l \left(\frac{\boldsymbol{B}}{\mu_0} - \boldsymbol{M} \right) \cdot \mathrm{d}\boldsymbol{l} = \sum_i I_{0i} \tag{9-38}$$

我们在此定义一个新的物理量磁场强度 H,即

$$\boldsymbol{H} = \frac{\boldsymbol{B}}{\mu_0} - \boldsymbol{M} \tag{9-39}$$

式(9-38)可简写为

$$\oint_l \boldsymbol{H} \cdot \mathrm{d}\boldsymbol{l} = \sum_i I_{0i} \tag{9-40}$$

式(9-40)称为磁介质中的环路定理,即磁介质中的磁场强度 H 沿任何闭合曲线的环流等于穿过此曲线包围的传导电流的代数和,而与磁化电流无关。

根据磁场强度的定义,可得到磁感应强度 B 和磁场强度 H 的关系:

$$\boldsymbol{B} = \mu_0 (\boldsymbol{H} + \boldsymbol{M}) \tag{9-41}$$

实验表明,对于各向同性均匀磁介质,磁化强度 M 与磁场强度 H 成简单的正比例关系,比例系数 χ_m 为一常量,即 $\boldsymbol{M} = \chi_m \boldsymbol{H}$,因此

$$\boldsymbol{B} = \mu_0 \boldsymbol{H} + \mu_0 \chi_m \boldsymbol{H} = \mu_0 (1 + \chi_m) \boldsymbol{H} \tag{9-42}$$

即

$$\boldsymbol{B} = \mu_0 \mu_r \boldsymbol{H} = \mu \boldsymbol{H} \tag{9-43}$$

式中:μ 为磁介质的磁导率,其值等于真空中的磁导率 μ_0 乘以磁介质的相对磁导率 μ_r。当介质为真空环境时,$\mu = \mu_0$($\mu_r = 1$),磁介质中的安培环路定理(见式(9-40))自动过渡到真空中的安培环路定理(见式(9-10)),因此可以说真空中的安培环路定理包含在磁介质中的安培环路定理中。

当磁介质在外磁场中被磁化后,磁化电流一般很难计算出来,因此利用磁介质中的安培环路定理式(9-39)计算具有某种对称性的磁场分布非常方便,这样可以避免确定磁化电流或磁化强度的困难。在用式(9-39)计算磁感应强度时,只需要确定闭合回路包围的传导电流,计算出磁场强度 H,再根据磁场强度与磁感应强度的关系 $\boldsymbol{B} = \mu \boldsymbol{H}$,确定磁介质中的磁感应强度 B。

【例 9-11】 如图 9-31 所示,已知无限长载流圆柱导体沿轴线方向均匀通有电流 I,截面半径为 R,其内外空间磁介质的相对磁导率分别为 μ_{r_1} 和 μ_{r_2},求圆柱导体内外的磁感应强度。

解 根据电流分布的轴对称性,可判断磁场分布也具有轴对称分布特点,即与圆柱体轴线距离相等的位置处磁场强度(或磁感应强度)大小相等,方向满足右手螺旋定则。因此,可通过磁介质中的安培环路定理求解,在圆柱体内、外分别作一垂直于轴线且距离轴线为 r 的圆形闭合回路 L,回路绕行方向与电流方向满足右手螺旋定则。

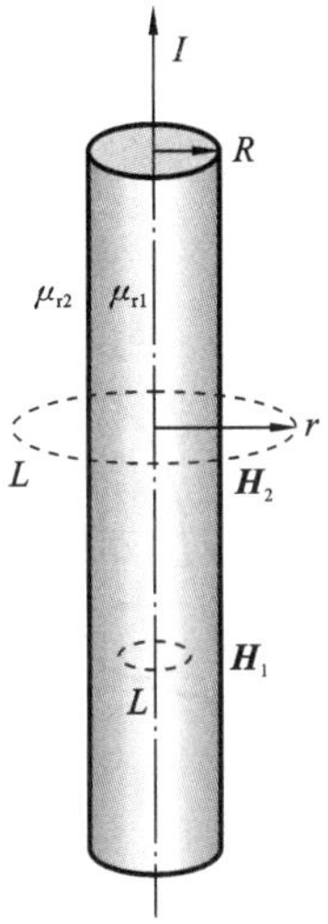

圆柱体外:

$$\oint_L \boldsymbol{H}_2 \cdot \mathrm{d}\boldsymbol{l} = H_2 2\pi r = I$$

$$H_2 = \frac{I}{2\pi r}$$

$$B_2 = \mu_0 \mu_{r_2} H_2 = \frac{\mu_0 \mu_{r_2} I}{2\pi r}$$

图 9-31

圆柱体内:

$$\oint_L \boldsymbol{H}_1 \cdot \mathrm{d}\boldsymbol{l} = H_1 2\pi r = I \frac{\pi r^2}{\pi R^2}$$

$$H_1 = \frac{Ir}{2\pi R^2}$$

$$B_1 = \mu_0 \mu_{r_1} H_1 = \frac{\mu_0 \mu_{r_1} Ir}{2\pi R^2}$$

由本题求解过程可以看出,用有磁介质的安培环路定理求解磁感应强度的过程与在真空中求解磁感应强度 $\boldsymbol{B}$ 的过程基本相同,区别是用磁介质的安培环路定理求解时要先求出磁场强度矢量 $\boldsymbol{H}$,再根据磁场强度与磁感应强度的关系求出 $\boldsymbol{B}$,在求环路包围的电流时,只需计算出包围的传导电流,而不用考虑包围的磁化电流的大小。

9.6.4 铁磁质

1. 铁磁质的磁化规律

在磁介质中,铁磁质是一类特殊的磁介质,又称磁性材料,主要包括以铁、钴、镍元素为主要成分的金属材料或其合金化合物。铁磁质与顺磁质和抗磁质有着截然不同的性质,主要表现在铁磁质具有以下基本特点:

(1) 顺磁质和抗磁质的相对磁导率都十分接近 1,但铁磁质的相对磁导率 μ_r 都很大,可以达到 $10^2 \sim 10^4$ 数量级,并且其相对磁导率可随外磁场等因素的变化而变化；

(2) 具有明显的磁滞效应，即完全撤去外磁场后磁化了的铁磁质仍能保留部分磁性；

(3) 在一定温度(称为居里温度 T_c)以上时，铁磁性消失而变为正常的顺磁性。

铁磁质的磁化规律不同于顺磁质和抗磁质那样呈简单的线性正比关系。实验表明，铁磁质的磁化曲线可以通过图 9-32 进行说明。材料没有被磁化(未加外磁场)时，其状态处在图中的起点 O，$B=0$。随着外加磁场强度 H 的增大，可看到 B 也逐渐增大(看 OP 段曲线)，但 B 与 H 呈非线性关系。随着 H 增大，B 在开始时增加很快，随后增大逐渐变慢，最后达到饱和值 B_m，B_m 称为饱和磁感应强度，该段曲线 OP 称为起始磁化曲线。根据磁感应强度和磁场强度的关系 $B=\mu H$ 可知，磁化曲线的斜率即为磁介质的磁导率 μ，B 与 H 的非线性关系表明铁磁质的 μ 是与磁场强度 H 有关的函数，而不是像顺磁

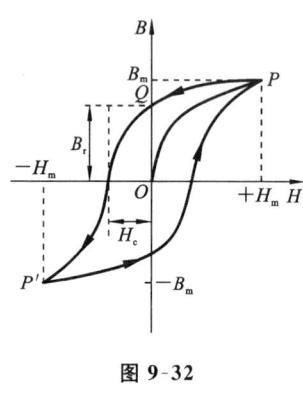

图 9-32

质和抗磁质的磁导率一样的常数。在 B 达到其饱和值 B_m 之后，如果开始减小 H，则 B 也开始减小，但减小的过程比 OP 段增加的过程要缓慢得多，最后导致当 H 减小为零时，B 还未减到零，也就是磁介质中还保留部分的磁感应强度 B_r，如图中 PQ 曲线所示，我们把 B_r 称为剩余磁感应强度，简称剩磁。如果改变磁场强度 H 的方向并继续增大磁场强度，则当磁场强度达到 $-H_c$ 值时，铁磁质中的剩磁才消失，我们把使铁磁质的剩磁完全退去所需的反向磁场强度 H_c 的量值称为矫顽力。若继续反向增大磁场强度，则材料的磁感应强度 B 呈现出与 OP 相似的变化过程，最终可达到反向饱和值 $-B_m$。若再沿正方向逐渐增大 H，则最后可以形成一个如图 9-32 所示的闭合曲线，这一闭合曲线称为磁滞回线。根据以上分析，我们可以看出在铁磁质中磁感应强度 B 的变化总是滞后于 H 的变化，这种现象称为磁滞现象。

消除剩磁通常采用的方法是对铁磁质施加一个由强到弱的交变磁场，使铁磁质的剩磁逐渐减小到零，铁磁质在交变磁场的作用下反复磁化时要发热。这部分能量会转化为热量而最终损耗掉，我们把这种在反复磁化过程中能量的损耗称为磁滞损耗。铁磁质在反复磁化时，铁磁质内分子振动加剧，温度升高。理论和实验证明，磁滞回线所围的面积越大，磁滞损耗也越大，磁滞损耗的功率与反复磁化的频率成正比。因此，交流电频率越高，磁滞回线包围的面积越大，磁滞损耗的功率也越大。电器设备中的磁滞损耗是十分有害的，必须尽量减小其交流电频率和磁滞回线包围的面积，从而减少能量损耗和对电器的危害。

铁磁质材料根据磁滞回线的不同特点可以分为三大类：软磁材料、硬磁材料和矩磁材料。三种磁性材料的磁滞回线如图 9-33 所示，其主要区别在于铁磁质矫顽力

H_c 的大小不同。软磁材料的 H_c 很小（$H_c<100$ A/m），其磁滞回线比较狭长，这种材料容易磁化，也容易退磁。在工业中，常用的软磁材料有纯铁、硅钢、坡莫合金等。硬磁材料具有较大的矫顽力 H_c（$H_c>100$ A/m），磁滞回线显得较肥大。这种材料对其磁化状态的保持能力较强，一旦磁化，不易退磁，故适合于制成永久磁铁，可应用在磁电式电表、收音机、耳机、电话等电器设备中。还有一种铁磁材料的磁滞回线呈矩形，其 B_r 接近饱和值 B_m。当这类铁磁质被磁化时，总处在 B_m 或 $-B_m$ 两种不同的剩磁状态，这类材料称为矩磁材料。铁氧体、锰铁氧体、镁铁氧体等材料属于此类，它们可作为"记忆"元件应用在计算机和自动控制等技术中。

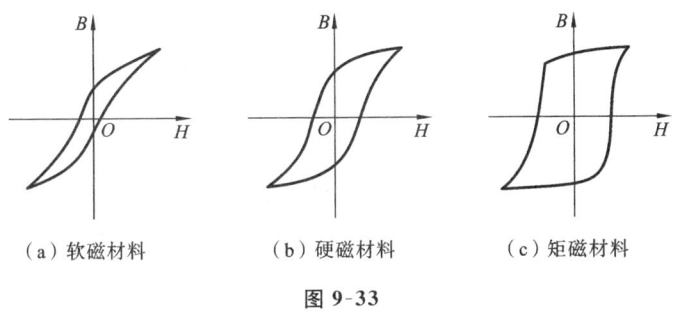

（a）软磁材料　　　（b）硬磁材料　　　（c）矩磁材料

图 9-33

2. 磁畴

铁磁质的物质结构不同于顺磁质和抗磁质，在铁磁质内存在着许多个特殊的小区域，其体积约为 10^{-12} m³，其中含有 $10^{12} \sim 10^{15}$ 个原子。在这些小区域内，原子间有着非常强的电子交换耦合作用，使小区域内所有原子磁矩都趋向于同一方向，这样的小区域称为磁畴，如图 9-34 所示。每个磁畴相当于一个小的磁性很强的永久磁铁。在没有外磁场时，同一磁畴的磁矩方向趋于相同，但不同磁畴的磁矩方向各不相同，因此在未磁化的铁磁质中，各磁畴的磁化方向是杂乱无章的，块状的铁磁质在宏观上对外并没有明显的磁性。

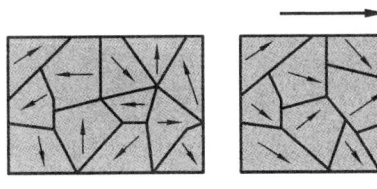

图 9-34

当铁磁质处在外磁场中时，对于铁磁质内自发磁化方向与外磁场方向成小角度的磁畴，其磁畴体积会因为外场的作用而逐渐扩大；而自发磁化方向与外磁场方向成大角度的磁畴，磁畴面积则逐渐减小，形成磁畴壁的移动。若外磁场继续增大到一定值时，磁畴壁将以很快的速度快速跳跃，直到与外磁场成大角度取向的磁畴全部消失,这时所有磁畴的磁矩都沿外磁场方向排列时,磁化达到了饱和。由于每个磁畴中各个单元磁矩已经整齐排列,因而其具有很强的磁性。铁磁质在磁化的过程中,并不像顺磁质和抗磁质那样以原子或分子为单位进行转向,而是以磁畴为单位在外磁场的作用下进行转向,这也就是为什么铁磁质在外磁场的作用下产生的附加磁场要比顺磁质大得多的原因。

当外磁场完全撤掉后,由于磁畴之间存在着某种摩擦,同时又受到内部杂质和内应力的阻碍作用,铁磁质并不能恢复到磁化前的消磁状态,从而呈现部分剩磁现象。实验表明,可以通过振动和加热的方式使分子热运动加剧来瓦解磁畴,从而达到消磁的目的。对于任意的铁磁质,都有一个特定的温度,称为居里温度。以铁、钴、镍为例,它们的居里温度分别为 770 ℃、358 ℃ 和 115 ℃。当铁磁质的温度高于其居里温度时,磁畴将会全部瓦解,铁磁性也将全部消失而变成普通的顺磁质。

本 章 小 结

1. 磁感应强度

磁感应强度 $\boldsymbol{B}$ 的大小可通过下式定义:

$$B = \frac{F_{\max}}{qv}$$

即磁场中某点 P 处的磁感应强度大小等于运动的检验电荷通过该点时所受的最大磁场力 $F_{\max}$ 与检验电荷电量 q 和速度大小 v 乘积的比值,磁感应强度 $\boldsymbol{B}$ 的方向与磁场力 $\boldsymbol{F}$ 之间满足矢积关系 $\boldsymbol{F} = q\boldsymbol{v} \times \boldsymbol{B}$。

2. 毕奥-萨伐尔定律

载流导体中的任一电流元 $I\mathrm{d}\boldsymbol{l}$ 在空间任意一点产生的磁感应强度 $\mathrm{d}\boldsymbol{B}$ 可用矢量式表示为

$$\mathrm{d}\boldsymbol{B} = \frac{\mu_0}{4\pi} \frac{I\mathrm{d}\boldsymbol{l} \times \boldsymbol{r}^0}{r^2}$$

任一个载流导线在空间任意场点 P 处的磁感应强度可用下列积分进行计算:

$$\boldsymbol{B} = \int_l \mathrm{d}\boldsymbol{B} = \int_l \frac{\mu_0}{4\pi} \frac{I\mathrm{d}\boldsymbol{l} \times \boldsymbol{r}^0}{r^2}$$

3. 运动电荷产生的磁场

一个运动电荷在空间某点贡献的磁感应强度为

$$\boldsymbol{B}_q = \frac{\mu_0}{4\pi} \frac{q\boldsymbol{v} \times \boldsymbol{r}^0}{r^2}$$

4. 磁场的高斯定理

在稳恒电流产生的磁场中,通过空间中任意封闭曲面的磁通量恒等于零,即

$$\oint_S \boldsymbol{B} \cdot \mathrm{d}\boldsymbol{S} = 0$$

5. 安培环路定理

在真空中,磁感应强度 $\boldsymbol{B}$ 对任意闭合路径 L 的环流等于穿过闭合路径 L 内的所有传导电流代数和乘以 μ_0,其数学表示式为

$$\oint_L \boldsymbol{B} \cdot \mathrm{d}\boldsymbol{l} = \mu_0 \sum_i I_{i\text{内}}$$

6. 安培定律

处在磁场中某点处的电流元 $I\mathrm{d}\boldsymbol{l}$ 受到磁场的作用力 $\mathrm{d}\boldsymbol{F}$ 的大小与电流元 $I\mathrm{d}\boldsymbol{l}$ 的大小和该点处的磁感应强度 $\boldsymbol{B}$ 的大小成正比,与电流元矢量和磁感应强度矢量间夹角 θ 的正弦 $\sin\theta$ 成正比,方向满足右手螺旋定则,用数学表达式可写为

$$\mathrm{d}\boldsymbol{F} = I\mathrm{d}\boldsymbol{l} \times \boldsymbol{B}$$

任意形状的载流导线,其在磁场中所受的磁场力可用下列积分计算:

$$\boldsymbol{F} = \int_l I\mathrm{d}\boldsymbol{l} \times \boldsymbol{B}$$

7. 载流线圈在匀强磁场中受到的力矩

匀强磁场对平面载流线圈作用的力矩 $\boldsymbol{M}$ 等于线圈的磁矩 $\boldsymbol{p}_m$ 与磁感应强度 $\boldsymbol{B}$ 的矢积,即

$$\boldsymbol{M} = \boldsymbol{P}_m \times \boldsymbol{B}$$

8. 磁力和磁力矩的功

无论是磁力对载流导线做功,还是磁力矩对载流线圈做功,都可以用电流与磁通量增量的乘积来计算所做的总功,即

$$W = \int \mathrm{d}W = \int_{\Phi_{m_1}}^{\Phi_{m_2}} I\mathrm{d}\Phi_m = I(\Phi_{m_1} - \Phi_{m_2}) = I\Delta\Phi_m$$

如果电流 I 不是稳恒电流,则磁力所做的功用下列积分计算:

$$W = \int_{\Phi_{m_1}}^{\Phi_{m_2}} I\mathrm{d}\Phi_m$$

9. 带电粒子在磁场中的运动

在磁场中每一个以速度 v 运动的带电粒子在磁场中所受的洛伦兹力 $\boldsymbol{f}$ 为

$$\boldsymbol{f} = q\boldsymbol{v} \times \boldsymbol{B}$$

其中,洛伦兹力的方向始终与电荷速度方向垂直。

10. 霍尔效应

当外加磁场的磁感应强度不太大时,霍尔电势差 U_H 的大小与电流强度 I 和磁感应强度 $\boldsymbol{B}$ 的大小成正比,而与导电板的厚度 d 成反比,即

$$U_H = R_H \frac{IB}{d}$$

上式中的 R_H 称为霍尔系数。

11. 磁介质的分类

通常用磁介质中的磁感应强度 B 的大小与真空中的磁感应强度 B_0 的大小之比来描述磁介质被磁化后对原磁场的影响,即相对磁导率 μ_r,有

$$\mu_r = \frac{B}{B_0}$$

根据相对磁导率 $\mu_r > 1$、$\mu_r < 1$、$\mu_r \gg 1$,磁介质可以分为顺磁质、抗磁质和铁磁质三类。

12. 磁介质中的环路定理

$$\oint_l \boldsymbol{H} \cdot \mathrm{d}\boldsymbol{l} = \sum_i I_{0i}$$

磁介质中的磁场强度 H 沿任何闭合曲线的环流等于穿过此曲线包围的传导电流的代数和,而与磁化电流无关。

13. 铁磁质

铁磁质产生的原因是内部存在磁筹单元,铁磁质有磁滞现象。

思 考 题

9.1 为什么不能简单地定义 B 的方向就是作用在运动电荷上的磁力方向?

9.2 在电子设备中,为了减小与电源相连的两根导线的磁场,通常总是把它们扭在一起,为什么?

9.3 均匀分布的稳恒电流 I 通过无限长的金属圆筒,则筒外空间中离轴线 r 处的磁感应强度的大小为多少?

9.4 能否用安培环路定理求解一有限长的载流直导线产生的磁感应强度?为什么?

9.5 一根任意形状的载流导线位于均匀磁场中,试证明它所受的安培力等于从起点到终点的载流直导线所受的安培力。

9.6 载有电流 I 的平面闭合线圈置于磁感应强度为 B 的均匀磁场中,当此线圈受到的磁力矩最大时,通过线圈的磁通量为多少?

9.7 在什么条件下才能用安培环路定理求解载流体系的磁场。

9.8 根据安培环路定理可知,磁感应强度对任意闭合回路的环流大小只取决于闭合曲线所包围的电流代数和,而与闭合回路外的电流无关,因此可以说回路上的磁感应强度与环路外的电流无关,这种说法正确吗?为什么?

9.9 因为处在匀强磁场中的任意形状的闭合载流线圈所受磁场的合力为零,所以匀强磁场对闭合载流线圈没有任何影响,这种说法正确吗?

9.10 能否利用磁场对带电粒子的作用力来增大粒子的动能?

9.11 在匀强磁场中,如果平行放置两个面积相等的载流线圈,其中一个是正三角形,另外一个是正方形,则这两个线圈受的最大磁力矩是否相等?磁力的合力是否相等?

9.12 磁感应强度 B 和磁场强度 H 有何区别?

9.13 为什么顺磁质和抗磁质被磁化后内部的磁场变化很小,而铁磁质被磁化后磁场能显著增加?

练 习 题

9.1 运动电荷产生的磁场,可由公式 $B = \dfrac{\mu_0 qv \times r^0}{4\pi r^2}$ 计算。有一点电荷在真空中做匀速直线运动,它在给定点 P 处产生的磁感应强度 B 的大小、方向的变化情况一般为( )。

(A) 大小和方向都变化 (B) 大小不变,方向变化

(C) 方向不变,大小变化 (D) 大小、方向都不变

9.2 一根载有电流 I 的无限长载流直导线,在一处弯成半径为 R 的圆形,如图 9-35 所示,由于线外绝缘薄膜层包围,所以在相交处两导线并不短路,则圆心处磁感应强度 B 的大小为( )。

(A) $\dfrac{\mu_0 I}{2\pi R}(1+\pi)$ (B) $\dfrac{\mu_0 I}{2\pi}$

(C) $\dfrac{I}{2\pi R}(\mu_0 +1)$ (D) $\dfrac{\mu_0 I}{4\pi R}(1+\pi)$

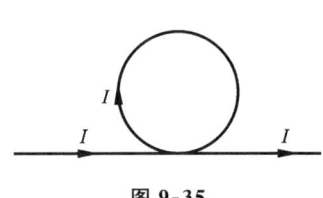

图 9-35

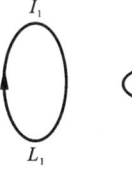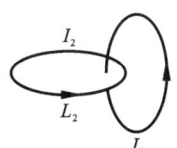

图 9-36

9.3 如图 9-36 所示,两通电圆环 L_1、L_2 分别载有电流 I_1、I_2,选定一积分路径 L。若保持圆环 L_2 不动,则在向左移动圆环 L_1 的过程中( )。

(A) $\oint_L \boldsymbol{B} \cdot \mathrm{d}\boldsymbol{l}$ 不变,L 上各点 B 也不变

(B) $\oint_L \boldsymbol{B} \cdot \mathrm{d}\boldsymbol{l}$ 改变,L 上各点 B 不变

(C) $\oint_L \boldsymbol{B} \cdot \mathrm{d}\boldsymbol{l}$ 不变，L 上各点 $\boldsymbol{B}$ 改变

(D) $\oint_L \boldsymbol{B} \cdot \mathrm{d}\boldsymbol{l}$ 改变，L 上各点 $\boldsymbol{B}$ 也改变

9.4 下列有关稳恒磁场的安培环路定理 $\oint_L \boldsymbol{B} \cdot \mathrm{d}\boldsymbol{l} = \mu_0 \sum_i I_i$ 的叙述中正确的是（　　）。

(A) 穿过闭合回路 L 的电流的代数和为零，则回路上各点 $\boldsymbol{B}$ 的大小也为零

(B) 若 $\boldsymbol{B}$ 的环流为零，即 $\oint_L \boldsymbol{B} \cdot \mathrm{d}\boldsymbol{l} = 0$，则没有电流穿过闭合回路

(C) 等式左边的 $\boldsymbol{B}$，只由穿过闭合回路的电流产生，与闭合回路外的电流无关

(D) 此定律适用于一切稳恒磁场，但只能用于求具有特殊分布的稳恒磁场的 $\boldsymbol{B}$

9.5 如图 9-37 所示，磁感应强度 B 沿闭合曲线 L 的环流为（　　）。

(A) $\mu_0(I_1 - I_2)$ (B) $\mu_0(I_1 + I_2)$

(C) $\mu_0(I_1 + I_2 - I_4)$ (D) $\mu_0(I_1 - I_2 + I_3)$

9.6 如图 9-38 所示，两个半径为 R 的相同金属圆环在 a、b 两点接触（a、b 连线为环直径）并相互垂直放置。电流 I 沿 ab 连线方向由 a 端流入，b 端流出，则环中心 O 点的磁感应强度的大小为（　　）。

(A) $\dfrac{\mu_0 I}{4R}$ (B) 0

(C) $\dfrac{\sqrt{2}\mu_0 I}{4R}$ (D) $\dfrac{\sqrt{2}\mu_0 I}{8R}$

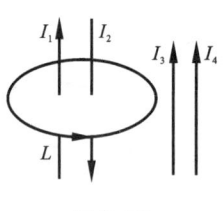
图 9-37

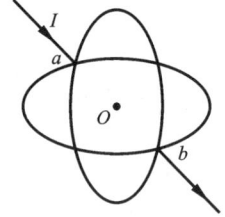
图 9-38

9.7 两电子 a_1 和 a_2 同时由电子枪射出，它们的初速度方向与一匀强磁场垂直，两电子的速度大小分别为 v 和 $3v$，则经磁场偏转后，哪个电子先回到出发点（　　）。

(A) 同时回到出发点   (B) a_1 先回到出发点

(C) a_2 先回到出发点   (D) 无法判断

9.8 关于稳恒电流磁场的磁场强度 H，下列几种说法中正确的是（　　）。

(A) H 仅与传导电流有关

(B) 若闭合曲线内没有包围传导电流,则曲线上各点的 **H** 必为零

(C) 若曲线上各点的 **H** 均为零,则该曲线所包围传导电流的代数和为零

(D) 若闭合曲线上各点 **H** 均不为零,则闭合曲线内必包围传导电流

9.9 如图 9-39 所示,边长为 a 的正方形四个角上固定有四个电量均为 q 的点电荷。此正方形以角速度 ω 绕 ac 轴旋转时,在中心 O 点产生的磁感应强度大小为 B_1;此正方形同样以角速度 ω 绕过 O 点垂直于正方形平面的轴旋转时,在中心点 O 产生的磁感应强度大小为 B_2,则 B_1 与 B_2 间的关系为( )。

(A) $B_1=B_2$ (B) $B_1=2B_2$ (C) $B_1=0.5B_2$ (D) $B_1=0.25B_2$

9.10 如图 9-40 所示,有两根导线沿半径方向接到铁环的 a、b 两点,并与很远处的电源相连接,环心 O 处的磁感应强度大小为( )。

(A) $\dfrac{\mu_0 I}{4R}$ (B) $\dfrac{\mu_0 I}{6R}$ (C) $\dfrac{\mu_0 I}{8R}$ (D) 0

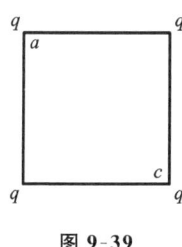

图 9-39

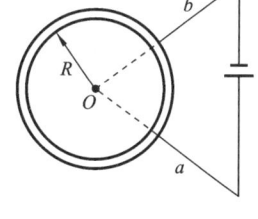

图 9-40

9.11 有一无限长通电流的扁平铜片,宽度为 a,厚度不计。电流 I 在铜片上均匀分布,在铜片外与铜片共面且离铜片右边缘为 b 处的 P 点(见图 9-41)的磁感应强度 **B** 的大小为多少?

9.12 如图 9-42 所示,一个处在真空中的弓形平面载流线圈 $acba$,acb 为半径为 $R=2$ cm 的圆弧,ab 为圆弧对应的弦,圆心角 $\angle aOb=120°$,线圈中通的电流为 $I=40$ A,试求:(1) 分别求出线段 ba 与圆弧 $\overparen{acb}$ 在圆心 O 点的磁感应强度的大小和方向;(2) 圆心 O 点的总磁感应强度的大小和方向。

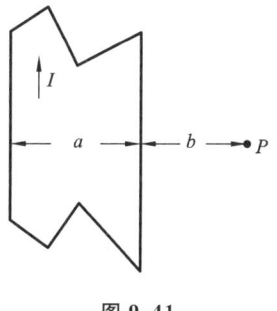

图 9-41

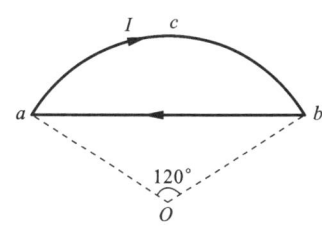

图 9-42

9.13 半径为 R 的均匀带电细圆环,绕过环心 O 且与环平面垂直的轴线以角速度 ω 逆时针方向旋转,环上所带电量为 $+Q$,试求圆环中心 O 处的磁感应强度 $\boldsymbol{B}$。

9.14 如图 9-43 所示,一无限长直导线 AB 载有电流 I_1,其旁放一段导线 CD 通有电流 I_2,AB 与 CD 在同一平面上且互相垂直,有关尺寸如图 9-43 所示,试求导线 CD 所受的磁场力。

9.15 长为 L 的一根导线通有电流 I,在下列情况下求中心点的磁感应强度:(1) 将导线弯成边长为 $L/4$ 的正方形线圈;(2) 将导线弯成周长为 L 的圆线圈。比较哪一种情况下磁场更强。

9.16 如图 9-44 所示,有两根导线沿半径方向接到铁环的 a、b 两点,并与很远处的电源相接。求铁环中心 O 处的磁感应强度。

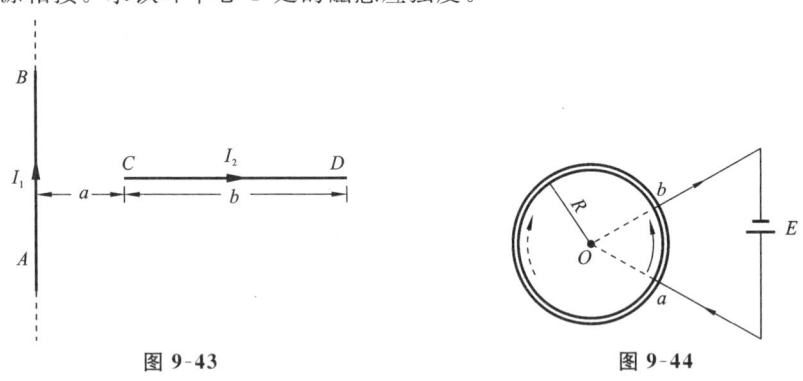

图 9-43   图 9-44

9.17 有一长为 b、线密度为 λ 的带电线段 AB,可绕距离为 a 的 O 点旋转,如图 9-45 所示。设旋转角速度为 ω,转动过程中线段 A 端距离轴 O 的距离 a 保持不变,求带电线段在 O 点产生的磁感应强度和磁矩。

9.18 将一无限长直导线弯成图 9-46 所示的形状,其上载有电流 I,计算圆心 O 处的磁感应强度。

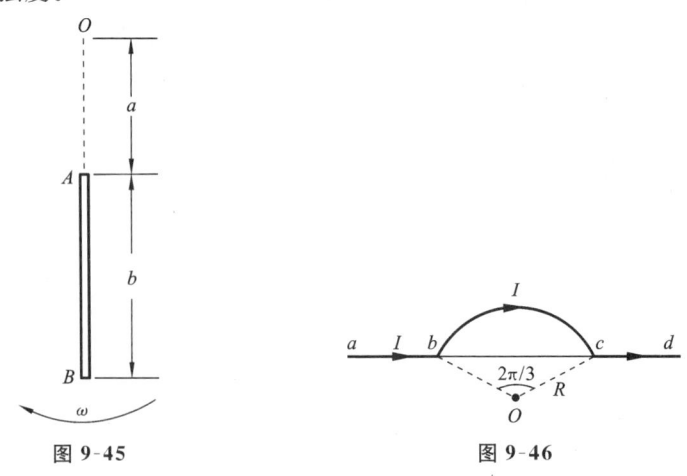

图 9-45   图 9-46

9.19 高压输电线在地面上空 20 m 处,通过电流为 2×10^3 A,求:(1) 在高压线正下方的地面上某处由该电流产生的磁感应强度大小?(2) 在上述地区,地磁场的磁感应强度为 0.8×10^{-4} T,则输电线在该处产生的磁感应强度与地磁场的磁感应强度差多少?

9.20 用两根彼此平行的半无限长直导线 L_1、L_2 把半径为 R 的均匀导体圆环连到电源上,如图 9-47 所示。已知直导线上的电流为 I,求圆环中心 O 点的磁感应强度。

9.21 如图 9-48 所示,长直电流 I_1 附近有一等腰直角三角形线框,通以电流 I_2,二者共面,求 $\triangle ABC$ 的各边所受的安培力。

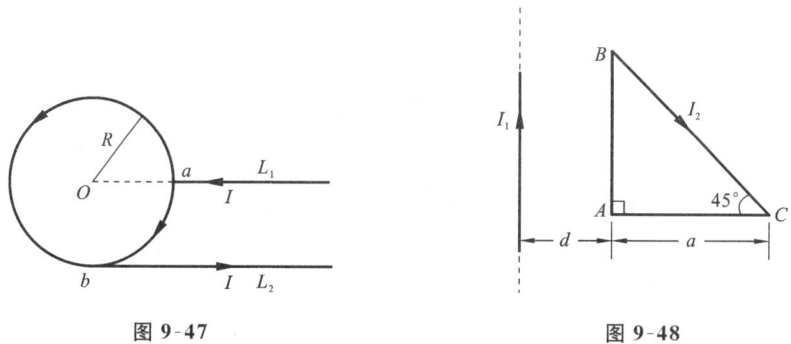

图 9-47   图 9-48

9.22 从经典观点来看,氢原子可看作是一个电子绕核高速旋转的体系,已知电子以速度 2.2×10^6 m/s 在半径 $r=0.53\times10^{-10}$ m 的圆轨道上运动,求电子在轨道中心所产生的磁感应强度及电子的磁矩大小。

9.23 如图 9-49 所示,在一根载有稳恒电流 $I_1=10$ A 的无限长直导线产生的磁场中,一个长 $l=10$ cm、宽 $b=6$ cm 的矩形回路与 I_1 共面,回路中通以电流 $I_2=10$ A,矩形一边与 I_1 距离为 $d=2$ cm。试求矩形回路所受的磁场合力。

9.24 如图 9-50 所示,载流导线段 ab 与长直电流 I_1 共面,ab 段长为 l,通有电流 I_2,方向与 I_1 垂直。a 端离 I_1 的距离为 d。求导线 ab 受电流 I_1 的磁场力。

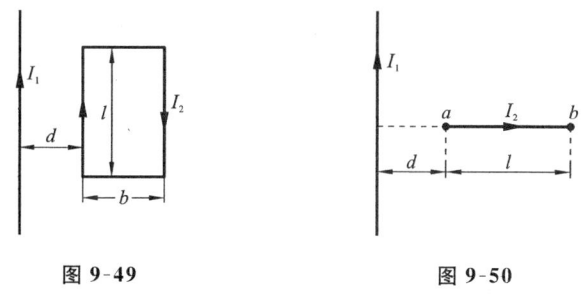

图 9-49   图 9-50

9.25 用绝缘导线紧密排列绕成直径为 2 cm 的螺线管,共有 200 匝线圈,当导线中通有 1 A 的电流时,求螺线管的磁矩大小。

第10章　电磁感应与电磁场

我们知道电流可以产生磁场，那么磁场能否产生电流呢？直到1831年英国物理学家法拉第发现电磁感应现象及基本规律，人们才开始对电和磁之间的内在联系有了深入理解。19世纪60年代，麦克斯韦提出位移电流和感生电场的概念，他指出位移电流和传导电流一样可以产生磁场，变化的磁场可以产生感生电场，并以此为基础建立了麦克斯韦方程组，奠定了电磁规律的理论基础。从麦克斯韦方程组出发，后来预言了电磁波的存在，并揭示了光的本质就是电磁波。电磁波的发现将人类带入了信息化时代。

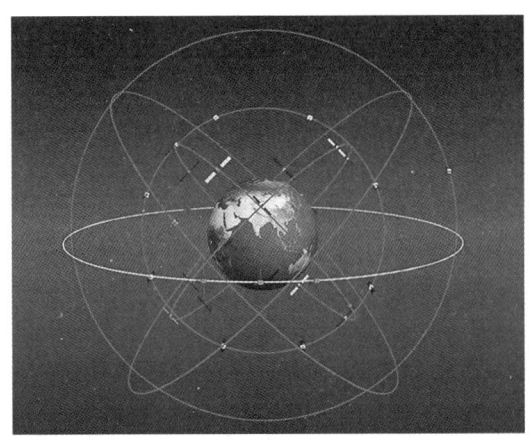

北斗卫星导航系统示意图

受美国及苏联的卫星导航系统启发，20世纪后期，中国开始探索适合国情的卫星导航系统发展道路。2000年，随着两颗北斗一号卫星的成功发射，北斗一号系统正式建成，中国成为继美国、俄罗斯之后世界上第三个拥有自主卫星导航系统的国家；2012年，北斗二号系统建成，并向亚太大部分地区正式提供区域服务；经过不断地探索，2020年，建成北斗三号系统，能够向全球提供服务。

图片来源：中国航天科普网

第10章 电磁感应与电磁场

本章主要介绍电磁感应的基本规律——法拉第电磁感应定律、动生电动势和感生电动势的产生机理、常见的自感和互感现象及基本规律、磁场能量的计算方法,最后将整个电磁学的基本规律归纳到完整的麦克斯韦方程组中。

10.1 电磁感应的基本规律

在奥斯特发现电流磁效应之后,法拉第进行了关于"磁生电"的大量实验。其中最典型的有两类实验:一类实验是让条形磁铁靠近或远离固定线圈,发现线圈中有电流产生。若将磁铁固定,把线圈靠近或远离磁铁,线圈中同样会产生电流。这个实验表明,当线圈与磁铁间有相对运动时,线圈中产生了感应电流。第二类实验是用载流线圈替换上面实验中的条形磁铁,两个线圈彼此靠近且相对静止,当改变载流线圈中电流大小时,发现另一个线圈中同样会有电流产生。法拉第通过对以上实验分析后发现:只有穿过闭合导体回路的磁通量发生变化,无论这种变化是由何种原因引起的,都将在导体回路中产生感应电流,这就是电磁感应现象。感应电流的出现表明在回路中一定产生了电动势,该电动势称为感应电动势。

10.1.1 电动势

通过第8章静电场的学习,我们知道处在静电场中的电荷会受到电场力的作用。对于一个确定的闭合电路,如图10-1所示,我们以载流子为正电荷为例,假设电源是由A极板(正极板)和B极板(负极板)构成的特殊装置。当电路接通时,A极板上的正电荷在静电力的作用下将沿外回路源源不断地搬运到B极板上。每搬运走一个正电荷,A极板就会少一个正电荷,如果不能让搬运到B极板上的正电荷再次回到A极板上,那么A极板上的所有正电荷在外电场的作用下将很快消失掉,回路中的

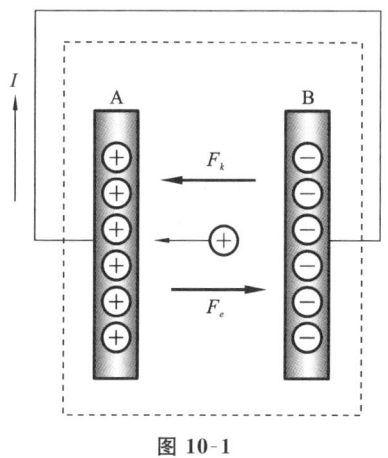

图 10-1

电流也将不复存在。因此,为了保持回路中有稳恒不变的电流,需要将搬运到 B 极板上的正电荷通过电源内部再次搬运到 A 极板上。由于 AB 两极板间有静电场存在,电源内部的正电荷会受到静电力 $\boldsymbol{F}_e$ 的阻碍作用,如果不借助外力作用,B 极板上的正电荷是不可能靠自己移动到 A 极板上。也就是说,为了克服静电力的阻碍作用,电源内部必须存在一种能反抗静电力而把正电荷从 B 极板搬运到 A 极板的非静电力 $\boldsymbol{F}_k$,电源就是能够提供这种非静电力的特殊装置。不同类型的电源的非静电力的性质 $\boldsymbol{F}_k$ 也不相同,如化学电池中的非静电力是化学力,磁电式发电机中的非静电力是电磁力。

非静电力 $\boldsymbol{F}_k$ 将正电荷从 A 极板搬运到 B 极板必然要克服静电场力 $\boldsymbol{F}_e$ 做功,那么根据能量守恒,非静电力做功所需的能量必然是由电源提供的。在这个过程中,电源将其他形式的能量转化为电能。如化学电池是将化学能转化为电能,核电池是将核反应的原子能转化为电能,太阳能电池是将光能转化为电能的装置。为了描述电源将其他形式的能量转化为电能的本领,这里引入一个物理量——电动势。电动势的定义是:将一个单位正电荷从电源的负极搬运到正极的过程中非静电力 $\boldsymbol{F}_k$ 所做的功,电动势一般用符号 ε 表示,即

$$\varepsilon = \frac{A_k}{q} \tag{10-1}$$

由于非静电力对电荷的作用效果与静电场力对电荷的作用效果类似,所以在这里可以参考静电场的描述方法,规定单位正电荷所受的非静电力为非静电性电场强度,其场强矢量用 $\boldsymbol{E}_k$ 表示,即

$$\boldsymbol{E}_k = \frac{\boldsymbol{F}_k}{q} \tag{10-2}$$

则正电荷 q 从电源负极搬运到正极时非静电力 $\boldsymbol{F}_k$ 所做的功为

$$A_k = \int_-^+ \boldsymbol{F}_k \cdot \mathrm{d}\boldsymbol{l} = q \int_-^+ \boldsymbol{E}_k \cdot \mathrm{d}\boldsymbol{l} \tag{10-3}$$

根据电动势的定义,可知

$$\varepsilon = \int_-^+ \boldsymbol{E}_k \cdot \mathrm{d}\boldsymbol{l} \tag{10-4}$$

也就是说,电源电动势等于非静电性电场强度从负极经电源内部到正极的线积分,在没有非静电性电场存在的区域没有电动势。因此,用式(10-4)求电源电动势时,不能对电源的外回路进行积分。如果非静电性电场存在于整个闭合回路,则电动势可以用闭合回路积分表示为

$$\varepsilon = \oint_L \boldsymbol{E}_k \cdot \mathrm{d}\boldsymbol{l} \tag{10-5}$$

注意:电源电动势是衡量电源做功能力大小的物理量,与回路是否接通无关,它仅由电源本身的性质所决定。为了讨论方便,我们规定电源负极经电源内部指向正

极的方向为电动势的正方向,即由电源内部沿电势增加的方向为电动势的正方向。

10.1.2 法拉第电磁感应定律

法拉第总结出的电磁感应定律经过德国物理学家诺依曼归纳后可表述为:当导体回路所包围面积的磁通量发生变化时,回路中产生感应电流,而回路中产生的感应电动势 ε_i 与穿过回路的磁通量 Φ_m 对时间的变化率的负值成正比,即

$$\varepsilon_i = -\frac{d\Phi_m}{dt} \quad (10\text{-}6)$$

式(10-6)只适用于单匝线圈构成的闭合回路,如果回路由密绕 N 匝线圈构成,则有

$$\varepsilon_i = -N\frac{d\Phi_m}{dt} \quad (10\text{-}7)$$

其中,负号用来表示感应电动势的方向。确定感应电动势的方向可按照如下方法进行:首先,规定闭合回路的绕行正方向,然后按照右手螺旋定则确定闭合回路包围面积的法向正方向 n,即右手四指弯曲方向沿绕行正方向,大拇指指向即为包围面积的法向正方向 n;其次,确定外磁场对闭合回路的磁通量的正负,若磁感应强度方向与 n 的方向一致或夹角小于 90°,则这时磁通量取正值,若磁感应强度方向与 n 的方向相反或夹角大于 90°,则磁通量取负值;最后,判断回路包围面积的磁通量的变化率,若 $d\Phi_m/dt>0$,则感应电动势 ε_i 为负值,说明 ε_i 的方向与前面规定的闭合回路绕行正方向相反,若 $d\Phi_m/dt<0$,则感应电动势 ε_i 取正值,说明 ε_i 的方向与前面规定的闭合回路绕行正方向一致。

下面通过图 10-2 来具体说明感应电动势(或感应电流)方向的判断方法。如图 10-2(a)所示,假设我们规定回路的绕行正方向为逆时针方向,根据右手螺旋定则可判断回路包围面积的法向正方向垂直平面向上,由于磁感应强度 $\boldsymbol{B}$ 的方向与闭合面的法向正方向 n 的夹角小于 90°,故磁通量 $\Phi_m>0$。当条形磁铁靠近回路时,$\boldsymbol{B}$ 的大小增加,回路的磁通量也增加,$d\Phi_m/dt>0$,根据法拉第电磁感应定律可知,感应电动势 $\varepsilon_i<0$,说明感应电动势的方向与规定的绕行正方向相反,即感应电动势的方向为顺时针。若规定回路的绕行正方向为顺时针方向,且条形磁铁仍然由远处靠近回路,如图 10-2(b)所示,根据前面的判断方法,可知回路包围闭合面的法向正方向 n 向下,$\boldsymbol{B}$ 的方向与 n 的方向间的夹角大于 90°,则磁通量 $\Phi_m<0$,磁感应强度大小仍然增加,但这时的磁通量对时间的变化率 $d\Phi_m/dt<0$。根据电磁感应定律,$\varepsilon_i>0$,说明感应电动势的方向与规定回路的绕行正方向相同,为顺时针方向。由此可以看出,无论规定回路绕行正方向为顺时针还是逆时针,只要回路和磁场的变化过程不变,则感应电动势的方向是不变的,与如何规定回路绕行正方向无关。请读者按照以上判断方法,试着判断 10-2(c)和(d)所示的感应电动势的方向。

1833 年,爱沙尼亚物理学家楞次从实验中总结出了判断感应电流方向的基本方

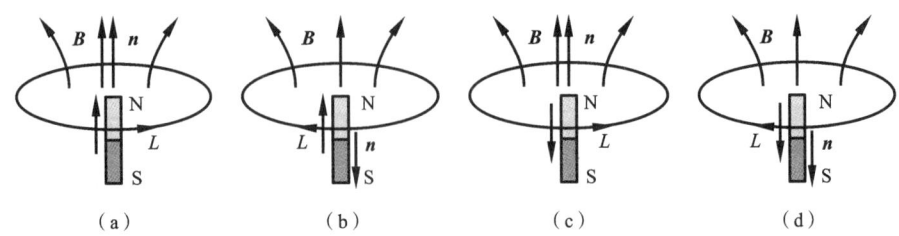

图 10-2

法,称为楞次定律。其表述如下:

闭合回路中感应电流的方向总是使它自身产生的磁通量阻碍引起感应电流的磁通量的变化。

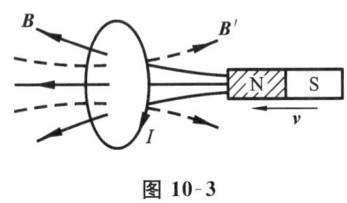

图 10-3

如图 10-3 所示,当条形磁铁靠近闭合导体线圈时,线圈中产生的感应电流 I 激发的磁场 B' 与外磁场 B 的方向相反,这时感应电流产生的磁场 B' 对闭合回路的磁通将阻碍原磁通的变化。与此相反的是,当条形磁铁远离闭合线圈时,线圈中产生的感应电流 I 激发的磁场 B' 将与外磁场 B 的方向相同,即感应电流产生的磁场对闭合回路的磁通将补偿原磁通的变化。用楞次定律确定感应电流的方向后,进而可确定感应电动势的方向,其结果与法拉第电磁感应定律得出的方向一致。由此可见,式(10-6)和式(10-7)中的负号实际上就是楞次定律的数学表示。

【例 10-1】 已知一矩形导轨处在匀强磁场 B 中,两平行导轨间隔大小为 l,如图 10-4 所示。导体棒可在导轨上滑动,当导线向右以速度 v 运动时,求回路中的感应电动势。

解 假设在 t 时刻,导体棒距离导轨右侧边的距离为 $x(t)$,规定矩形回路沿顺时针的绕行方向为正方向,则这时磁场穿过回路的磁通量为

$$\Phi_m = \boldsymbol{B} \cdot \boldsymbol{S} = Blx(t)$$

根据法拉第电磁感应定律,回路中的感应电动势为

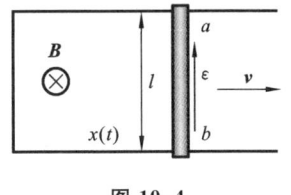

图 10-4

$$\varepsilon = -\frac{\mathrm{d}\Phi_m}{\mathrm{d}t} = -Bl\frac{\mathrm{d}x(t)}{\mathrm{d}t} = -Blv$$

上式中的负号代表方向,即感应电势的方向与上面规定的回路绕行正方向相反,感应电动势的方向沿逆时针方向。

【例 10-2】 如图 10-5 所示,有一无限长载流直导线,通有交流电 $I = I_0 \sin(\omega t)$,其中 I_0 和 ω 是大于零的常数,在长直导线旁平行放置一 N 匝矩形线圈,线圈长为 l,宽为 b,线圈靠近直线的一边距导线的距离为 d,线圈平面与无限长直导线共面。求

线圈中的感应电动势。

解 规定矩形线圈沿顺时针方向为绕行正方向。根据无限长载流直导线产生的磁场分布特点,可知距离导线相等的位置磁感应强度大小相等,矩形线圈上磁场的方向垂直于线圈平面。在矩形线圈上距离导线 x 处取一宽度为 $\mathrm{d}x$ 的微分面元 $\mathrm{d}S$,通过面元 $\mathrm{d}S$ 的磁通量为

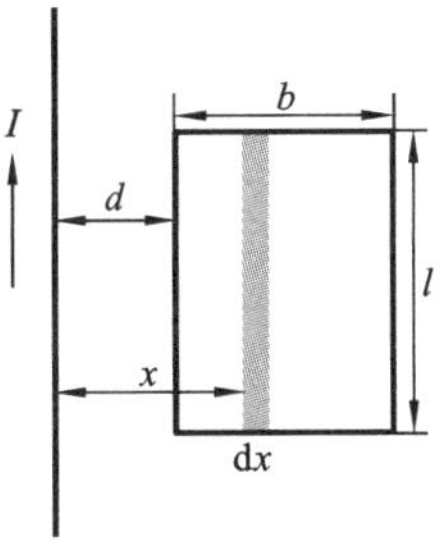

$$\mathrm{d}\Phi_\mathrm{m} = \boldsymbol{B} \cdot \mathrm{d}\boldsymbol{S} = \frac{\mu_0 I}{2\pi x} l\,\mathrm{d}x = \frac{\mu_0 I_0 \sin(\omega t)}{2\pi x} l\,\mathrm{d}x$$

图 10-5

通过单匝矩形回路的磁通量为

$$\Phi_\mathrm{m} = \int \mathrm{d}\Phi_\mathrm{m} = \int_d^{d+b} \frac{\mu_0 I_0 l \sin(\omega t)}{2\pi x} l\,\mathrm{d}x = \frac{\mu_0 I_0 l \sin(\omega t)}{2\pi} \ln\left(\frac{d+b}{d}\right)$$

根据电磁感应定律,整个 N 匝线圈中的感应电动势为

$$\varepsilon = -N\frac{\mathrm{d}\Phi_\mathrm{m}}{\mathrm{d}t} = -\frac{N\mu_0 I_0 l\omega \cos(\omega t)}{2\pi} \ln\left(\frac{d+b}{d}\right)$$

由结果可以看出,感应电动势是随时间变化的周期性函数,当导线中电流方向竖直向上时,矩形线圈中感应电动势的方向沿顺时针方向;当导线中电流竖直向下时,矩形线圈中感应电动势的方向沿逆时针方向。

10.2 动生电动势和感生电动势

法拉第电磁感应定律表明,只要穿过闭合回路的磁通量随时间发生变化就会有感应电动势产生。根据磁通量发生变化的原因不同,感应电动势可分为两类:一类称为动生电动势,是由回路或回路的一部分相对于稳恒磁场运动而引起的,这类情况称为磁场不变,回路变化而引起磁通量改变;另一类称为感生电动势,是由回路不变,通过回路在磁场变化引起的,这类情况称为回路不变,磁场变化引起磁通量改变。当然,在实际应用中还会存在更复杂的情况,若回路在变,磁场也在变,则产生的感应电动势既有动生电动势,还有感生电动势。

10.2.1 动生电动势

下面举例说明动生电动势是如何产生的。如图 10-6 所示,一个矩形导线框放在均匀磁场中(磁感应强度方向垂直导轨平面向里),其中导体棒 ab 的有效长度为 l(即两水平导轨边的间距)。当导体棒 ab 以速度 v 沿 cb 和 da 边向右滑动时,ab 边内的电子也将随导体棒向右移动。众所周知,带电粒子在磁场中运动会受到洛伦兹力的作用,当电子沿垂直磁场方向水平向右运动时,其所受的洛伦兹力为

$$\boldsymbol{f} = -e\boldsymbol{v} \times \boldsymbol{B} \tag{10-8}$$

洛伦兹力 $\boldsymbol{f}$ 的方向由 b 指向 a。在洛伦兹力的作用下,自由电子沿 b 指向 a 的方向运

动,使自由电子向 a 端逐渐聚集,结果使 a 端带负电,b 端带正电。电子在 ab 两端累积的结果使 ab 之间形成一定的电势差。若将运动导体 ab 看成一个电源,则该电源的非静电性电场强度就是作用在单位正电荷上的洛伦兹力,即

$$E_k = \frac{f}{-e} = v \times B \tag{10-9}$$

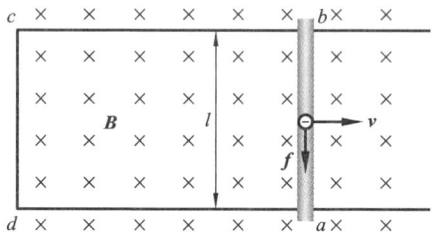

图 10-6 动生电动势的产生

由电动势的定义,运动导体棒产生的动生电动势为

$$\varepsilon = \int_-^+ E_k \cdot dl = \int_a^b (v \times B) \cdot dl \tag{10-10}$$

在图 10-6 所示的情况下,$v \perp B$,且 $v \times B$ 与 dl 同向,故有

$$\varepsilon = vBl \tag{10-11}$$

由式(10-10)可以看出,动生电动势 ε 不仅与导体棒的速度、磁感应强度 B 和棒的长度 l 有关,还与三个矢量间的夹角有关。若 v、B 和 l 中任意两个矢量间夹角为零或 $180°$,则 ε 为零。另外由式(10-11)可以看出,vl 为导体棒单位时间扫过的面积,vBl 为单位时间内导体棒切割的磁感应线数目,因此可以说动生电动势是在导体作切割磁感应线运动时产生的电动势。当导体棒不切割磁感应线,如导体 ab 沿着磁场方向运动($v \parallel B$)或导体 ab 沿着自身 l 方向运动($v \parallel l$),在这些情况下,虽然导体棒 ab 在磁场中有运动,但并不切割磁感应线,也就不会产生动生电动势。

【例 10-3】 一根长为 L 的导体棒在均匀磁场 B 中绕其一端以角速度 ω 匀速转动,转动平面与磁场方向垂直(见图 10-7)。求导体棒两端 OA 的电动势。

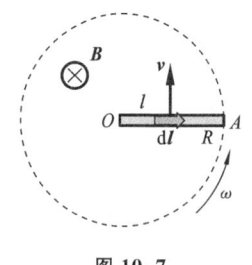

图 10-7

解 在导体棒 OA 上距离 O 点 l 处取一有向线元 dl,其速度大小为 $v = \omega l$,速度方向垂直于导体棒,该小段线元的电动势为

$$d\varepsilon = (v \times B) \cdot dl = -B\omega l dl$$

导体棒上的总电动势为

$$\varepsilon = \int d\varepsilon = -\int_0^L B\omega l \, dl = -\frac{1}{2} B\omega L^2$$

负号代表电动势的方向是由 A 指向 O,故 O 端电势高,A 端电势低。

10.2.2 感生电动势与感生电场

根据前面的讨论,我们知道当磁场不变且导体回路运动时产生的动生电动势是由洛伦兹力引起的,那么回路不变、磁场变化引起的电动势的成因是什么呢?麦克斯韦在分析电磁感应现象的基础上提出了感生电场的假设。他认为,即使不存在导体回路,变化的磁场也会在周围空间激发出一种电场,称为感生电场或涡旋电场。感生电场对电荷的作用与静电场的相同,都对放置在电场空间中的电荷有电场力的作用。设感生电场的场强为 E_k,则置于其中的电荷 q 受到的力为 $F=qE_k$。感生电场与静电场的区别在于感生电场不是由电荷激发的,而是由变化磁场激发的。感生电场线为首尾相连的闭合曲线,静电场的电场线不能形成闭合曲线。根据静电场的环路定理,可以推导出静电场为保守场,而感生电场的环路积分不再为零,因此感生电场是非保守场,也称为涡旋电场。处在感生电场中的闭合导体回路同样有感应电动势和感应电流产生。由此可见,产生感生电动势的非静电力来源于感生电场,由感生电场引起的电动势称为感生电动势。

由法拉第电磁感应定律和电动势的定义,可知感生电动势为

$$\varepsilon = \oint_l \boldsymbol{E}_k \cdot \mathrm{d}\boldsymbol{l} = -\frac{\mathrm{d}\Phi_\mathrm{m}}{\mathrm{d}t} \tag{10-12}$$

当闭合回路保持不变时,磁通量的变化仅由磁场的变化引起,因而式(10-12)又可写为

$$\varepsilon = \oint_l \boldsymbol{E}_k \cdot \mathrm{d}\boldsymbol{l} = -\int_S \frac{\partial \boldsymbol{B}}{\partial t} \cdot \mathrm{d}\boldsymbol{S} \tag{10-13}$$

上式中面积分 S 是对闭合回路 l 包围的曲面进行,该式反映了变化磁场与感生电场之间的关系,公式中的负号是法拉第电磁感应定律的必然结果。式(10-13)说明感生电场 E_k 的方向与 $\partial \boldsymbol{B}/\partial t$ 的方向之间满足左手螺旋法则。如图 10-8 所示,若磁场方向竖直向上且 $\partial B/\partial t>0$,则感生电场 E_k 方向与 $\partial \boldsymbol{B}/\partial t$ 方向构成左手螺旋法则并沿顺时针方向,若磁场方向竖直向上且 $\partial B/\partial t<0$,则这时的 $\partial \boldsymbol{B}/\partial t$ 方向竖直向下,根据左手螺旋法则可判断感生电场 E_k 方向沿逆时针方向。

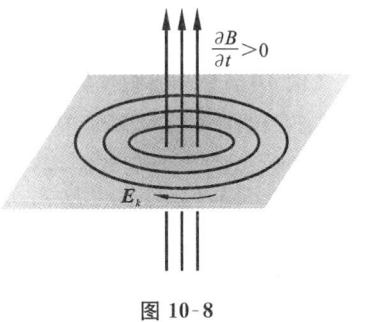

图 10-8

感生电场有许多重要的应用。例如,电子感应加速器利用感生电场不断对电子加速可以获得高能量的电子束;高频感应冶金炉利用感生电场在金属中产生很强的感应电流(俗称涡电流),可以产生大量焦耳热。当然,有时候涡电流是有害的,需要加以限制,如变压器和电动机的铁芯用表面涂有绝缘漆的很薄的硅钢片制成就是这

个缘故。

【例 10-4】 如图 10-9 所示,半径为 R 的圆柱形空间内分布有沿圆柱轴线方向的均匀磁场,磁场方向垂直纸面向里,其变化率 $\partial B/\partial t>0$,求圆柱形空间内、外的涡旋电场分布。

解 根据磁场分布的特点可知,圆柱形的均匀磁场如果随时间均匀变化,则可产生感生电场(涡旋电场),感生电场线是一系列以轴为中心的同心圆。首先在圆柱体内作一半径为 $r(r<R)$ 并沿逆时针方向的闭合圆环,闭合圆环上各点的感生电场大小相等,方向沿圆环切向方向,根据式(10-13)可得

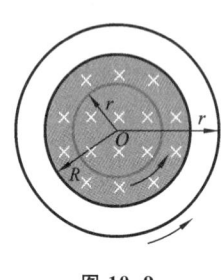

图 10-9

$$2\pi r E_k = \frac{\partial B}{\partial t}\pi r^2$$

$$E_k = \frac{r}{2}\frac{\partial B}{\partial t} \quad (r<R)$$

结果说明,圆柱形空间内部的感生电场大小与 r 成正比,感生电场方向与回路 l 的绕行方向相同,为逆时针方向。同理,可在圆柱体外作一半径为 $r'(r'>R)$ 并沿逆时针方向的共心闭合圆环,则根据式(10-13)可得

$$2\pi r' E_k = \frac{\partial B}{\partial t}\pi R^2$$

$$E_k = \frac{R^2}{2r'}\frac{\partial B}{\partial t} \quad (r>R)$$

结果说明,圆柱体空间外部的感生电场大小与 r' 成反比,感生电场方向与回路 l 的绕行方向相同,同样沿逆时针方向。当然,我们也可以根据楞次定律来判断感生电场的方向,结果是完全相同的。

【例 10-5】 利用感生电场对电子进行加速的装置称为电子感应加速器,其典型装置是在电磁铁两极间放置一环形真空室,如图 10-10 所示。电磁铁受交变电流激励,在两磁极间产生交变磁场,从而在真空室内产生很强的感生电场,其电场线为一系列的同心圆。试证明,为了使射入环形真空室的电子维持在恒定的圆形轨道中加速,轨道平面上的平均磁感应强度必须是轨道上的磁感应强度的 2 倍。

解 环形真空室的电子既要受到感应电场 E_k 的作用而加速,同时又要受到磁场的洛伦兹力作用,使它沿圆形轨道运动。为了使电子在半径为 r 的轨道上作圆周运动,此时洛伦兹力为向心力,即有

$$evB_r = m\frac{v^2}{r}$$

即

$$B_r = \frac{mv}{er}$$

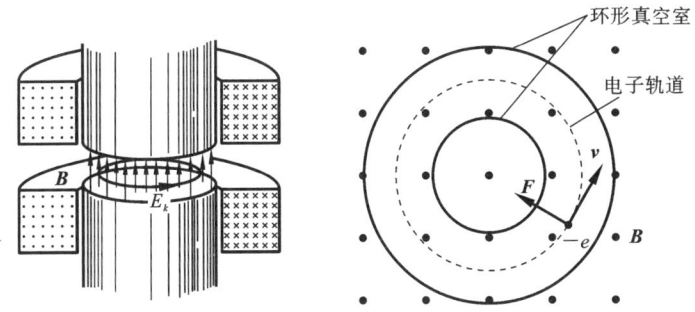

图 10-10 电子感应加速器结构图

式中：B_r 为电子轨道上的磁感应强度；v 为电子运动速度大小。

设轨道平面上的平均磁感应强度为 $\bar{B}$，根据例 10-4 的结果可知，半径为 r 处的感生电场的大小为

$$|E_k| = \frac{r}{2}\frac{d\bar{B}}{dt}$$

电子受到的感生电场力的大小为

$$F = e|E_k| = \frac{er}{2}\frac{d\bar{B}}{dt}$$

其方向与 E_k 的方向相反，该力为电子在圆形轨道切向方向上所受的力。另一方面，由牛顿第二定律可知

$$F = \frac{d}{dt}(mv) = \frac{d}{dt}(erB_r) = er\frac{dB_r}{dt}$$

将其与上式比较可得

$$\frac{dB_r}{dt} = \frac{1}{2}\frac{d\bar{B}}{dt}$$

即只要 $B_r = \bar{B}/2$，被加速的电子就可以稳定在半径为 r 的圆形轨道上。

10.3 自感和互感

10.3.1 自感电动势与自感系数

对于一个闭合导体回路，如图 10-11 所示，当回路中的电流发生变化时，它所激发的磁场对通过自身回路的磁通量也会发生变化，根据法拉第电磁感应定律，回路中磁通量的变化必然会引起自身回路中产生感应电动势，该电动势称为自感电动势。这种由于回路电流变化而引起自身回路产生电动势的现象称为自感现象。

由毕奥-萨伐尔定律可知，回路中的电流激发的磁感应强度 B 与电流 I 成正比。

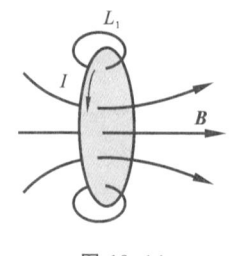

图 10-11

因此,通过回路的磁通量 Φ_m 也应正比于回路中的电流 I,即

$$\Phi_m = LI \tag{10-14}$$

其中的比例系数 L 称为自感系数。自感系数是一个与电流 I 无关,仅由回路的匝数、形状、大小及周围介质的磁导率等因素决定的物理量。当回路及其周围环境不变时,自感系数是一个常数。在国际单位制中,自感系数的单位是亨利(H)。

若回路的自感系数 L 保持不变,由法拉第电磁感应定律可得回路的自感电动势为

$$\varepsilon_L = -\frac{d\Phi_m}{dt} = -L\frac{dI}{dt} \tag{10-15}$$

式中的负号表明自感电动势阻碍回路中电流的变化。

由式(10-15)可以看出,如果回路中电流随时间的变化率保持不变,则自感系数 L 越大,回路中所产生的自感电动势也越大,自感现象就越明显。在工程技术和日常生活中,利用自感制造的元件也是很多的,如日光灯上用的镇流器、电工中常用的扼流圈、大型发电机中的绕组线圈等。这些元件或线圈具有较大的自感系数,使得在电路接通或关闭时由于强大的自感电动势而能预防电介质的击穿而造成设备的损坏。

【例 10-6】 设有一空心的密绕长直螺线管,如图 10-12 所示,长为 l,横截面积为 S,线圈总匝数为 N,忽略螺线管两侧的边缘效应,求该螺线管的自感系数。

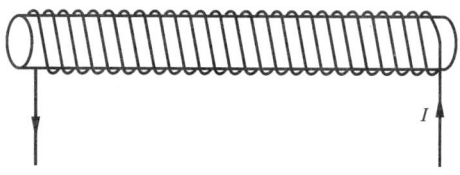

图 10-12

解 忽略螺旋管的边缘效应,当螺线管中通有电流 I 时,管内的磁场可近似看作是匀强磁场,其磁感应强度大小为

$$B = \mu_0 nI = \mu_0 \frac{N}{l} I$$

通过螺线管的总磁通量为

$$\Phi_m = NBS = \mu_0 \frac{N^2}{l} IS$$

根据式(10-14)可知螺线管的自感系数为

$$L = \frac{\Phi_m}{I} = \mu_0 \frac{N^2}{l} S = \mu_0 \frac{N^2}{l^2} lS = \mu_0 n^2 V$$

式中:$V = lS$ 为螺线管包围的体积。结果表明:要增大螺线管的自感系数 L,可采用较细的导线绕制螺线管,以提高单位长度线圈的匝数 n,也可在螺线管中插入磁介

质,使 L 放大 μ_r 倍。

【例 10-7】 设一载流回路由两根平行的长直导线组成,两导线的半径为 a,两轴线相距为 d,且 $a \ll d$,求这一对导线单位长度的自感。

解 设回路中通过的电流为 I,取两导线间长为 h、宽为 d 的平面 S 作为考察对象,如图 10-13 所示。根据无限长载流直导线产生磁场的特点,可求得平面 S 上距左导线轴线距离 r 处的磁感应强度大小为

$$B_P = \frac{\mu_0 I}{2\pi r} + \frac{\mu_0 I}{2\pi (d-r)}$$

磁感应强度 $\boldsymbol{B}_P$ 方向垂直平面向里。在距离左导线轴线距离 r 处取一面元 $\mathrm{d}S = h\mathrm{d}r$,两平行直导线产生的磁场对 $\mathrm{d}S$ 的磁通量为

$$\mathrm{d}\Phi_m = \boldsymbol{B} \cdot \mathrm{d}\boldsymbol{S} = Bh\mathrm{d}r$$

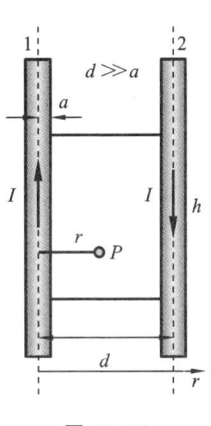

图 10-13

通对平面 S 的总磁通量为

$$\Phi_m = \int_a^{d-a} \left[\frac{\mu_0 I}{2\pi r} + \frac{\mu_0 I}{2\pi (d-r)} \right] h\mathrm{d}r = \frac{\mu_0 Ih}{\pi} \ln\left(\frac{d-a}{a}\right)$$

则这对导线单位长度的自感为

$$L = \frac{\Phi_m}{Ih} = \frac{\mu_0}{\pi} \ln\left(\frac{d-a}{a}\right)$$

10.3.2 互感电动势与互感系数

对于两个平行放置并靠得很近的载流回路 L_1 和 L_2,如图 10-14 所示,当回路 L_1 中的电流 I_1 变化时,电流 I_1 所激发的变化磁场必然会引起穿过回路 L_2 的磁通量发生变化,因此在回路 L_2 中会产生感应电动势;同理,回路 L_2 中变化的电流也会引起回路 L_1 中产生感应电动势。这种由一个载流线圈中电流变化而引起另一线圈中产生感应电动势的现象称为互感现象,对应的电动势称为互感电动势。

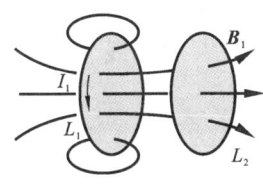

图 10-14 互感现象

设回路 L_1 中的电流 I_1 产生的磁场对回路 L_2 的磁通量为 Φ_{21},由毕奥-萨伐尔定律可知,回路 L_2 中磁通量 Φ_{21} 是由回路 L_1 中的电流 I_1 引起的,Φ_{21} 与 I_1 成正比,即满足关系

$$\Phi_{21} = M_{21} I_1 \tag{10-15}$$

式中:比例系数 M_{21} 称为回路 L_1 对回路 L_2 的互感系数。同理,如果回路 L_2 中通有变化的电流 I_2,则电流 I_2 产生的磁场对回路 L_1 的磁通量 Φ_{12} 满足关系

$$\Phi_{12} = M_{12} I_2 \tag{10-16}$$

比例系数 M_{12} 称为回路 L_2 对回路 L_1 的互感系数。理论和实验可以证明，M_{21} 和 M_{12} 总是相等的，即

$$M_{21}=M_{12}=M \tag{10-17}$$

M 称为两个回路间的互感系数。互感系数与自感系数类似，其值仅与两个回路的大小、形状、相对位置及周围磁介质的磁导率有关，与两回路中所通电流无关。互感系数与自感系数的单位相同，也是亨利（H）。

根据电磁感应定律可知，回路 L_1 中的电流 I_1 变化时，在回路 L_2 中产生的互感电动势为

$$\varepsilon_{21}=-\frac{\mathrm{d}\Phi_{21}}{\mathrm{d}t}=-M\frac{\mathrm{d}I_1}{\mathrm{d}t} \tag{10-18}$$

同理，回路 L_2 中电流 I_2 变化引起回路 L_1 中产生的互感电动势为

$$\varepsilon_{12}=-\frac{\mathrm{d}\Phi_{12}}{\mathrm{d}t}=-M\frac{\mathrm{d}I_2}{\mathrm{d}t} \tag{10-19}$$

上面两式可用以下通式表示

$$\varepsilon_M=-M\frac{\mathrm{d}I}{\mathrm{d}t} \tag{10-20}$$

理论上讲，可以用式（10-20）来计算互感系数，但在实际应用中，一般通过实验来测定互感系数 M。

互感在电工和无线电技术中也有广泛的用途，如电工中使用的各种变压器都是互感器件。在有些情况下互感是有害的。例如，有线电话会由于两路电话之间的互感而引起串音，无线电设备中也会由于导线或器件间的互感作用而妨碍设备的正常工作。对于这些情况，互感影响应该尽量避免。

【例 10-8】 如图 10-15 所示，两个同轴长直螺线管同绕在一个截面积为 S 的磁介质棒上，其中螺线管 1 长为 l，共有 N_1 匝；螺线管 2 的长度和截面积与螺线管 1 的相同，共有 N_2 匝。螺线管内磁介质的磁导率为 μ。求这两个共轴螺线管的互感系数。

解 设螺线管 1 中通有电流 I_1，其在管内产生的磁感应强度为

$$B=\mu\frac{N_1}{l}I_1$$

螺线管 1 中产生的磁场对螺线管 2 的磁通量为

$$\Phi_{21}=N_2BS=\mu\frac{N_1N_2I_1}{l}S$$

则螺线管 1 对螺线管 2 的互感系数为

$$M=\frac{\Phi_{21}}{I_1}=\mu\frac{N_1N_2}{lS}$$

当然，我们也可以根据螺线管 2 中电流产生的磁

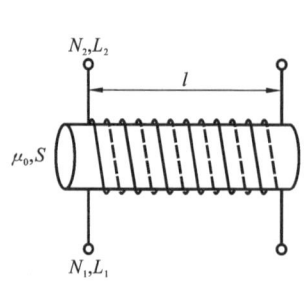

图 10-15

场对螺线管 1 的磁通量,来求螺线管 2 对螺线管 1 的互感系数,结果是完全相同的。

10.4 磁场的能量

磁场和电场一样也具有能量。电容器是储存电能的器件,而载流线圈是储存磁能的器件。下面通过分析自感线圈中的能量转换来介绍磁场的能量。

如图 10-16 所示,当把开关 K 合向 1 端时,回路中的电流将由零逐渐增大到稳定状态时的最大值 I,同时电流激发的磁场也经历了一个从零到最大值的变化过程。在这个过程中,电源做的功将分为两部分:一部分用来提供给电路中产生的焦耳热;另一部分则为反抗电流建立过程中产生的自感电动势而做功。后一部分能量最终转化为磁场能量存储在线圈中。那么线圈中存储的能量如何计算呢?假设在电源开关 K 接到 1 端后,在 dt 时间内电路中的电流变化为 di,则线圈中产生的自感电动势为

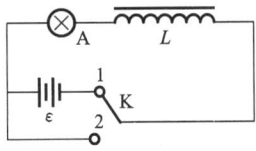

图 10-16 磁场的能量

$$\varepsilon_i = -L\frac{di}{dt} \tag{10-21}$$

此时电源克服反向自感电动势所做的元功为

$$dA = -\varepsilon_i i\, dt = \left(L\frac{di}{dt}\right)i\, dt = Li\, di \tag{10-22}$$

当回路中的电流从零增加到最大值 I 时,电源反抗自感电动势所做的总功为

$$A = \int dA = \int_0^I Li\, di = \frac{1}{2}LI^2 \tag{10-23}$$

该功以能量的形式储存在线圈内,称为自感磁能。

当开关 K 由 1 端切换到 2 端后,我们会发现电路中的小灯泡会突然亮一下然后才熄灭,那么小灯泡突然一亮所需的能量是由谁提供的呢?当开关 K 由 1 端切换到 2 端时,回路中的电流将由最大值 I 逐渐减小到零,这时回路中的自感电动势阻碍电流的减少,其自感电动势的方向与电流方向相同。在 t 时刻,自感电动势在微分时间 dt 内做的元功为

$$dA' = \varepsilon_i i\, dt = \left(-L\frac{di}{dt}\right)i\, dt = -Li\, di \tag{10-24}$$

当电流由最大值 I 减小到零的过程中,自感电动势做的总功为

$$A' = \int dA' = \int_I^0 -Li\, di = \frac{1}{2}LI^2 \tag{10-25}$$

这说明自感电动势做的总功,刚好等于电流由零增大到最大值的过程中线圈中存储的能量。当开关 K 切换到 2 端后,自感电动势做功所需的能量将线圈中存储的磁场能量释放出来,小灯泡在断开电源后突然一亮是因为线圈中存储的磁场

能量转化为电能和光能。由此可见，线圈的自感磁能等于电源克服自感电动势所做的功，即

$$W_m = A = \frac{1}{2}LI^2 \tag{10-26}$$

式(10-26)与电容器所储电场能量公式 $W_e = \frac{1}{2}CU^2$ 在形式上是类似的，自感线圈和电容器一样也是一个储能元件。

下面以无限长直螺线管为例，说明线圈中存储的磁场能量可以与磁场强度 **H** 和磁感应强度 **B** 来表示。

设长直螺线管通过的电流为 I，线圈的匝数密度为 n，线圈周围的磁介质的磁导率为 μ。根据例 10-6 的结论可知，螺线管的自感系数为 $L = \mu n^2 V$，V 为所考察的螺线管包围的体积。由式(10-26)可得在螺线管中储存的总能量为

$$W_m = \frac{1}{2}LI^2 = \frac{1}{2}\mu n^2 VI^2 = \frac{1}{2}(\mu nI)(nI)V$$

对于无限长直螺线管来说，磁感应强度和磁场强度分别为 μnI 和 nI，因此

$$W_m = \frac{1}{2}BHV \tag{10-27}$$

由此可见，自感磁能实际上是磁场所具有的能量，它分布在磁场之中。

由于长直螺线管内的磁场是均匀磁场，其能量是均匀分布的，若定义单位体积中的磁场能量为磁场能量密度，用 ω_m 表示，则

$$\omega_m = \frac{W_m}{V} = \frac{1}{2}BH = \frac{1}{2}\boldsymbol{B} \cdot \boldsymbol{H} \tag{10-28}$$

事实上，这个由长直螺线管推出的磁场能量密度的关系式具有一般性。对于分布在有限体积 V 内的非均匀磁场，其总能量可通过下述积分来计算：

$$W_m = \int_V \omega_m \mathrm{d}V = \frac{1}{2}\int_V BH \mathrm{d}V \tag{10-29}$$

其中，积分遍及磁场分布的整个空间。

【例 10-9】 同轴电缆由两个同轴的圆柱形导体组成。设内、外圆柱形导体的半径分别为 R_1 和 R_2，流过内、外圆柱的电流均为 I，两圆柱面间的磁介质的磁导率为 μ。求单位长度电缆的磁场能量，并由此计算电缆的自感系数。

解 由安培环路定理可求得内外圆柱间距离轴线 r 处(见图 10-17)的磁感应强度与磁场强度分别为

$$B = \frac{\mu I}{2\pi r}$$

$$H = \frac{I}{2\pi r}$$

考虑到 **B** 与 **H** 方向相同，且在 $r<R_1$ 和 $r>R_2$ 区域内 $B=0$，单位长度电缆的磁场能

量为

$$W_m = \frac{1}{2}\int BH\,dV = \frac{1}{2}\int \frac{\mu I}{2\pi r}\cdot\frac{I}{2\pi r}2\pi r\,dr$$
$$= \frac{\mu I^2}{4\pi}\int_{R_1}^{R_2}\frac{dr}{r} = \frac{\mu I^2}{4\pi}\ln\frac{R_2}{R_1}$$

由式(10-26)可得电缆的自感系数为

$$L = \frac{\mu}{2\pi}\ln\frac{R_2}{R_1}$$

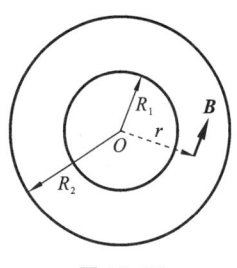

图 10-17

10.5　位移电流与麦克斯韦方程组

10.5.1　位移电流

通过对静电场的讨论,我们推导出静电场的高斯定理和静电场的环路定理,高斯定理的表达式为

$$\oint_S \boldsymbol{D}\cdot d\boldsymbol{S} = \sum q_i \tag{10-30}$$

式(10-30)右边的求和为闭合曲面 S 包围的自由电荷的代数量之和。

静电场的环路定理为

$$\oint_l \boldsymbol{E}\cdot d\boldsymbol{l} = 0 \tag{10-31}$$

静电场的环路定理说明静电场为保守场,静电场的电场强度对任意闭合曲线的环路积分等于零。

在稳恒磁场中,根据毕奥-萨伐尔定律和电场强度叠加原理,可以推导出稳恒磁场的高斯定理和安培环路定理,即

$$\oint_S \boldsymbol{B}\cdot d\boldsymbol{S} = 0 \tag{10-32}$$

$$\oint_l \boldsymbol{H}\cdot d\boldsymbol{l} = \sum I_i \tag{10-33}$$

式中:$\sum I_i$ 为穿过闭合回路所包围的传导电流的代数和,与极化电流无关。

由法拉第电磁感应定律可知,变化的磁场可以产生涡旋电场,若把静电场的环路定理拓展到任意电场,则可得任意电场的环路定理为

$$\oint_l \boldsymbol{E}\cdot d\boldsymbol{l} = 0 - \int_S \frac{\partial \boldsymbol{B}}{\partial t}\cdot d\boldsymbol{S} \tag{10-34}$$

麦克斯韦通过实验和理论分析,发现静电场的高斯定理和稳恒磁场的高斯定理在非稳恒条件下仍然成立。对于变化的磁场,其环路定理可用式(10-34)表述,但在将安培环路定理拓展到非稳恒磁场时却遇到了困难。

下面以平行板电容器充电过程为例来说明稳恒磁场的安培环路定理对非稳恒磁场不成立。图 10-18 所示的为平行板电容器的充电过程,该过程是一个非稳恒过程,传导电流 I 随时间变化,且在两极板间中断。如果围绕导线取一个闭合回路 L,并以 L 为边界做两个曲面,其中曲面 S_1 与导线相交,曲面 S_2 穿过电容器两极板之间,S_1 和 S_2 构成一个闭合曲面,则对曲面 S_1 应用安培环路定理有

$$\oint_L \boldsymbol{H} \cdot \mathrm{d}\boldsymbol{l} = I$$

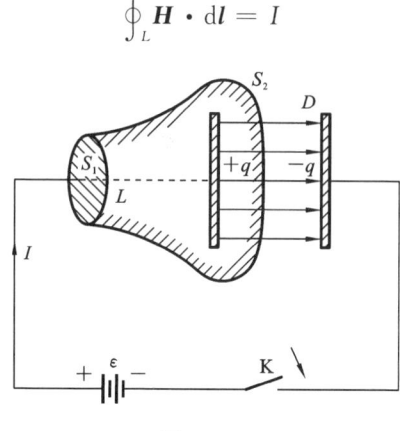

图 10-18

对曲面 S_2 应用安培环路定理有

$$\oint_L \boldsymbol{H} \cdot \mathrm{d}\boldsymbol{l} = 0$$

这表明,把安培环路定理应用到以同一闭合曲线为边界的两个不同曲面时,得到的结果完全不同。对电容器而言,麦克斯韦认为安培环路定理失效的原因是因为电流在电容器极板处中断了,电荷积累在两个平行极板上造成两极板间无传导电流。可见,在非稳恒磁场的条件下,安培环路定理并不成立,必须以新的方程来取代它。麦克斯韦注意到,当平行板电容器在充电的过程中,以及导线中的电流在随时间变化的过程中,极板上的电荷也在随时间发生变化,从而导致平行板电容器间的电场和电位移矢量也在随时间发生变化。根据静电场的高斯定理,可求出极板间的电位移大小为 $D=\sigma$,其中 σ 为极板上的电荷面密度,极板间穿过 S_2 的电位移通量为 $\Phi_D=DS=\sigma S$。根据电流的微分关系可知,

$$I = \frac{\mathrm{d}q}{\mathrm{d}t} = \frac{\mathrm{d}(\sigma S)}{\mathrm{d}t} = \frac{\mathrm{d}\Phi_D}{\mathrm{d}t} \tag{10-35}$$

式(10-35)表明,穿过曲面 S_1 的传导电流与穿过曲面 S_2 的电位移通量对时间的变化率相等。为此,麦克斯韦把 $\mathrm{d}\Phi_m/\mathrm{d}t$ 称为位移电流,用符号 I_D 表示。有了位移电流的概念,就可以解释上面提到的关于安培环路定理中电流在极板处中断的问题。他认为在回路中不仅有传导电流,还可能有位移电流,传导电流和位移电流之和称为全电流。在恒定电路中传导电流是连续的,没有位移电流;但在非恒定电路中,全电

流是保持连续的。在平行板电容器充电的过程中,导线和电源中有传导电流通过,在两极板间则无传导电流,但有相同大小的位移电流,即整个回路的全电流是连续的。为此,在非稳恒磁场中,只需将安培环路定理右边的传导电流拓展到全电流,安培环路定理的形式不变,即

$$\oint_L \boldsymbol{H} \cdot d\boldsymbol{l} = I + I_D \tag{10-36}$$

式(10-36)称为全电流安培环路定理,位移电流和传导电流具有相同的单位和量纲。若闭合回路包围的面积不变,则位移电流可以写为

$$I_D = \frac{d\Phi_D}{dt} = \frac{d}{dt}\int_S \boldsymbol{D} \cdot d\boldsymbol{S} = \int_S \frac{\partial \boldsymbol{D}}{\partial t} \cdot d\boldsymbol{S} \tag{10-37}$$

式(10-36)也可表示为

$$\oint_L \boldsymbol{H} \cdot d\boldsymbol{l} = I + \int_S \frac{\partial \boldsymbol{D}}{\partial t} \cdot d\boldsymbol{S} \tag{10-38}$$

该式适用于稳恒和非稳恒磁场的情况。

显然,麦克斯韦假说中的位移电流并非实际电荷定向运动产生的电流,它不能像传导电流一样产生热效应,之所以称其为"电流"是因为其与传导电流一样可以激发磁场,而位移电流激发磁场的本质是变化的电场激发了涡旋磁场。1929年,范可文证实了位移电流的存在。

10.5.2 麦克斯韦方程组

麦克斯韦对电磁现象的基本规律归纳总结后,概括为四个基本方程,称为麦克斯韦方程组。

1. 电场的高斯定理

$$\oint_S \boldsymbol{D} \cdot d\boldsymbol{S} = \sum q_i \tag{10-39}$$

式(10-39)中的 $\boldsymbol{D}=\varepsilon\boldsymbol{E}$,电场 $\boldsymbol{E}$ 不仅包括静电场还包含涡旋电场(变成磁场产生的电场),即通过任意闭合曲面的电位移通量等于该闭合曲面包围的自由电荷的代数和。

2. 法拉第电磁感应定律

$$\oint_l \boldsymbol{E} \cdot d\boldsymbol{l} = -\int_S \frac{\partial \boldsymbol{B}}{\partial t} \cdot d\boldsymbol{S} \tag{10-40}$$

即电场强度对任意闭合曲线的线积分等于以该曲线为边界包围的任意曲面的磁通量对时间变化率的负值。

3. 磁场的高斯定理

$$\oint_S \boldsymbol{B} \cdot d\boldsymbol{S} = 0 \tag{10-41}$$

即通过任意闭合曲面的磁通量恒等于零。该方程是由稳恒电流产生的磁场推导到非稳恒磁场的情况。无论是传导电流产生的磁场还是位移电流产生的磁场都是涡旋磁

场,因此,上面的高斯定理和稳恒磁场的高斯定理方程形式完全相同。

4. 全电流安培环路定理

$$\oint_L \boldsymbol{H} \cdot \mathrm{d}\boldsymbol{l} = I + \int_S \frac{\partial \boldsymbol{D}}{\partial t} \cdot \mathrm{d}\boldsymbol{S} \quad (10\text{-}42)$$

式(10-42)中的 $\boldsymbol{H}=\boldsymbol{B}/\mu$,$\mu$ 为磁介质的磁导率。该方程表明,磁场强度沿任意闭合曲线的线积分等于穿过以该曲线为边界的曲面的全电流。该式的物理意义在前文中已经讨论。以上四个方程就构成了麦克斯韦方程组。

上述麦克斯韦方程组全面反映了电磁场的规律,利用它原则上可以解决任何宏观电磁场问题。

在麦克斯韦电磁理论的建立过程中,麦克斯韦抓住了两条主线:其一是"变化的磁场产生电场",这是法拉第发现电磁感应现象后提出的;另一个是"变化的电场产生磁场",这是麦克斯韦本人创立的。看来,电场和磁场在"变化"的情况下,形成不可分割的和谐统一体——电磁场,电磁场的基本规律可以用极其精辟的数学语言——四个方程表达出来,这就是麦克斯韦方程组。

麦克斯韦方程组的一个重要结果就是预言了电磁波的存在。从麦克斯韦方程组可以推知,变化的电场在其周围产生与之垂直的磁场,变化的磁场也会在其周围产生与之垂直的电场,变化的电场和变化磁场沿着与两者均垂直的方向传播,这就是电磁波。麦克斯韦的理论计算表明,电磁波的传播速度与当时测得的光速十分接近,因此有理由认为光本身(以及热辐射和其他形式的辐射)是以波动形式按电磁波规律传播的一种电磁振动。这样就把表面上似乎毫不相干的光现象与电磁现象统一了起来。

麦克斯韦电磁理论是从宏观电磁现象中总结出来的普遍规律,因此可应用于各种宏观电磁现象中,对低速和高速运动两种情况均成立,但在原子和分子的微观领域,则需要更普遍的量子电动力学来解决。

【例 10-10】 设平行板电容器两极板为圆板,如图 10-19 所示,极板半径为 R,两极板间距为 d,用缓变电流 I_C 对电容器充电,求极板外侧距离导线 r_1 的 P_1 点和极板内距轴线距离 r_2 的 P_2 点的磁感应强度。

解 忽略边缘效应,则任意时刻平行板电容器内的电场可看作匀强电场,根据高斯定理可知板间的电位移矢量大小为 $D=\sigma$,板间任一点的位移电流密度为

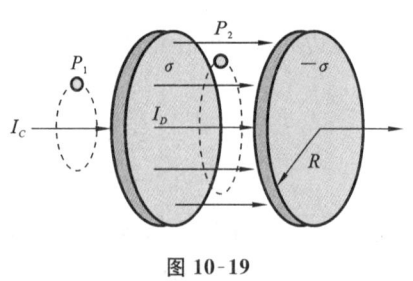

图 10-19

$$j_D = \frac{\partial D}{\partial t} = \frac{\partial \sigma}{\partial t} = \frac{\partial q}{S \partial t} = \frac{I_C}{\pi R^2}$$

分别过 P_1 点和 P_2 点以半径 r_1 和 r_2 作一闭合圆形回路,回路绕行方向与电流方向满足右手螺旋定则,由全电流安培环路定理可知

$$\oint_L \boldsymbol{H} \cdot \mathrm{d}\boldsymbol{l} = I_C + \int_S \frac{\partial \boldsymbol{D}}{\partial t} \cdot \mathrm{d}\boldsymbol{S}$$

在 P_1 点处,只有传导电流 I_C,没有位移

电流,可得

$$H_1 2\pi r_1 = I_C$$

$$H_1 = \frac{I_C}{2\pi r_1}$$

$$B_1 = \frac{\mu_0 I_C}{2\pi r_1}$$

在 P_2 点处,只有位移电流,没有传导电流,即

$$H_2 2\pi r_2 = \pi r_2^2 j_D$$

$$H_2 = \frac{I_C}{2\pi R^2} r_2$$

$$B_2 = \frac{\mu_0 I_C}{2\pi R^2} r_2$$

P_1 点和 P_2 点处磁感应强度方向沿着安培环路的切向方向,并与电流方向成右手螺旋关系。

本 章 小 结

1. 电动势

单位正电荷从电源负极搬运到正极时非静电性力所做的功。如果非静电性电场存在于整个闭合回路,则电动势可以用非静电性电场沿整个闭合回路的积分表示,即

$$\varepsilon = \oint_L \boldsymbol{E}_k \cdot d\boldsymbol{l}$$

2. 电磁感应定律

当导体回路所包围面积的磁通量发生变化时,回路中产生的感应电动势 ε_i 与穿过回路的磁通量 Φ_m 对时间的变化率的负值成正比,即

$$\varepsilon_i = -\frac{d\Phi_m}{dt}$$

如果回路由密绕 N 匝线圈构成,则有

$$\varepsilon_i = -N \frac{d\Phi_m}{dt}$$

3. 动生电动势

导体细棒在磁场中运动时,其产生的动生电动势为

$$\varepsilon = \int_-^+ \boldsymbol{E}_k \cdot d\boldsymbol{l} = \int_a^b (\boldsymbol{v} \times \boldsymbol{B}) \cdot d\boldsymbol{l}$$

电动势的方向与矢积 $\boldsymbol{v} \times \boldsymbol{B}$ 的方向一致。

4. 感生电动势

变化的磁场会产生感生电场,感生电场沿任意闭合回路的线积分等于该回路上

的感生电动势,即

$$\varepsilon = \oint_l \boldsymbol{E}_k \cdot \mathrm{d}\boldsymbol{l} = -\frac{\mathrm{d}\Phi_m}{\mathrm{d}t}$$

当闭合回路保持不变时,磁通量的变化仅由磁场的变化引起,上式又可写为

$$\varepsilon = \oint_l \boldsymbol{E}_k \cdot \mathrm{d}\boldsymbol{l} = -\int_S \frac{\partial \boldsymbol{B}}{\partial t} \cdot \mathrm{d}\boldsymbol{S}$$

上式中面积分 S 是对闭合回路 l 包围的曲面进行。

5. 自感

通过某回路的磁通量 Φ_m 与回路中电流 I 的比值为称为回路的自感系数,即

$$L = \Phi_m / I$$

若回路的自感系数 L 保持不变,则回路的自感电动势为

$$\varepsilon_L = -\frac{\mathrm{d}\Phi_m}{\mathrm{d}t} = -L\frac{\mathrm{d}I}{\mathrm{d}t}$$

式中的负号表明自感电动势阻碍回路中电流的变化。

6. 互感

由一个载流线圈中电流变化而引起另一线圈中产生感应电动势的现象称为互感现象,对应的电动势称为互感电动势,线圈 1 对线圈 2 的互感系数为

$$M_{21} = \Phi_{21} / I_1$$

回路 L_1 中的电流 I_1 变化时,在回路 L_2 中产生的互感电动势为

$$\varepsilon_{21} = -\frac{\mathrm{d}\Phi_{21}}{\mathrm{d}t} = -M\frac{\mathrm{d}I_1}{\mathrm{d}t}$$

7. 磁场能量

线圈的自感磁能等于电源克服自感电动势所做的功,即

$$W_m = \frac{1}{2}LI^2$$

磁场能量密度与磁场强度、磁感应强度的关系为

$$w_m = \frac{1}{2}\boldsymbol{B} \cdot \boldsymbol{H}$$

分布在有限体积 V 内的非均匀磁场,其总能量可通过下述积分来计算:

$$W_m = \int_V w_m \mathrm{d}V = \frac{1}{2}\int_V BH \mathrm{d}V$$

8. 全电流安培环路定理

传导电流可以产生磁场,位移电流也可以产生磁场。磁场强度对任意闭合回路的线积分等于回路包围的传导电流和位移电流之和,即

$$\oint_L \boldsymbol{H} \cdot \mathrm{d}\boldsymbol{l} = I + I_D$$

上式称为全电流安培环路定理。若闭合回路包围的面积不变,则位移电流可以写为

$$I_D = \frac{d\Phi_D}{dt} = \int_S \frac{\partial \boldsymbol{D}}{\partial t} \cdot d\boldsymbol{S}$$

9. 麦克斯韦方程组

麦克斯韦对电磁现象的基本规律归纳总结后,概括为四个基本方程,称为麦克斯韦方程组。麦克斯韦方程组奠定了电磁场理论基础。

$$\oint_S \boldsymbol{D} \cdot d\boldsymbol{S} = \sum q_i$$

$$\oint_l \boldsymbol{E} \cdot d\boldsymbol{l} = -\int_S \frac{\partial \boldsymbol{B}}{\partial t} \cdot d\boldsymbol{S}$$

$$\oint_S \boldsymbol{B} \cdot d\boldsymbol{S} = 0$$

$$\oint_L \boldsymbol{H} \cdot d\boldsymbol{l} = I + \int_S \frac{\partial \boldsymbol{D}}{\partial t} \cdot d\boldsymbol{S}$$

思 考 题

10.1 位移电流和传导电流有何异同点?

10.2 静电场与感生电场在性质上有何不同?

10.3 由电磁感应定律可知,只要闭合回路中的磁通量随时间发生变化,则回路中存在感应电动势,那么回路中是否一定存在感应电流呢?

10.4 将一个条形磁铁插入一闭合金属圆环中,一次是迅速插入,一次是缓慢插入,问两次插入时金属圆环中的感应电动势是否相同?两次插入产生的感应电量是否相同?说说你的判断理由。

10.5 在法拉第电磁感应定律 $\varepsilon_i = -N\frac{d\Phi_m}{dt}$ 中,负号代表的意义是什么?你是如何根据负号来确定感应电动势方向的?

10.6 动生电动势和感生电动势产生的根本原因是什么?试分别说明。

10.7 一个刚性的闭合导体回路只要在磁场中切割磁场线,则回路中一定会产生动生电动势,这种说法是否正确?如果不正确请举例说明。

10.8 有两个大小、性质和材质完全相同的闭合载流线圈,若使两线圈之间的互感最小,两个线圈应如何放置?若使它们之间的互感最大,两个线圈应如何放置?试说说你的理由。

10.9 涡电流在生活和工业中有何应用,请举例说明。

10.10 一个线圈自感的大小是由什么因素决定的,你是否能用螺线管设计一个自感系数为零的线圈?说说你的想法。

10.11 在麦克斯韦方程组中,电场的高斯定理和磁场的高斯定理在方程形式上与静电场和稳恒磁场方程完全相同,那是否就可以说变化的电磁场与静电场和稳恒磁场性质是完全一样的?为什么?

练 习 题

10.1 将形状完全相同的铜环和木环静止放置,并使通过两环面的磁通量随时间的变化率相等,则不计自感时(　　)。

(A) 铜环中有感应电动势,木环中无感应电动势

(B) 铜环中感应电动势大,木环中感应电动势小

(C) 铜环中感应电动势小,木环中感应电动势大

(D) 两环中感应电动势相等

10.2 一圆形线圈在均匀磁场中做下列运动时,哪些情况会产生感应电流(　　)。

(A) 沿垂直磁场方向平移

(B) 以直径为轴转动,轴与磁场垂直

(C) 沿平行磁场方向平移

(D) 以直径为轴转动,轴与磁场平行

10.3 圆铜盘水平放置在均匀磁场中,B 的方向垂直盘面向上。当铜盘绕通过中心垂直于盘面的轴沿图 10-20 所示方向转动时(　　)。

(A) 铜盘上有感应电流产生,沿着铜盘转动的相反方向流动

(B) 铜盘上有感应电动势产生,铜盘边缘处电势最高

(C) 铜盘上有感应电流产生,沿着铜盘转动的方向流动

(D) 铜盘上有感应电动势产生,铜盘中心处电势最高

10.4 如图 10-21 所示,长为 $3a$ 的细金属杆 MN 与载流长直导线共面且垂直,导线中通过的电流为 I,金属杆 M 端距导线距离为 a,金属杆 MN 以速度 v 向上运动时,杆内产生的电动势的大小为(　　)。

(A) $\dfrac{\mu_0 I v}{2\pi}\ln 2$ 　　(B) $\dfrac{\mu_0 I v}{2\pi}\ln 3$ 　　(C) $\dfrac{\mu_0 I v}{\pi}\ln 2$ 　　(D) 0

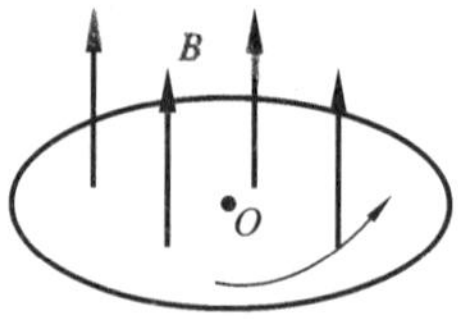

图 10-20

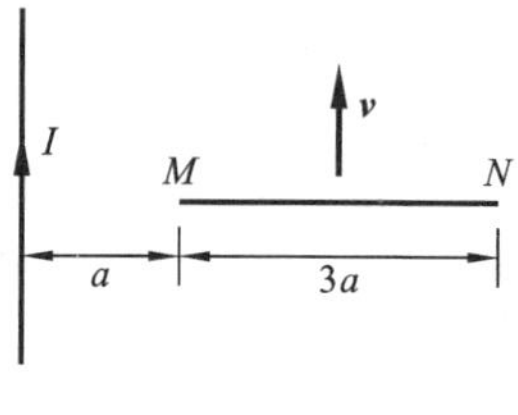

图 10-21

10.5 下列关于感生电场 E 的说法中正确的是(　　)。

(A) 与静电场的环路定理相同,满足 $\oint_L \boldsymbol{E} \cdot d\boldsymbol{l} = 0$

(B) 电场线总是闭合的

(C) 电场线始于正电荷,终止于负电荷

(D) $\boldsymbol{E}$ 是由稳恒磁场激发的

10.6 在有磁场变化的空间内,如果没有导体存在,则该空间(　　)。

(A) 既无感生电场又无感生电流　　(B) 无感生电场但有感生电动势

(C) 有感生电场和感生电动势　　(D) 有感生电场,无感生电动势

10.7 一磁感应强度为 $\boldsymbol{B}$ 的匀强磁场分布在一圆柱形空间内,如图 10-22 所示。已知 $\boldsymbol{B}$ 随时间的变化率不变。在磁场中有 A、B 两点,其间可放直导线 $\overline{AB}$ 和弯曲的导线 $\overset{\frown}{AB}$,则(　　)。

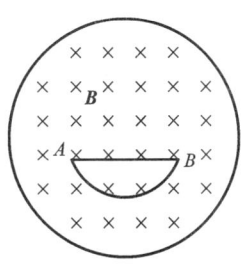

图 10-22

(A) 只在 $\overline{AB}$ 导线中产生感应电动势

(B) 只在 $\overset{\frown}{AB}$ 导线中产生感应电动势

(C) 在 $\overline{AB}$ 和 $\overset{\frown}{AB}$ 导线中都能产生感应电动势,且两者大小相等

(D) $\overline{AB}$ 导线中的感应电动势小于 $\overset{\frown}{AB}$ 导线中的感应电动势

10.8 如图 10-23 所示,一矩形线框以匀速 v 自左侧无场区进入均匀磁场又穿出,进入右侧无场区,图像(　　)能最合适地表示线框中电流随时间的变化关系。

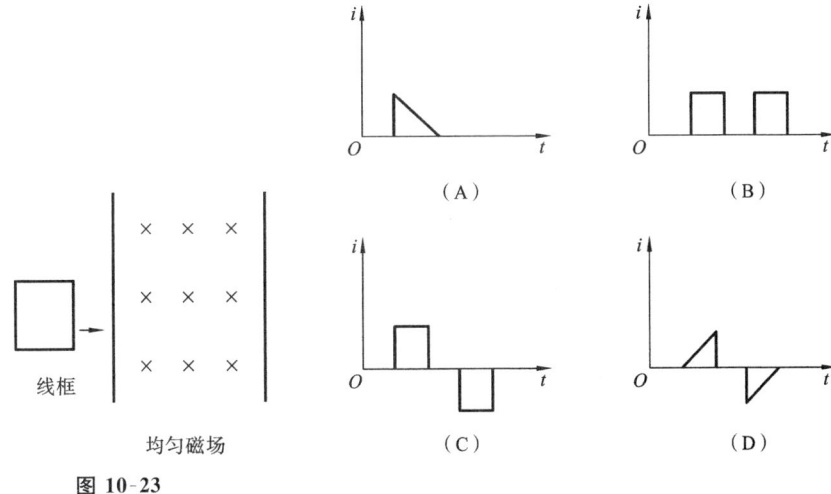

图 10-23

10.9 在电流为 I 的长直导线旁,有一个边长为 L 的正方形导体回路,如图 10-24 所示,当线框以速度 v 平行于长直导线运动时,则回路中的感应电动势 ε_i 及 DC 两点间的电势差分别为(　　)。

(A) $\varepsilon_i=0, V_D-V_C=0$ (B) $\varepsilon_i=0, V_D-V_C=\dfrac{\mu_0 Iv\ln2}{2\pi}$

(C) $\varepsilon_i\neq 0, V_D-V_C=\dfrac{\mu_0 Iv\ln2}{2\pi}$ (D) $\varepsilon_i=0, V_D-V_C=-\dfrac{\mu_0 Iv\ln2}{2\pi}$

10.10 两根无限长平行直导线载有大小相等、方向相反的电流 I，并各以 dI/dt 的变化率增长，一矩形线圈位于导线平面内（见图10-25），则（   ）。

(A) 线圈中无感应电流 (B) 线圈中感应电流为顺时针方向
(C) 线圈中感应电流为逆时针方向 (D) 线圈中的感应电流方向不确定

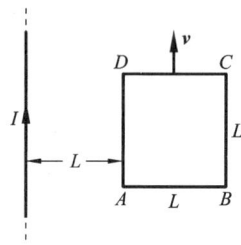

图 10-24

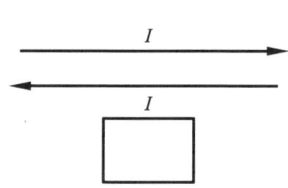

图 10-25

10.11 如图10-26所示，半径为 R 的半圆形导线 ab，在磁感应强度为 B 的匀强磁场中以速度 v 向右运动，半圆形导线中的感应电动势为多少？a,b 两端哪端电势高？（   ）

(A) BvR，a 点电势较高 (B) $2BvR$，a 点电势较高
(C) BvR，b 点电势较高 (D) $2BvR$，b 点电势较高

10.12 一等边三角形的金属框 ABC，边长为 L，放在均匀磁场 B 中且 AB 边平行于 B，如图10-27所示，当金属框绕 AB 边以角速度 ω 转动时，整个回路的电动势为（   ）。

(A) $\dfrac{3}{8}B\omega l^2$ (B) $\dfrac{3}{4}B\omega l^2$ (C) $\dfrac{3}{2}B\omega l^2$ (D) 0

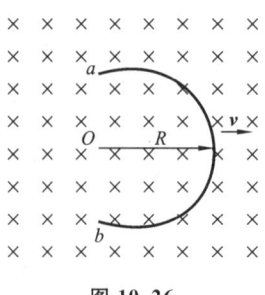

图 10-26

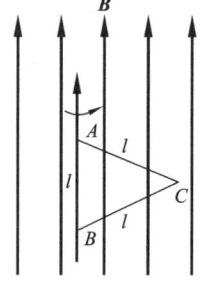

图 10-27

10.13 对于单匝线圈，当线圈的几何形状、大小及周围磁介质分布不变，且无铁

磁性物质时,若线圈中的电流强度变小,则线圈的自感 L（　　）。

（A）变大,与电流成反比关系　　　　（B）变小

（C）不变　　　　　　　　　　　　　（D）变大,但与电流不成反比关系

10.14　有两个圆形线圈 A、B 相互垂直放置,如图 10-28 所示,当通过两线圈中的电流 I_1、I_2 均发生变化时,那么（　　）。

（A）线圈 A 中产生自感电流,线圈 *B* 中产生互感电流

（B）线圈 *B* 中产生自感电流,线圈 A 中产生互感电流

（C）两线圈中同时产生自感电流和互感电流

（D）两线圈中只产生自感电流不产生互感电流

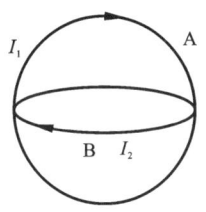

图 10-28

10.15　单位长度上绕有 n_1 匝线圈的空心长直螺线管,其自感为 L_1,另有一个单位长度上绕有 $n_2=2n_1$ 匝线圈的空心长直螺线管,其自感为 L_2,已知两者的横截面积和长度皆相同,则（　　）。

（A）$L_1=L_2$　　（B）$2L_1=L_2$　　（C）$\frac{1}{2}L_1=L_2$　　（D）$4L_1=L_2$

10.16　位移电流是由变化的电场引起的,则通过某一截面的位移电流取决于（　　）。

（A）电流强度的大小　　　　　　　　（B）电位移矢量的大小

（C）电通量的大小　　　　　　　　　（D）电位移矢量随时间变化率

10.17　一平行板空气电容器的两极板都是半径为 r 的圆导体片,在充电时,板间电场强度的变化率是 $\frac{dE}{dt}$,若略去边缘效应,则两板间的位移电流为（　　）。

（A）$\frac{r^2}{4\varepsilon_0}\frac{dE}{dt}$　　（B）$2\pi\varepsilon_0 r\frac{dE}{dt}$　　（C）$\pi\varepsilon_0 r^2\frac{dE}{dt}$　　（D）$\varepsilon_0\frac{dE}{dt}$

10.18　长为 l、截面积为 S,绕有 N 匝线圈的长直螺线管（真空）的自感 L、通有电流 I 时的磁场能量 W_m 分别为（　　）。

（A）$L=\mu_0 NSl, W_m=\frac{1}{2}\mu_0 NSlI^2$　　　　（B）$L=\mu_0 N^2Sl, W_m=\frac{1}{2}\mu_0 N^2SlI^2$

（C）$L=\mu_0\frac{N^2}{l}S, W_m=\frac{1}{2}\mu_0\frac{N^2}{l}SI^2$　　（D）$L=\mu_0\frac{N}{l}S, W_m=\frac{1}{2}\mu_0\frac{N}{l}SI$

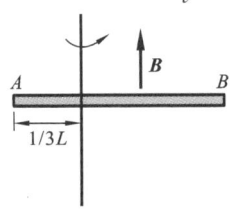

图 10-29

10.19　如图 10-29 所示,一根长为 L 的金属细杆 AB 绕竖直轴 O_1O_2 以角速度 ω 在水平面内旋转,O_1O_2 在离细杆 A 端 $\frac{1}{3}L$ 处,若已知地磁场在竖直方向的分量为 B,求金属细杆的感应电动势。

10.20　如图 10-30 所示,真空中一长直导线通有电流 I

$=I_0\mathrm{e}^{-\lambda t}$(式中 I_0、λ 为常量，t 为时间），有一带滑动边的矩形导线框与长直导线平行共面，二者相距 a，矩形线框的滑动边与长直导线垂直，它的长度为 b，并且以匀速 v（方向平行长直导线）滑动。若忽略线框中的自感电动势，并设开始时滑动边与对边重合，试求任意时刻 t 在矩形线框内的感应电动势 ε_t。

10.21 有一无限长载流直导线通有交变电流 $I=I_0\sin(\omega t)$，其中 I_0 和 ω 都是常量，一矩形线框与长直导线共面放置，其两边与直导线平行，左边距离长直导线为 c，矩形线框两相邻边长分别为 a 和 b，如图 10-31 所示，求线框圈中的感应电动势。

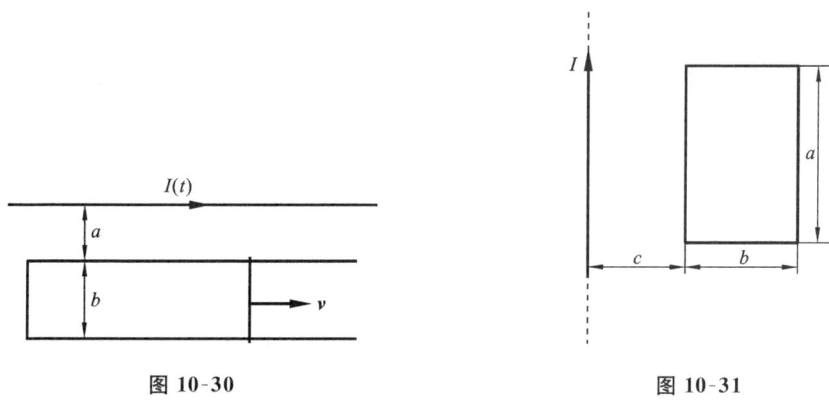

图 10-30　　　　　　　　　　图 10-31

10.22 如图 10-32 所示，在均匀磁场中有一直角三角形金属架 aOb，ab 边可自由滑动，$\angle aOb=\theta$。磁场与金属架平面垂直且按 $B=B_\mathrm{m}\cos(\omega t)$（$B_\mathrm{m}$、$\omega$ 均为正值恒量）的规律变化。若 ab 以速度 v 沿导轨向右匀速滑动，开始计时时处于坐标原点处。求任意时刻金属架 $aOba$ 中的感应电动势。

10.23 如图 10-33 所示，长度为 $2b$ 的金属杆位于两无限长直导线所在平面的正中间，并以速度 v 平行于两直导线运动。两直导线通以大小相等、方向相反的电流 I，两导线相距 $2a$。试求：金属杆 AB 中的感应电动势。

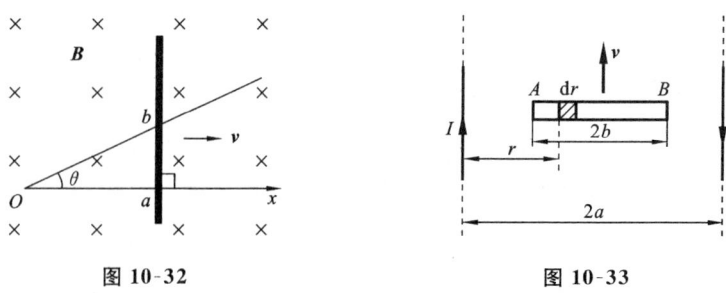

图 10-32　　　　　　　　　　图 10-33

10.24 如图 10-34 所示，一无限长载流直导线 AB 通有电流 $I=5$ A，导体细棒 CD 与 AB 共面且相互垂直，CD 长为 $l=5$ m，C 距 AB 为 $a=2$ m，CD 以匀速度 $v=$

2 m/s 沿 B→A 方向运动,求导体细棒 CD 中的动生电动势,说说哪一端为高电势端。

10.25 如图 10-35 所示,金属棒 AC 在方向垂直于纸面的均匀磁场 **B** 中,沿逆时针方向绕过 O 点且垂直于纸面的轴以角速度 ω 转动,O 为中点,AO 长为 L,求:(1) 铜棒中 OA、OC 段的动生电动势;(2) 整个棒的动生电动势。

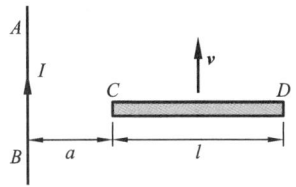

图 10-34

10.26 如图 10-36 所示,导线弯成直径为 d 的半圆形状,磁场 **B** 垂直导线平面向里,当导线绕着过点 O 且垂直于半圆面的轴逆时针以角速度 ω 旋转时,求导线 AC 间的感应电动势。

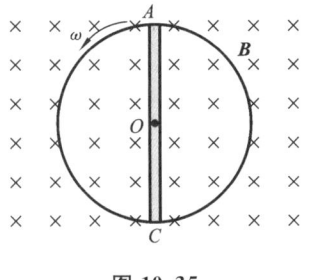

图 10-35

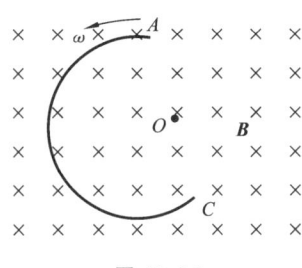

图 10-36

10.27 如图 10-37 所示,在半径为 R 的螺线管管轴的平面上,放置导体棒 ab 于直径位置,另一导体棒 cd 在一弦上,导体棒均与螺线管绝缘。接通电源后,螺线管内磁感应强度方向如图 10-37 所示。若管内磁场均匀增加(变化率为 dB/dt),试求:

(1) 导体棒 ab 中的感应电动势;
(2) 导体棒 cd 中的感应电动势。

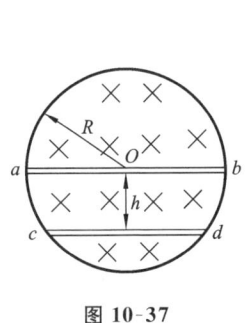

图 10-37

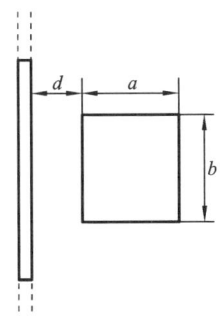

图 10-38

10.28 如图 10-38 所示,在长直导线旁平行放置一矩形线圈,边长分别为 a 和

b,线圈与直导线共面,线圈在直导线的一边与直导线的距离为 d,求线圈与长直导线的互感。

10.29 一密绕的长直螺线管,单位长度的匝数为 500 匝,横截面积为 10 cm^2,另一个 $N=10$ 匝、横截面积相等的圆形线圈套在螺线管上,求:(1) 两个线圈间的互感;(2) 当线圈中通以变化率为 dI/dt = 5 A/s 的电流时,求在长直螺线管中产生的互感电动势的大小。

第 11 章 波动光学基础

第四代同步辐射光源

2021年6月28日上午,由国家发展改革委立项支持、中国科学院高能物理研究所承担建设的高能同步辐射光源(HEPS)首台科研设备开始安装,为其提供技术研发与测试支撑能力的先进光源技术研发与测试平台(PAPS)同期转入试运行。

第四代同步辐射光源HEPS建安工程已完成70%。

首台科研设备的安装标志着HEPS工程正式进入设备安装阶段。首台安装的加速器设备——电子枪,位于HEPS直线加速器端头,是加速电子产生的源头,采用全国产技术,自主设计、国内加工。

HEPS是国家"十三五"重大科技基础设施项目之一,是怀柔科学城的核心装置。该项目于2019年6月29日开工建设,建设周期6.5年。建成后,HEPS将成为中国第一台高能量同步辐射光源,世界上亮度最高的第四代同步辐射光源之一,为基础科学和工程科学等领域原创性、突破性创新研究提供重要支撑平台。

电子枪由枪体、陶瓷桶、防晕环、阴栅组件等四大部件构成,其中阴栅组件是电子枪的关键卡脖子部件。中科院高能所提前布局,通过多年的技术攻关,克服诸多困难,解决了阴极发射以及微米级栅网编制、变形和焊接等难题,目前已基本实现阴栅组件的国产化。

截至2021年6月底,HEPS建安工程约完成总工程量的70%,磁铁、电源等设备完成样机试制,进入批量加工阶段,束流位置测量电子学、像素阵列探测器研制取得阶段性进展。2022年初,各建筑单体全部交付使用,HEPS将全面转入设备安装阶段。

HEPS工程航拍图

图片来源:中科院高能所

光学是物理学中发展较早的一个分支,是物理学的一个重要组成部分。以光的直线传播性质为基础,研究光在透明介质中传播,称为几何光学。几何光学的主要内容有:光的直线传播定律;光的独立传播定律;光的反射和折射定律。以光的波动性质为基础,研究光的传播及其规律,称为波动光学。波动光学的内容主要包括:光的干涉、衍射和偏振。以光和物质相互作用时显示的粒子性为基础来研究光学,称为量子光学。波动光学与量子光学统称物理光学。本章仅讨论波动光学。

11.1 光的干涉

光学可粗略划分为几何光学和物理光学,物理光学又包括波动光学和量子光学。

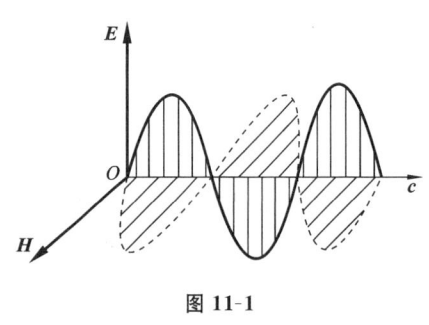

图 11-1

光是电磁波,如图 11-1 所示。可见光的波长范围为 3900～7600 Å,其实质是交变传播的电场强度 E 和磁场强度 H,而引起感光作用的只有电场强度 E(称为光矢量):

$$E = E_0 \cos\left[\omega\left(t - \frac{r}{c}\right) + \varphi_0\right] \tag{11-1}$$

式(11-1)为波函数,表明光学的干涉、衍射和偏振等现象可以用波动的方法来分析和解释。

例如,光的干涉现象中,假设两列光波的光矢量分别为

$$E_1 = E_{10} \cos\left[\omega\left(t - \frac{r_1}{c}\right) + \varphi_1\right] \tag{11-2}$$

$$E_2 = E_{20} \cos\left[\omega\left(t - \frac{r_2}{c}\right) + \varphi_2\right] \tag{11-3}$$

合成光的振幅为

$$E = \sqrt{E_{10}^2 + E_{20}^2 + 2E_{10}E_{20}\cos\Delta\varphi} \tag{11-4}$$

将式(11-4)两边平方并同除以相同的某因子,就得到合成光的光强和两束分光光强之间的关系式,即

$$I = I_1 + I_2 + 2\sqrt{I_1 I_2}\cos\Delta\varphi \tag{11-5}$$

如果两束分光的初相位相同,即 $\varphi_1 = \varphi_2$,则有

$$\Delta\varphi = \frac{2\pi\delta}{\lambda} = \begin{cases} 2k\pi, & k \in \mathbf{Z} \quad 干涉加强 \\ (2k+1)\pi, & k \in \mathbf{Z} \quad 干涉减弱 \end{cases}$$

即

$$\delta = \begin{cases} k\lambda, & k \in \mathbf{Z}, I = I_1 + I_2 + 2\sqrt{I_1 I_2} \quad 干涉加强 \\ (2k+1)\lambda/2, & k \in \mathbf{Z}, I = I_1 + I_2 - 2\sqrt{I_1 I_2} \quad 干涉减弱 \end{cases}$$

其中，δ 为两列光束所经过的路程的差值。

11.1.1 光源、可见光和光源发光机制

发射光波的物体称为光源。太阳、电灯、日光灯和水银灯等都是常见的光源。

不同材料的物体在不同激发方式下的发光过程虽然大不相同，但却有一个共同点，即都是物质发光的基本单元（原子、分子等）从具有较高能量的激发态到较低能量的激发态（特别是基态）跃迁过程中释放能量的一种形式。

原子或分子从较高能级向较低能级跃迁时，将发出电磁辐射，这是普通光源的发光机制。普通光源的发光有以下两个特点：

（1）独立性。

光源的大量分子或原子各自独立地发出一个个有限长的、振动方向一定的、振幅不变或缓慢变化的波列。每个原子或分子在能级跃迁时将保持自己的独立性。

正如一群站在 5 楼的人，有的可能下到 4 楼，有的可能下到 3 楼，有的可能下到 1 楼，彼此间保持独立性。

（2）间歇性。

普通光源的原子或分子在发光时是间歇的，每发出一个波列后，要停留若干时间。

譬如一位站在 5 楼的人，先下到 4 楼，停留一会儿再下到 2 楼，等等。

因此，在同一时刻，各原子或分子所发出光波的频率、振动方向不一定相同，相位差也不一定恒定，各波列不相干。

在光学中，称具有单一波长的光为单色光，具有很多不同波长的复合光为复色光。复色光是由很多单色光组成的光波。显然，普通光源发出的光是复色光。在实际中，常采用一些设备从复色光中获得近似单色的准单色光。

可见光是指波长在 3900～7600 Å 的电磁波，根据波长或频率的不同，可分为 7 种颜色，详细参数如表 11-1 所示。表中，波长为真空中的波长，光的颜色只由频率决定。

表 11-1 可见光 7 种颜色的波长和频率范围

光色	波长/Å	中心波长/Å	频率/$\times 10^{14}$ Hz	中心频率/$\times 10^{14}$ Hz
红	7600～6220	6600	3.9～4.8	4.5
橙	6220～5970	6100	4.8～5.0	4.9
黄	5970～5770	5700	5.0～5.4	5.3
绿	5770～4920	5400	5.4～6.1	5.5
青	4920～4700	4800	6.1～6.4	6.3
蓝	4700～4550	4600	6.4～6.6	6.5
紫	4550～3900	4300	6.6～6.5	7.0

11.1.2 光的相干性

两列光波相遇需满足一定的条件才能产生稳定的干涉图样。这个条件称为相干条件,它要求这两列光波:

(1) 频率相同;
(2) 振动方向相同;
(3) 相位差恒定。

在讨论机械波时,相干条件容易满足。即在某些点处,传到该处的两个分振动的相位差恒为 $\pm 2k\pi$ ($k=0,1,2,\cdots$) 时,合振动始终加强;在另一些点处,传到该处的两个分振动的相位差恒为 $\pm(2k+1)\pi$ ($k=0,1,2,\cdots$) 时,合振动始终减弱或完全相消。光是一种波动,满足下述相干条件时,光波也会产生干涉现象,即频率相同、振动方向平行、相位差恒定的两束光相遇时,在光波重叠区,某些点合成光强大于分光强之和,在另一些点,合成光强小于分光强之和,合成光波的光强在空间形成强弱相间的稳定分布。光波的这种叠加称为**相干叠加**,能产生相干叠加的两束光称为**相干光**。相干叠加必须满足的条件称为**相干条件**。如果两束光不满足相干叠加条件,则在光波的重叠区,合成光强等于分光强之和,没有干涉现象产生,此时两束光的叠加称为**非相干叠加**。

对于光波,由于普通光源发光的特点,对于两列光波相干条件是不易满足的。一般光源发出的光波是由光源中的各个分子或原子所发出的波列组成的,而这些波列之间没有固定的相位联系,因此来自两个独立光源的光波即使是频率相同、振动方向相同,它们的相位差也不可能保持恒定,因而不满足相干条件。利用同一光源的两个不同部分也不可能产生相干光波。只有从同一光源同一部分发出的光通过某些装置后才能获得符合相干条件的两束光。

由于激光的出现,使光源的相干性大大提高,现在已能实现两个独立激光束的干涉。

11.1.3 获得相干光的方法

可以把同一光源发出的光分为几束,从而获得相干光。

获得相干光的方法具体有两种:分波阵面法和分振幅法。

(1) 分波阵面法。

从光源 S 发射的光波波面分割出两部分 S_1 和 S_2,分割出的两部分 S_1 和 S_2 相当于两个波源,由于 S_1 和 S_2 处于同一束光同一波阵面上,它们必满足相干条件,则为相干光(见图 11-2)。这种获得相干光的方法称为**分波阵面法**。

(2) 分振幅法。

一束光经过多次反射分割成反射和折射光束,则可获得相干光束。这种获得相干光的方法称为分振幅法。如图 11-3 所示,光线 2 和光线 5 即为相干光。

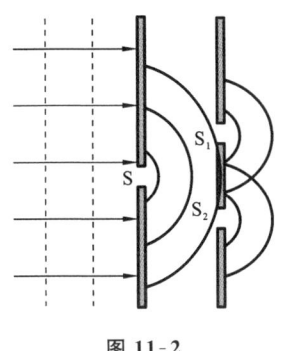

图 11-2

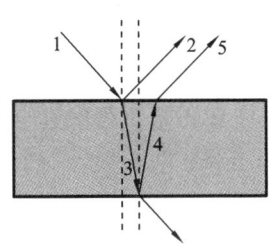

图 11-3

1. 杨氏双缝干涉实验

19 世纪初,托马斯·杨(T. Young)首先用实验方法研究了光的干涉现象,杨氏双缝干涉的实验装置示意图如图 11-4 所示。在单色平行光前方放有一狭缝 S,S 前又放有两条平行狭缝 S_1 和 S_2,均与 S 平行且等距。这时 S_1 和 S_2 构成一对相干光源。从 S 出发,光波波阵面到达 S_1 和 S_2 处,再从 S_1 和 S_2 发出的光就是从同一波阵面分出的两束相干光,它们在空间相遇叠加形成干涉现象。这是采用分波阵面法得到的相干光。

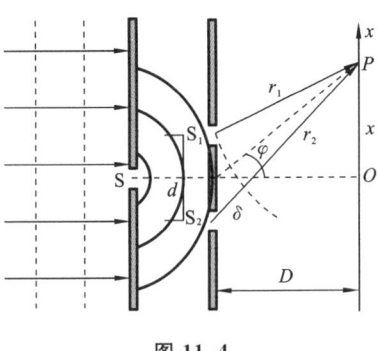

图 11-4

该实验装置的尺寸一般这样选取:双缝间距 $d=0.1\sim 1$ mm,横向观测范围 $x=1\sim 10$ cm,双缝与观测屏的间距 $D=1\sim 10$ m。可见,应有如下关系成立:
$$d^2 \ll D^2, \quad x^2 \ll D^2$$
这样,可使光线的傍轴条件得到满足。

光源 S_1 和 S_2 发出的光到 P 点的波程差及干涉条纹的明暗条件为

$$\delta = r_2 - r_1 = \begin{cases} k\lambda, & k \in \mathbf{Z} \quad \text{明纹} \\ (2k+1)\dfrac{\lambda}{2}, & k \in \mathbf{Z} \quad \text{暗纹} \end{cases} \tag{11-6}$$

因为

$$\delta = d\sin\varphi \approx d\varphi \approx d\tan\varphi \approx d\dfrac{x}{D} \tag{11-7}$$

代入式(11-6)中,得到杨氏双缝干涉明暗纹条件为

$$x = \begin{cases} \dfrac{D}{d}k\lambda, & k \in \mathbf{Z} \quad \text{明纹} \\ \dfrac{D}{d}(2k+1)\dfrac{\lambda}{2}, & k \in \mathbf{Z} \quad \text{暗纹} \end{cases} \tag{11-8}$$

2. 杨氏双缝干涉条纹特征

根据杨氏双缝干涉的明暗纹条件式(11-8),可得干涉图样有如下特征:

(1) 两条相邻明(暗)纹间距相等。

两条相邻明纹的间距是指两条相邻明纹强度极大之间的间距;两条相邻暗纹的间距是指两条相邻暗纹强度极小之间的间距。

两相邻明纹的间距为

$$\Delta x = x_{k+1} - x_k = \frac{D}{d}(k+1)\lambda - \frac{D}{d}k\lambda = \frac{D}{d}\lambda$$

两相邻暗纹的间距为

$$\Delta x = x_{k+1} - x_k = \frac{D}{d}(2k+3)\frac{\lambda}{2} - \frac{D}{d}(2k+1)\frac{\lambda}{2} = \frac{D}{d}\lambda$$

可见,两条相邻明纹或暗纹的间距相等,均为

$$\Delta x = \frac{D}{d}\lambda \tag{11-9}$$

且与波长 λ 有关。

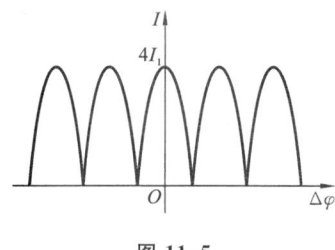

图 11-5

(2) 观测屏中央为明纹。

(3) 光强的计算。

两束相干光相遇产生的合成光的光强为

$$I = I_1 + I_2 + 2\sqrt{I_1 I_2}\cos\Delta\varphi \tag{11-10}$$

假设两束光光强相等,即 $I_1 = I_2$,则合成光的光强为

$$I = 2I_1(1+\cos\Delta\varphi) \tag{11-11}$$

光强分布如图 11-5 所示。

11.1.4 光程与光程差

1. 光程差

在折射率为 n 的介质中,光传播一个波长 λ',相位改变 2π,而传播的几何路程 r 相位改变为

$$\Delta\varphi = \frac{r}{\lambda'} \cdot 2\pi \tag{11-12}$$

又因为光在真空中和介质中的频率相同,即

$$\gamma = \frac{c}{\lambda} = \frac{v}{\lambda'} \tag{11-13}$$

所以

$$\frac{\lambda'}{\lambda} = \frac{v}{c} = \frac{1}{n}$$

即
$$\lambda' = \frac{1}{n}\lambda \tag{11-14}$$

故传播几何路程 r 相位的改变量表示为

$$\Delta\varphi = \frac{r}{\lambda'} \cdot 2\pi = \frac{nr}{\lambda} \cdot 2\pi \tag{11-15}$$

这表明,光在折射率为 n 的介质中传播路程 r 所产生的相位改变,等价于光在真空中路程 nr 所产生的相位改变。

光程定义为

$$l = nr \tag{11-16}$$

其物理意义为,在相同的时间内光在真空中传播的路程,如图 11-6 所示。

两束光在相遇点处光程的差值,称为光程差,用符号 δ 表示。

如图 11-7 所示,设有两种介质,其折射率分别为 n_1 和 n_2,在两种介质中分别有相干光源 S_1 和 S_2,传播至两介质交界面 P 点,光传播的几何路程分别为 r_1 和 r_2,则这两束光的光程分别为

$$\begin{cases} l_1 = n_1 r_1 \\ l_2 = n_2 r_2 \end{cases} \tag{11-17}$$

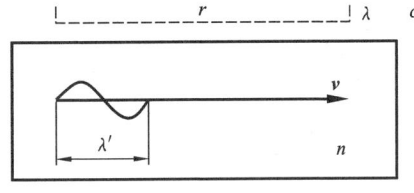

图 11-6

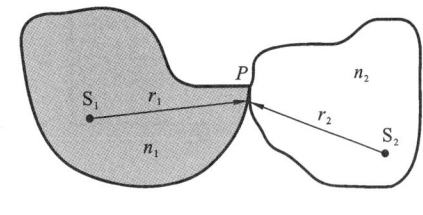

图 11-7

光程差为

$$\delta = l_2 - l_1 = n_2 r_2 - n_1 r_1 \tag{11-18}$$

令两束光的初相位角相同,即 $\varphi_1 = \varphi_2$。两束相干光在相遇点处经过不同光程而引起的相位差为

$$\Delta\varphi = 2\pi \frac{n_2 r_2 - n_1 r_1}{\lambda} = 2\pi \frac{\delta}{\lambda} = \begin{cases} 2k\pi, & k \in \mathbf{Z} \quad \text{明纹} \\ (2k+1)\pi, & k \in \mathbf{Z} \quad \text{暗纹} \end{cases} \tag{11-19}$$

用光程差表示两束相干光产生明暗纹的条件为

$$\delta = \begin{cases} k\lambda, & k \in \mathbf{Z} \quad \text{明纹} \\ (2k+1)\frac{\lambda}{2}, & k \in \mathbf{Z} \quad \text{暗纹} \end{cases} \tag{11-20}$$

即两束相干光干涉产生明暗纹的条件可表述为:当两束相干光到相遇点的光程差为波长的整数倍时,在相遇点干涉加强,产生明纹;当两束相干光到相遇点的光程差为

半波长的奇数倍时,在相遇点干涉相消,产生暗纹。

可见,对于光的干涉,起决定作用的是光程差,而非几何程差。

2. 光线通过薄透镜的等光程差

(1) 任何薄透镜,都不会引起附加的光程差。

当透镜很薄时,它不会影响光线的光程,即不会引起附加的光程差。

(2) 单色光的振动频率 γ 在不同的介质中恒定不变。

单色光经过不同介质,其波速改变,而颜色不变,即频率不变。

3. 半波损失

当光由光疏介质射向光密介质时,反射光将发生半个波长的损失;当光由光密介质射向光疏介质时,反射光不会产生半个波长的损失。无论上述何种情况,折射光线均不会产生半波损失,如图 11-8 所示。

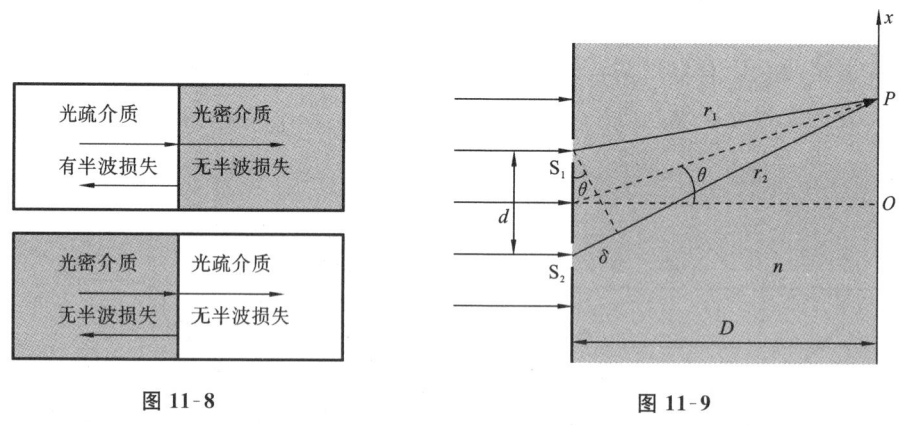

图 11-8   图 11-9

【例 11-1】 在杨氏双缝干涉(见图 11-9)中,作如下调节,屏幕上的干涉条纹将如何变化?

(1) 使双缝间距 d 减小;

(2) 双缝间距 d 不变,两屏间距 D 变小;

(3) 将入射紫光改为红光;

(4) 装置由空气转入水中。

解 当两屏间为真空时,双缝干涉的明纹位置及相邻明纹间距的公式分别为

明纹位置: $$x = \frac{D}{d} k\lambda$$

相邻暗纹位置: $$\Delta x = \frac{D}{d} \lambda$$

(1) 使双缝间距 d 减小,则 x 增大,明纹向两边移动;双缝间距 d 减小,Δx 增大,明纹变宽。

(2) 双缝间距 d 不变,两屏间距 D 变小,则条纹位置 x 减小,条纹向中心移动;

Δx 减小,明纹变窄。

(3) 将入射紫光改为红光,波长变大,位置 x 增大,明纹向两边移动;Δx 增大,明纹变宽。

(4) 当两屏间是折射率为 n 的介质时,两束光到观测屏 P 点的光程差为

$$\delta = n_2 r_2 - n_1 r_1 = n(r_2 - r_1) = nd\sin\theta \approx nd\theta \approx nd\tan\theta$$

$$= nd\frac{x}{D} = \begin{cases} k\lambda, & k \in \mathbf{Z} \quad \text{明纹} \\ (2k+1)\dfrac{\lambda}{2}, & k \in \mathbf{Z} \quad \text{暗纹} \end{cases}$$

则明纹位置的公式为

$$x = \frac{Dk}{nd}\lambda$$

相邻明纹间距的公式为

$$\Delta x = \frac{D}{nd}\lambda$$

故将装置由空气转入水中,折射率 n 增大,明纹的位置 x 减小,条纹向中心移动;明纹间距 Δx 减小,条纹变窄。

11.1.5 薄膜干涉

薄膜干涉是日常生活中非常常见的一种干涉现象。例如,洗衣服时,肥皂泡在阳光下呈现五颜六色的现象,就是一种薄膜干涉现象。

1. 非平行平面薄膜的干涉条件

设折射率为 n_2 的非平行薄膜(薄膜上下平面之间的夹角为 θ)夹在折射率为 n_1 和 n_3 的两种介质之间,且 $n_1 < n_2 > n_3$,并设一条光线 AB 以入射角 i 射在薄膜上表面 B 点(该点处薄膜的厚度为 e),在入射点 B 被分成反射光线 1 和折射光线 BC,折射角为 γ。折射光线在下表面反射后又从上表面射出,如图 11-10 所示。这样形成的光线 1 和 2 为相干光束且相交于 P 点,并形成干涉图样。

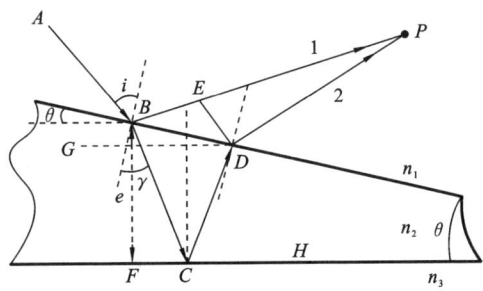

图 11-10

下面计算光线1、光线2到达 P 点的光程差。

由于 $n_1 < n_2 > n_3$,则入射光经薄膜上表面反射时有半波损失,而折射光线经薄膜下表面反射时没有半波损失,因而光程差中应计入半波损失。

以 P 点为圆心、PD 为半径作圆弧交光线1于 E 点,由于 $PE \gg EB$,故 DE 与光线1近似垂直,这样光线1与光线2之间的光程差为

$$\delta = n_2(BC+CD) - n_1 \cdot BE + \frac{\lambda}{2} \tag{11-21}$$

过 D、B 两点分别作下表面的平行线,由平面几何关系可知:

$$\angle DBC = \frac{\pi}{2} - \gamma \tag{11-22}$$

$$\angle BCF = \frac{\pi}{2} - (\gamma - \theta) \tag{11-23}$$

$$\angle DCH = \frac{\pi}{2} - \gamma + \theta \tag{11-24}$$

所以

$$\angle GDC = \frac{\pi}{2} - \gamma + \theta \tag{11-25}$$

$$\angle BDC = \frac{\pi}{2} - \gamma + 2\theta \tag{11-26}$$

在三角形 $\triangle BCD$ 中,由正弦定理得

$$\frac{CD}{\sin \angle DBC} = \frac{BC}{\sin \angle BDC} \tag{11-27}$$

$$\frac{BD}{\sin \angle BCD} = \frac{BC}{\sin \angle BDC} \tag{11-28}$$

因为

$$BF = BC \sin \angle BCF = BC \sin\left(\frac{\pi}{2} - \gamma + \theta\right) = BC \cos(\gamma - \theta)$$

所以

$$BC = \frac{BF}{\cos(\gamma - \theta)} = \frac{e}{\cos(\gamma - \theta)} \tag{11-29}$$

由式(11-27)和式(11-29)得

$$CD = \frac{BC \cdot \sin \angle DBC}{\sin \angle BDC} = \frac{e \sin\left(\frac{\pi}{2} - \gamma\right)}{\cos(\gamma - \theta) \sin\left(\frac{\pi}{2} - \gamma + 2\theta\right)}$$

$$= \frac{e \cos \gamma}{\cos(\gamma - \theta) \cos(\gamma - 2\theta)} \tag{11-30}$$

又因为

$$\angle BCD = \pi - \angle DBC - \angle BDC = 2\gamma - 2\theta \tag{11-31}$$

由式(11-28)、式(11-29)和式(11-31)得

$$BD = \frac{BC \cdot \sin\angle BCD}{\sin\angle BDC} = \frac{2e\sin(\gamma-\theta)}{\cos(\gamma-2\theta)} \tag{11-32}$$

由于$\angle BDE \approx i$,所以

$$BE = BD \cdot \sin i = \frac{2e\sin(\gamma-\theta)\sin i}{\cos(\gamma-2\theta)} \tag{11-33}$$

由式(11-29)、式(11-30)和式(11-33)得光线1与光线2之间的光程差为

$$\begin{aligned}\delta &= n_2(BC+CD) - n_1 \cdot BE + \frac{\lambda}{2} \\ &= \frac{n_2 e\cos(\gamma-2\theta) + n_2 e\cos\gamma - 2n_1 e\sin i \sin(\gamma-\theta)\cos(\gamma-\theta)}{\cos(\gamma-\theta)\cos(\gamma-2\theta)} + \frac{\lambda}{2}\end{aligned} \tag{11-34}$$

由折射定律

$$n_2\sin\gamma = n_1\sin i \tag{11-35}$$

则式(11-34)化简为

$$\begin{aligned}\delta &= \frac{n_2 e\cos(\gamma-2\theta) + n_2 e\cos\gamma - 2n_1 e\sin i \sin(\gamma-\theta)\cos(\gamma-\theta)}{\cos(\gamma-\theta)\cos(\gamma-2\theta)} + \frac{\lambda}{2} \\ &= \frac{n_2 e[\cos(\gamma-2\theta) + \cos\gamma - 2\sin\gamma\sin(\gamma-\theta)\cos(\gamma-\theta)]}{\cos(\gamma-\theta)\cos(\gamma-2\theta)} + \frac{\lambda}{2}\end{aligned} \tag{11-36}$$

由此得非平行平面薄膜反射光的干涉条件为

$$\delta = \frac{n_2 e[\cos(\gamma-2\theta) + \cos\gamma - 2\sin\gamma\sin(\gamma-\theta)\cos(\gamma-\theta)]}{\cos(\gamma-\theta)\cos(\gamma-2\theta)} + \frac{\lambda}{2}$$

$$= \begin{cases} k\lambda, & k=1,2,3,\cdots \quad \text{明纹} \\ (2k+1)\dfrac{\lambda}{2}, & k=0,1,2,3,\cdots \quad \text{暗纹} \end{cases} \tag{11-37}$$

即两束相干光的光程差为波长的整数倍时,在相遇点干涉加强,产生明纹;当两束相干光的光程差为半波长的奇数倍时,在相遇点干涉相消,产生暗纹。

2. 平行平面薄膜的干涉条件

当薄膜两表面平行时,上下表面的夹角$\theta=0$,由式(11-37)得两条相干光的光程差为

$$\delta = \frac{2n_2 e\cos\gamma - 2n_2 e\sin^2\gamma\cos\gamma}{\cos^2\gamma} + \frac{\lambda}{2} = 2n_2 e\cos\gamma + \frac{\lambda}{2} \tag{11-38}$$

又由式(11-35)得

$$\cos\gamma = \sqrt{1-\sin^2\gamma} = \frac{\sqrt{n_2^2 - n_1^2\sin^2 i}}{n_2} \tag{11-39}$$

则式(11-38)化为

$$\delta = 2e\sqrt{n_2^2 - n_1^2\sin^2 i} + \frac{\lambda}{2}$$

由此得平行平面薄膜反射光的干涉条件为

$$\delta = 2e\sqrt{n_2^2 - n_1^2 \sin^2 i} + \frac{\lambda}{2} = \begin{cases} k\lambda, & k=1,2,3,\cdots \quad \text{明纹} \\ (2k+1)\frac{\lambda}{2}, & k=0,1,2,3,\cdots \quad \text{暗纹} \end{cases} \quad (11\text{-}40)$$

现讨论如下：

(1) 条纹级次 k 的取值。

对于干涉明纹，k 不能等于 0，只能取 1、2、3 等正整数；对于暗纹，k 可以为零。原因是薄膜的厚度 e 不能为负值。

(2) 光程差中的半波损失到底有没有，要看具体情况而定，即由 n_1、n_2、n_3 之间的大小关系而定。

(3) 光程差是薄膜厚度 e、入射光的入射角 i 的函数，即 $\delta = \delta(e,i)$。据此，可把薄膜干涉分类为等倾干涉和等厚干涉。

$$\delta = \delta(e,i) = \begin{cases} \delta(i), & e = \text{常数，等倾干涉} \\ \delta(e), & i = \text{常数，等厚干涉} \end{cases}$$

3. 增透膜

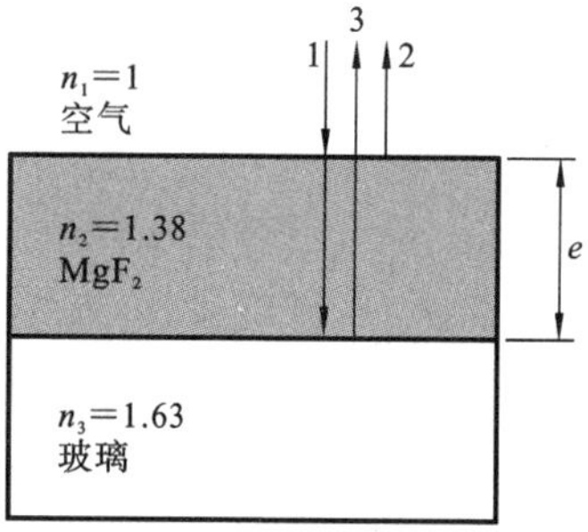

在玻璃平板上涂一层 MgF_2 薄膜（见图 11-11）。假设入射光 1 垂直薄膜表面入射，则图 11-11 所示的反射光 2、3 为相干光，其光程差为 $\delta = 2n_2 e$。当

$$\delta = 2n_2 e = (2k+1)\frac{\lambda}{2} \quad (11\text{-}41)$$

时，反射光 2、3 由于干涉而抵消，此时没有反射光。

由于光的能量要保持守恒，反射光能量减少了，必然有透射光能量增强。起这种作用的薄膜称为增透膜。

图 11-11

【例 11-2】 在玻璃平板上涂一层 MgF_2 薄膜（见图 11-11）。如果 MgF_2 的折射率 $n_2 = 1.38$，玻璃的折射率 $n_3 = 1.63$，入射光的波长 $x = 5500$ Å，求增透膜的最小厚度。

解 若使 MgF_2 薄膜起到增透膜的作用，需有光程差

$$\delta = 2n_2 e = (2k+1)\frac{\lambda}{2}$$

由此解得

$$e = (2k+1)\frac{\lambda}{4n_2} = (2k+1)\frac{5500 \times 10^{-10}}{4 \times 1.38} = 0.1(2k+1) \quad (\mu m)$$

当 $k = 0$ 时，增透膜的最小厚度为 $e_{\min} = 0.1 \ \mu m$。

4. 等倾干涉

当薄膜厚度一定时，光程差只是入射角 i 的函数，即 $\delta = \delta(i)$。此时，同一入射角

的光线在屏上形成同一圆环,称为等倾干涉。

等倾干涉时,相干光的光程差为

$$\delta=\delta(i)=\begin{cases}k\lambda & \text{明纹} \\ (2k+1)\dfrac{\lambda}{2} & \text{暗纹}\end{cases} \quad (11\text{-}42)$$

等倾条纹的特征是:明暗相间的同心圆,同一圆环对应于同一倾角光线。

5. 等厚干涉

当光线入射角 i 一定时,光程差只是薄膜厚度 e 的函数,即 $\delta=\delta(e)$,称为等厚干涉。等厚干涉的典型例子有劈尖干涉和牛顿环。

1) 劈尖干涉

用纸片或米丝将两个平板玻璃架开,就形成一个劈尖干涉装置。

设光线垂直劈尖上表面入射,有 $i=0, \gamma=0$,如图 11-12 所示。因为劈尖角 θ 很小,$\cos\theta\approx\cos 2\theta\approx 1$,由非平行平面薄膜反射光的干涉条件式(11-37)得劈尖干涉时两条相干光的光程差为

$$\delta=\frac{n_2 e(\cos 2\theta+1)}{\cos\theta\cos 2\theta}+\frac{\lambda}{2}=2n_2 e+\frac{\lambda}{2} \quad (11\text{-}43)$$

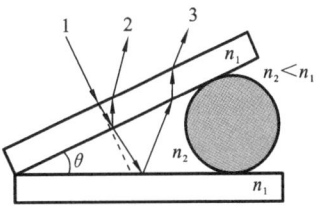

图 11-12

故劈尖干涉条件为

$$\delta=2n_2 e+\frac{\lambda}{2}=\begin{cases}k\lambda, & k=1,2,3,\cdots \quad \text{明纹} \\ (2k+1)\dfrac{\lambda}{2}, & k=0,1,2,3,\cdots \quad \text{暗纹}\end{cases}$$

(11-44)

由劈尖干涉条件,可知其干涉图样有以下特征。

(1) 棱边为暗纹。

在劈尖棱边,对应的薄膜厚度 $e=0$,满足暗纹条件,故棱边为暗纹。

(2) 相邻两暗纹对应的薄膜厚度差为

$$\begin{cases}2n_2 e_{k+1}+\dfrac{\lambda}{2}=(2k+3)\dfrac{\lambda}{2} \\ 2n_2 e_k+\dfrac{\lambda}{2}=(2k+1)\dfrac{\lambda}{2}\end{cases} \Rightarrow 2n_2\Delta e=\lambda \Rightarrow \Delta e=\frac{\lambda}{2n_2}$$

同理,相邻两明纹对应的薄膜厚度差也为

$$\Delta e=\frac{\lambda}{2n_2} \quad (11\text{-}45)$$

对于空气薄膜,折射率 $n_2=1$,相邻两暗纹(明纹)对应的薄膜厚度差为

$$\Delta e=\frac{\lambda}{2} \quad (11\text{-}46)$$

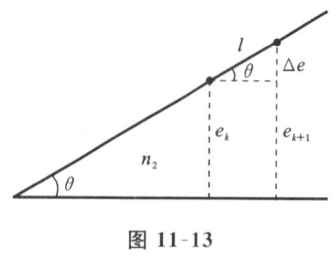

图 11-13

(3) 相邻两条明纹(暗纹)间距。

由图 11-13 可知,相邻两条明纹(暗纹)间距为

$$l=\frac{\Delta e}{\sin\theta}=\frac{\lambda}{2n_2\sin\theta}\approx\frac{\lambda}{2n_2\theta} \quad (11\text{-}47)$$

对于空气薄膜,折射率 $n_2=1$,则两条相邻明纹(暗纹)的间距为

$$l=\frac{\lambda}{2\theta} \quad (11\text{-}48)$$

(4) 劈尖干涉条纹特征。

由上述可见,劈尖干涉条纹为一些平行于棱边的等间距的明、暗相间的直线条纹,棱边为暗纹。

【例 11-3】 图 11-14 所示的为劈尖干涉条纹,说明下面的平板是凸的还是凹的?凸起或凹陷的高度或深度是多少?

解 由图 11-14 可见,在干涉图样中,凸起部分所对应的薄膜厚度必然与其所在直线条纹所对应的薄膜厚度相同,故凸起部分所对应的下面平板应该是凹的。

由图 11-14 可见,下述比例关系成立

$$\frac{b}{\frac{\lambda}{2}}=\frac{a}{x}$$

则凹陷的深度 $x=\frac{a}{b}\frac{\lambda}{2}$。

(5) 劈尖干涉问题的求解方法:基本三角形法。

以两条相邻明纹或暗纹间距 l 为斜边、两条相邻明纹或暗纹所对应的薄膜厚度差 Δe 为一直角边、以劈尖角 θ 为一锐角做成的三角形,称为基本三角形,如图 11-15 所示。

许多劈尖问题的求解有赖于此基本三角形。

在基本三角形中,存在以下基本关系式:

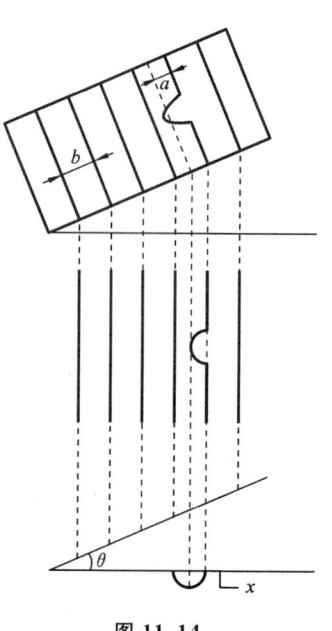

图 11-14

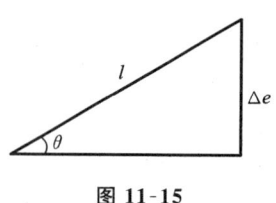

图 11-15

$$\Delta e = \frac{\lambda}{2n} = l\sin\theta = l\theta \tag{11-49}$$

【例 11-4】 两平玻璃板间垫一纸片形成一空气劈尖。已知劈尖上面长度 $L = 2.888 \times 10^{-2}$ m。光线垂直劈尖上表面入射。当入射光的波长为 $\lambda = 6000$ Å 时,测得 30 条明纹总宽度为 $l = 4.295 \times 10^{-3}$ m,求纸片的厚度 h。

解 相邻两条明纹的间距为

$$\Delta l = \frac{l}{30} = \frac{4.295 \times 10^{-3}}{30} \text{ m} = 1.432 \times 10^{-4} \text{ m}$$

根据劈尖干涉基本关系式(11-49),得到

$$\Delta e = \frac{\lambda}{2} = \Delta l \sin\theta = \Delta l \theta$$

则

$$\theta = \frac{\lambda}{2\Delta l}$$

又因为

$$h = L\sin\theta \approx L\theta$$

故纸片的厚度 h 为

$$h = \frac{L\lambda}{2\Delta l} = 6.02 \times 10^{-5} \text{ m} = 60.2 \text{ μm}$$

6. 牛顿环

平行光垂直入射,一部分光从平凸透镜下表面反射,一部分光从平玻璃板上表面反射形成一系列干涉条纹,称为牛顿环,如图 11-16 所示。

如图 11-16 所示,光线 1 为入射光,光线 2、光线 3 为相干光。

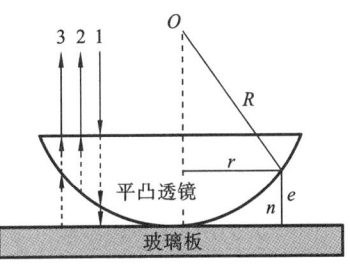

图 11-16

设光线垂直牛顿环入射,有 $i=0$,$\gamma=0$。因为牛顿环的薄膜的 θ 很小,$\cos\theta \approx \cos2\theta \approx 1$,由非平行平面薄膜反射光的干涉条件式(11-37)得牛顿环干涉时两条相干光的光程差为

$$\delta = \frac{ne(\cos2\theta + 1)}{\cos\theta\cos2\theta} + \frac{\lambda}{2} = 2ne + \frac{\lambda}{2}$$

故牛顿环的干涉条件为

$$\delta = 2ne + \frac{\lambda}{2} = \begin{cases} k\lambda, & k = 1,2,3,\cdots \quad \text{明纹} \\ (2k+1)\frac{\lambda}{2}, & k = 0,1,2,3,\cdots \quad \text{暗纹} \end{cases} \tag{11-50}$$

由干涉条件式(11-50)可知,牛顿环的干涉图样有以下特点。

(1) 中央为暗斑。

因为中央对应的薄膜厚度为 0,即 $e=0$,这满足暗纹条件,故中央为暗斑。

(2) 相邻两暗环(明环)对应的薄膜厚度差为

$$\begin{cases} 2ne_k + \dfrac{\lambda}{2} = k\lambda \\ 2ne_{k+1} + \dfrac{\lambda}{2} = (k+1)\lambda \end{cases} \Rightarrow \Delta e = \dfrac{\lambda}{2n} \tag{11-51}$$

对于空气,折射率 $n=1$,相邻两暗环(明环)对应的薄膜厚度差为

$$\Delta e = \dfrac{\lambda}{2} \tag{11-52}$$

这与劈尖干涉的结果一样。

(3) 明暗环半径。

牛顿环干涉图样为明暗相间的同心圆环。

如图 11-16 所示,有

$$R^2 = r^2 + (R-e)^2 \tag{11-53}$$

$$e = \dfrac{r^2}{2R} \tag{11-54}$$

代入式(11-50),得

$$\delta = \dfrac{nr^2}{R} + \dfrac{\lambda}{2} = \begin{cases} k\lambda, & k=1,2,3,\cdots \quad 明纹 \\ (2k+1)\dfrac{\lambda}{2}, & k=0,1,2,3,\cdots \quad 暗纹 \end{cases} \tag{11-55}$$

即牛顿环半径为

$$r = \begin{cases} \sqrt{(2k-1)\dfrac{R\lambda}{2n}}, & k=1,2,3,\cdots \quad 明纹 \\ \sqrt{\dfrac{kR\lambda}{n}}, & k=0,1,2,3,\cdots \quad 暗纹 \end{cases} \tag{11-56}$$

对于空气薄膜,$n=1$,牛顿环半径为

$$r = \begin{cases} \sqrt{\left(k-\dfrac{1}{2}\right)R\lambda}, & k=1,2,3,\cdots \quad 明纹 \\ \sqrt{kR\lambda}, & k=0,1,2,3,\cdots \quad 暗纹 \end{cases} \tag{11-57}$$

(4) 牛顿环的特征。

牛顿环的等厚条纹是同心圆环,中央是暗斑,内疏外密。

对于暗环,相邻两环的间距为

$$\Delta r = \sqrt{(k+1)R\lambda} - \sqrt{kR\lambda} = \sqrt{R\lambda}\left(\sqrt{(k+1)} - \sqrt{k}\right) = \dfrac{\sqrt{R\lambda}}{\sqrt{(k+1)} + \sqrt{k}}$$

可见,相邻两环的间距 $\Delta r \propto \dfrac{1}{\sqrt{k}}$,圆环级次越高,相邻两环间距越小,圆环是内疏外密。

第 11 章 波动光学基础

对于相邻两个环间隔,如取 $k=20$,则

$$\frac{\Delta r_{k+2}}{\Delta r_k} = \frac{r_{k+3}-r_{k+2}}{r_{k+1}-r_k} = \frac{\sqrt{k+1}+\sqrt{k}}{\sqrt{k+3}+\sqrt{k+2}} = \frac{\sqrt{21}+\sqrt{20}}{\sqrt{23}+\sqrt{22}} = 95.6\%$$

或者

$$\frac{\Delta r_k}{\Delta r_{k+2}} = \frac{r_{k+1}-r_k}{r_{k+3}-r_{k+2}} = 1.0477$$

再或者

$$\frac{\Delta r_k - \Delta r_{k+2}}{\Delta r_k} = 4.58\%$$

可见,相邻环间距只相差约 5%,牛顿环可以近似认为是均匀的。

(5) 牛顿环的应用。

设已测得牛顿环第 k 级暗环半径,又测得第 $k+m$ 级暗环半径 r_{k+m}。由暗环半径公式

$$r = \sqrt{\frac{kR\lambda}{n}}, \quad k=0,1,2,3,\cdots \quad 暗纹$$

得

$$\begin{cases} r_k^2 = \dfrac{kR\lambda}{n} \\ r_{k+m}^2 = \dfrac{(k+m)R\lambda}{n} \end{cases} \Rightarrow r_{k+m}^2 - r_k^2 = \frac{mR\lambda}{n} \tag{11-58}$$

由式(11-58)可知,牛顿环的应用有两个。

① 测入射光波长 λ:

$$\lambda = \frac{n(r_{k+m}^2 - r_k^2)}{mR}$$

若薄膜为真空,则 $n=1$,入射光波长为

$$\lambda = \frac{r_{k+m}^2 - r_k^2}{mR}$$

② 测平凸透镜曲率半径 R:

$$R = \frac{n(r_{k+m}^2 - r_k^2)}{m\lambda}$$

若薄膜为真空,则 $n=1$,平凸透镜曲率半径为

$$R = \frac{r_{k+m}^2 - r_k^2}{m\lambda}$$

【例 11-5】 设入射光波长为 $\lambda=0.63~\mu m$。测得牛顿环第 5 级暗环的半径 $r_5=0.7~mm$,第 15 级暗环的半径 $r_{15}=r_{5+10}=1.7~mm$,求平凸透镜的曲率半径 R。

解 已知 $\lambda=0.63~\mu m=6.3\times10^{-7}~m, k=5, m=10, r_5=0.7~mm=7\times10^{-4}~m, r_{5+10}=1.7~mm=1.7\times10^{-3}~m$。

由公式得

$$R=\frac{r_{k+m}^2-r_k^2}{m\lambda}=\frac{r_{5+10}^2-r_5^2}{10\lambda}=\frac{(1.7\times10^{-3})^2-(7\times10^{-4})^2}{10\times6.3\times10^{-7}}\text{ m}=0.381\text{ m}$$

11.2 光的衍射

11.2.1 光的衍射现象

当光遇到障碍物时,能够绕过障碍物进入几何阴影区的现象,称为光的衍射现象。

在日常生活中,光的衍射是一种常见的现象。例如,将两只铅笔并在一起来看白炽灯发出的光,会发现有彩色的线条出现;艳阳高照的白天,观察房屋投射到地上的影子,在边缘处有些模糊。这些都是光的衍射现象的例子。

1. 惠更斯-菲涅耳原理

惠更斯原理可叙述为:波阵面上每一点都可看成发射次级子波的波源,子波的包络面(包迹)决定了另一时刻的波阵面。

这一原理有成功的地方,但也有不足。此原理的成功之处在于,它解决了波的传播方向问题;此原理的缺陷在于,它不能解释光强的分布问题。因此,还必须对它加以发展。

菲涅耳原理:各子波可以相互叠加而产生干涉现象。

惠更斯原理与菲涅耳原理一起既解决了波的传播问题,又解决了光强的分布问题,称为惠更斯-菲涅耳原理。

惠更斯-菲涅耳原理可表述为:在波的传播过程中,波面上任一点都可看作是发射次级子波的波源,在其后任一时刻,这些子波的包迹(络)就成为新的波面;各子波可以相互叠加而产生干涉现象。

2. 衍射的分类

衍射系统由光源、衍射缝和接收屏组成。

根据光源、衍射缝和接收屏三者间距离的远近,衍射可分为菲涅耳衍射(见图11-17)和夫琅禾费衍射(见图11-18)。

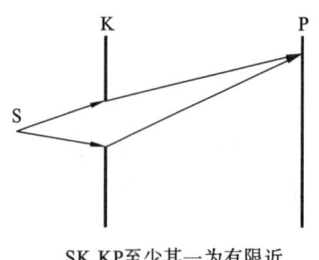

SK,KP至少其一为有限近

图 11-17

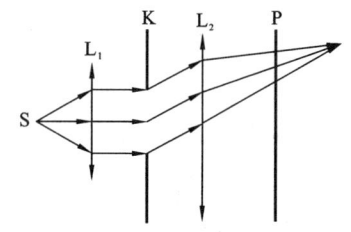

SK,KP均为无限远

图 11-18

对于菲涅耳衍射,在数学上处理比较麻烦;对于夫琅禾费衍射,在数学上处理相对简单一些。

本书主要研究夫琅禾费衍射。

(1) 菲涅耳衍射:光源和接收屏距衍射缝至少一个是有限近的。

距离有限近,意思是说,不能将光当作平面波,而只能当作球面波。这样,在数学上处理要复杂一些。

(2) 夫琅禾费衍射:光源和接收屏距衍射缝均无限远。

在实验室中,利用透镜 L_1,将点光源发出的球面波变为平面波,其等效为光来自于无穷远;再利用透镜 L_2,将透过缝的平面波变为球面波聚焦于接收屏(接收屏位于透镜 L_2 的焦平面),这样就实现了光源和接收屏距衍射缝均无限远的要求(见图 11-18)。

11.2.2 单缝夫琅禾费衍射

单缝夫琅禾费衍射可以用一种半几何的分析方法来研究,这种方法称为菲涅耳半波带法。

1. 单缝夫琅禾费衍射的明暗纹条件

单缝夫琅禾费衍射的实验装置示意图如图 11-19 所示。

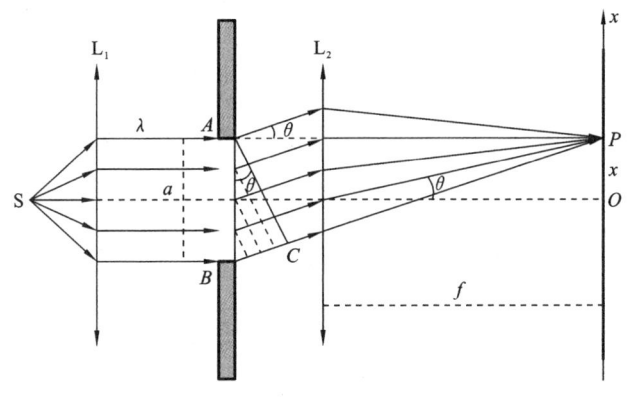

图 11-19

过 A、B 两端的光线的最大光程差为

$$\delta = BC = AB\sin\theta \tag{11-59}$$

作 AC 的平行线,将波振面 AB 分成 m 个半波带。每相邻两个半波带边缘上两光线的光程差为 $\dfrac{\lambda}{2}$,相位差为 π,这两条光线相互抵消。

则通过狭缝最上、下两条光线的光程差为

$$\delta = a\sin\theta = m\frac{\lambda}{2} \begin{cases} m=0 \quad \theta=0, AB \text{ 波振面上各点无附加} \\ \qquad \text{光程差,中心 } O \text{ 处为中央明纹中心} \\ m=\pm 2k \text{ 干涉相消,暗纹} \\ m=\pm(2k+1) \text{ 明纹} \end{cases} \quad (11\text{-}60)$$

因此,得到单缝夫琅禾费衍射的明暗纹条件为

$$\delta = a\sin\theta = \begin{cases} 0 & \text{中央明纹中心} \\ \pm k\lambda & \text{各级暗纹中心} \\ \pm(2k+1)\frac{\lambda}{2} & \text{各级明纹中心} \end{cases} \quad (11\text{-}61)$$

透过狭缝最上、下两条光线的光程差为 0 时,为中央明纹;透过狭缝最上、下两条光线的光程差为波长的整数倍时,为各级暗纹中心;透过狭缝最上、下两条光线的光程差为半波长的奇数倍时,为各级明纹中心。

2. 单缝衍射条纹的特点

利用单缝衍射的明暗纹条件式(11-61),可得到单缝衍射条纹有如下特点。

1) 条纹角宽度

由于衍射角 θ 很小,有 $\theta \approx \sin\theta$,则明暗纹条件可以由式(11-61)写为

$$\theta \approx \sin\theta = \begin{cases} 0 & \text{中央明纹中心} \\ \pm k\frac{\lambda}{a} & \text{各级暗纹中心} \\ \pm(2k+1)\frac{\lambda}{2a} & \text{各级明纹中心} \end{cases} \quad (11\text{-}62)$$

中央明纹的角宽度($k=\pm 1$ 级两暗纹中心之间的夹角)为

$$\Delta\theta_{\text{中央}} = 1 \cdot \frac{\lambda}{a} - \left(-1 \cdot \frac{\lambda}{a}\right) = 2\frac{\lambda}{a} \quad (11\text{-}63)$$

其余级次的角宽度(两相邻暗纹中心之间的夹角)为

$$\Delta\theta = (k+1) \cdot \frac{\lambda}{a} - \left(k \cdot \frac{\lambda}{a}\right) = \frac{\lambda}{a} \quad (11\text{-}64)$$

由此可见

$$\Delta\theta_{\text{中央}} = 2\Delta\theta \quad (11\text{-}65)$$

中央明纹的角宽度为次级明纹角宽度的 2 倍。

2) 条纹线宽度

由于衍射角 θ 很小,可得单缝衍射明暗纹的线位置条件为

$$x = f\tan\theta \approx f\theta = \begin{cases} 0 & \text{中央明纹中心} \\ \pm kf\frac{\lambda}{a} & \text{各级暗纹中心} \\ \pm(2k+1)\frac{f\lambda}{2a} & \text{各级明纹中心} \end{cases} \quad (11\text{-}66)$$

中央明纹的线宽度($k=\pm 1$ 级两暗纹中心线位置之差)为

$$\Delta x_{中央}=1\cdot f\frac{\lambda}{a}-\left(-1\cdot f\frac{\lambda}{a}\right)=2f\frac{\lambda}{a} \tag{11-67}$$

其余级次明纹的线宽度(两相邻暗纹中心线位置之差)为

$$\Delta x=(k+1)\cdot f\frac{\lambda}{a}-\left(k\cdot f\frac{\lambda}{a}\right)=f\frac{\lambda}{a} \tag{11-68}$$

由此可见

$$\Delta x_{中央}=2\Delta x \tag{11-69}$$

中央明纹的线宽度为次级明纹线宽度的 2 倍。

3) 条纹亮度分布

单缝衍射各级明纹的能量分布是不均匀的,中央明纹集中了绝大部分的能量,其他次级明纹光强迅速下降,如图 11-20 所示。

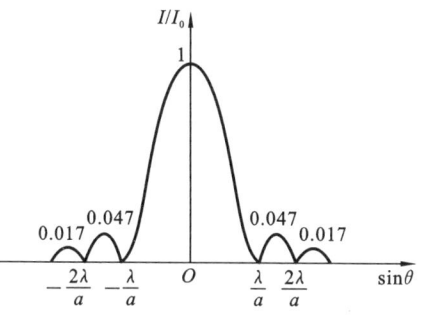

图 11-20

4) 条纹随波长 λ 和缝宽 a 的变化

单缝衍射明暗纹的线位置为

$$x=\begin{cases} 0 & 中央明纹中心 \\ \pm kf\dfrac{\lambda}{a} & 各级暗纹中心 \\ \pm(2k+1)\dfrac{f\lambda}{2a} & 各级明纹中心 \end{cases} \tag{11-70}$$

各级明纹的线宽度为

$$\Delta x_{中央}=2f\frac{\lambda}{a} \tag{11-71}$$

$$\Delta x=f\frac{\lambda}{a} \tag{11-72}$$

用上述公式,我们对单缝衍射的条纹进行讨论。

(1) 波长 λ 一定时。

缝宽 a 变窄时,条纹变宽,且向两边移动,即衍射现象越明显;缝宽 a 变宽时,条纹变窄,且向中心移动,即衍射现象越不明显。

当 $\dfrac{\lambda}{a}\to 0$ 时,条纹向中央集拢,不可分辨,光的衍射现象不明显。此时,可将光视为直线传播,波动光学就回到几何光学,即

$$波动光学\xrightarrow{\frac{\lambda}{a}\to 0}几何光学$$

可见,几何光学是 $\dfrac{\lambda}{a}\to 0$ 时波动光学的极限。

(2) 缝宽 a 一定时。

波长 λ 增大,条纹变宽,且向两边移动;波长 λ 减小,条纹变窄,且向中心移动。

由条纹线位置公式可知,当白光入射时,中央明纹为白光,其他同一级次的明纹从中央向两边内紫外红。

【例 11-6】 波长为 $\lambda=5000$ Å 的平行光线垂直入射 $a=1$ mm 的狭缝。缝后透镜的焦距为 $f=100$ cm。问从衍射图样中心到下列各点的距离如何?

(1) 第一级暗纹;

(2) 第一级明纹极大处;

(3) 第三级暗纹。

解 (1) 单缝夫琅禾费衍射的暗纹线位置公式为

$$x = kf\frac{\lambda}{a}$$

第一级暗纹 $k=1$,它到衍射图样中心的距离为

$$x = kf\frac{\lambda}{a} = 1 \times 1 \times \frac{5 \times 10^{-7}}{1 \times 10^{-3}} \text{ m} = 5 \times 10^{-4} \text{ m}$$

(2) 单缝夫琅禾费衍射的明纹线位置公式为

$$x = (2k+1)f\frac{\lambda}{2a}$$

第一级明纹极大处 $k=1$,它到衍射图样中心的距离为

$$x = (2 \times 1 + 1) \times \frac{1 \times 5 \times 10^{-7}}{2 \times 10^{-3}} \text{ m} = 7.5 \times 10^{-4} \text{ m}$$

(3) 单缝夫琅禾费衍射的暗纹线位置公式为

$$x = kf\frac{\lambda}{a}$$

第三级暗纹 $k=3$,它到衍射图样中心的距离为

$$x = kf\frac{\lambda}{a} = 3 \times 1 \times \frac{5 \times 10^{-7}}{1 \times 10^{-3}} \text{ m} = 1.5 \times 10^{-3} \text{ m}$$

11.2.3 光栅衍射

引例 单缝所在的衍射屏在垂直于光轴的平面内上下移动时(见图 11-21),衍射图样有何变化?

解 平行于主轴的光线汇聚于 L_2 的焦点 O 处;平行于副轴的光线汇聚于副轴与焦平面的交点。所以,只要单缝不移出入射光照射范围,接收屏上的图样将不变。

1. 衍射光栅及其必要性

单缝衍射明暗纹的线位置为

$$x = \begin{cases} 0 & \text{中央明纹中心} \\ \pm kf\dfrac{\lambda}{a} & \text{各级暗纹中心} \\ \pm(2k+1)\dfrac{f\lambda}{2a} & \text{各级明纹中心} \end{cases}$$

各级明纹的线宽度为

$$\Delta x_{\text{中央}} = 2f\dfrac{\lambda}{a}$$

$$\Delta x = f\dfrac{\lambda}{a}$$

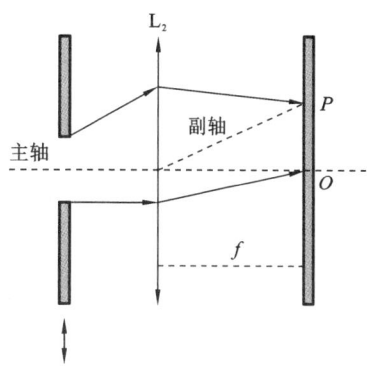

图 11-21

当入射光波长 λ 一定时,增大缝宽 a,透光亮增加,亮度增大,但 x 减小,条纹向中心聚拢,且条纹变窄,不易分辨,衍射不明显;减小缝宽 a,透光亮减小,亮度减弱,但 x 增大,条纹分得开,且条纹变宽,易分辨,衍射明显。

实际对衍射的要求是:条纹亮度要高,条纹间隔要大,并且容易分辨。但从对单缝衍射的分析来看,无论怎样调节缝宽 a 都不能满足实际的需要。

因此,有必要引入新的光学衍射仪器——光栅。

由大量等宽度、等间距的平行狭缝所组成的光学元件,称为衍射光栅,如图 11-22 所示。

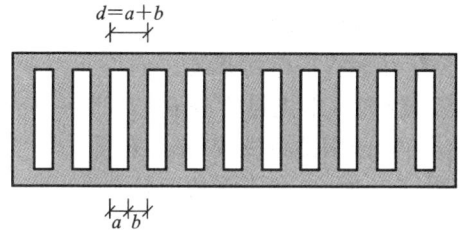

图 11-22

衍射光栅由透光部分的大量狭缝和不透光部分组成。透光部分狭缝的宽度用 a 表示,不透光部分的宽度用 b 表示,则 $d=a+b$ 称为光栅常数。

光栅常数的数量级一般在 $10^{-6} \sim 10^{-5}$ m,1 cm 的光栅内包含上万条狭缝。

2. 光栅衍射方程

一束光照射光栅时,将产生如下两种效应:

(1) 通过每个狭缝的光将产生单缝衍射;

(2) 通过各狭缝的光将产生多缝干涉现象。

两种现象的复合,即为光栅衍射条纹,如图 11-23 所示。

对于多缝干涉,相邻缝光线产生的明纹公式为

$$\delta = d\sin\theta = k\lambda, k \in \mathbf{Z} \tag{11-73}$$

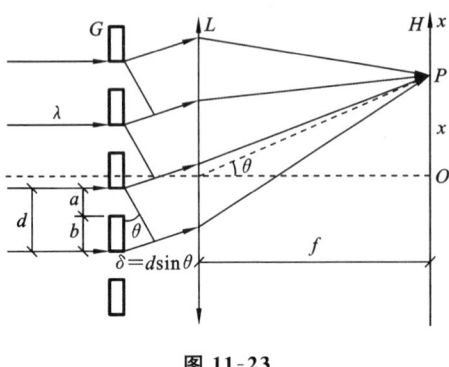

图 11-23

称为光栅方程。

对于单缝衍射,暗纹公式为

$$\delta' = a\sin\theta = k'\lambda, \quad k' \in \mathbf{Z} \text{ 且 } k' \neq 0 \tag{11-74}$$

当角位置 θ 处既是多缝干涉明纹,又是单缝衍射暗纹时,此处叠加的后果是该处为暗纹。此时,有

$$\begin{cases} d\sin\theta = k\lambda \\ a\sin\theta = k'\lambda \end{cases} \Rightarrow \sin\theta = \frac{k}{d}\lambda = \frac{k'}{a}\lambda \Rightarrow k = \frac{d}{a}k', k' \in \mathbf{Z} \text{ 且 } k' \neq 0 \tag{11-75}$$

这表明,多缝干涉的第 k 级明纹将消失,称为缺级。式(11-75)称为缺级条件。

3. 光栅衍射图样

利用上述结果,下面讨论光栅衍射图样。

(1) 利用光栅可以较精确地测得衍射条纹。

当光栅常数 $d=a+b$ 减小时,由光栅方程 $\delta=d\sin\theta=k\lambda$ 可知,同级次条纹对应的角位置 θ 增大,条纹将分得开,因此条纹较易分辨。

当增加光栅透光缝数目 N 时,参加干涉的衍射光强增强。

由于上述两个原因,利用光栅就可以较精确地测得衍射条纹。

(2) 衍射条纹的两个主极大之间有若干个次级大和若干个最小。

假设光栅刻痕数目为 N,则两主极大之间有 $N-2$ 个次级大,$N-1$ 个最小。

例如,假设光栅刻痕数目为 $N=5$,则两主极大之间有 $5-2=3$ 个次级大,有 $5-1=4$ 个最小,如图 11-24 所示。

(3) 光栅衍射的光强分布。

假设光栅缝数 $N=5$,如果 $\frac{d}{a}=\frac{k}{k'}=4$,光栅衍射图样如图 11-25 所示。

可见,在单缝衍射中央明纹区边缘处有缺级现象,多缝干涉的明纹受到单缝衍射中央明纹的调制。

(4) 单缝衍射中央明纹区内主极大的条数。

由图 11-25 可以总结出,单缝衍射中央明纹区内主极大的条数 n 可按如下公式

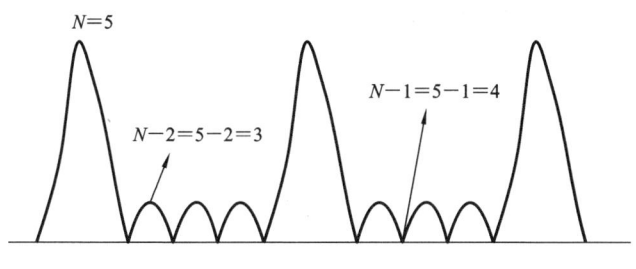

图 11-24

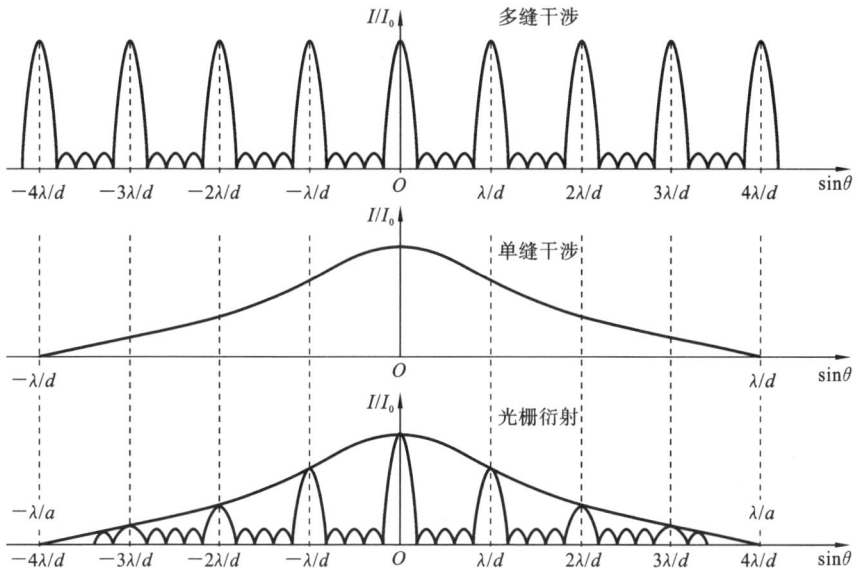

图 11-25

计算:

$$n = \begin{cases} 2\left[\dfrac{d}{a}\right]+1-2, & \dfrac{d}{a} \in \mathbf{Z} \\ 2\left[\dfrac{d}{a}\right]+1, & \dfrac{d}{a} \notin \mathbf{Z} \end{cases} \quad (11\text{-}76)$$

当 $\dfrac{d}{a} \in \mathbf{Z}$ 时,中央明纹区边缘主极大有缺级,故应减去两条主极大;当 $\dfrac{d}{a} \notin \mathbf{Z}$ 时,中央明纹区域边缘没有缺级现象,故不用减去两条主极大。式(11-76)中的 1 表示多缝干涉的中央明纹,它必须加上。

(5) 光栅衍射条纹的特点。

总之,光栅衍射条纹有如下几个特点:

① 具有窄而亮的主明纹;

② 主明纹亮度受单缝衍射的调制；

③ 两主明纹间有 $N-1$ 个暗纹，$N-2$ 个次极大。

(6) 衍射光谱。

由光栅方程

$$d\sin\theta = k\lambda, \quad k \in \mathbf{Z}$$

可知，当白光入射时，波长 λ 不同，同一级次的条纹对应的角位置 θ 也不同，屏幕上将出现彩色谱带，从中央向两边内紫外红，中央是白色。这种由不同波长光线的同级谱线所构成的一组谱线，称为光栅光谱。

当 $k=1$ 时，称为 1 级衍射光谱，依次为 2 级光谱、3 级光谱等。高级光谱会出现重叠现象。

(7) 光栅的分辨本领。

假设光栅的缝数为 N，以波长为 λ 的光入射。如果可以分辨的最小波长间隔为 $\Delta\lambda$，可以观测到的最大级次的条纹为第 k 级明纹，则光栅的分辨本领为

$$R = \frac{\lambda}{\Delta\lambda} = kN$$

可见，光栅的分辨本领与光栅常数 d 无关。

11.3 光的偏振

两束相干光相遇，可以产生干涉现象，形成稳定的干涉图样；一束光线可以绕过障碍物到达几何阴影区，产生衍射现象。光的干涉、衍射现象，说明了光具有波动性。

某些光线通过偏振片等器件时，表现出明显的偏振属性，从而揭示了光是横波。

我们知道，对于波动来说，依据波的振动方向与传播关系的不同，可以划分为横波和纵波。关于横波和纵波，它们的传播速度等物理性质有明显的不同。如地震波，它从地面深处发出，包含有横波和纵波，而这两种波由于传播的能量不同而对地面建筑物的破坏程度有很大不同，并且这两种波到达地面的速度也不同。因此，搞清楚某种波是纵波还是横波是有重要意义的。

光的干涉现象和衍射现象说明了光具有波动性。那么，光波是横波还是纵波呢？光的干涉现象、衍射现象并没有揭示。

马吕斯于 1809 年在试验中发现了光的偏振现象。经过进一步研究光的简单折射中的偏振，他发现了光在折射时是部分偏振的。在此之前，惠更斯曾提出过光是一种纵波，而纵波不可能发生这样的偏振，这表明光具有横波属性。

下面介绍光的偏振概念、偏振光的分类、偏振光的起偏和检偏，以及关于偏振光的马吕斯定律和布儒斯特定律。

11.3.1 自然光和偏振光

1. 光的偏振性

1）光波是横波

光波是纵波还是横波呢？

惠更斯通过将光波与声波进行类比，他认为光波与声波一样也是纵波。这一类比的错误结论，立即遭到牛顿的激烈反对。他反对的理由是：如果光是纵波，那么惠更斯将无法解释光的偏振问题。丹麦哥本哈根的巴尔托里奴斯在 1670 年观察到：当一束光射入一种名为方解石的透明晶体时，产生两束不同方向折射的光，形成双折射现象。如果光波是纵波，就无法解释这一奇怪的现象。因为在这种情况下，作为纵波的光波在晶体中为什么有两种不同的传播方式呢？惠更斯承认自己无法解释这一点。这表明，光波不是纵波。

1865 年，麦克斯韦首先预言了电磁波，之后，德国物理学家赫兹于 1887—1888 年间在实验中证实了电磁波的存在。麦克斯韦推导出了电磁波方程（称为麦克斯韦方程组），这是一种波动方程，清楚地显示出电场和磁场的波动本质。鉴于电磁波方程预测的电磁波速度与光速的测量值相等，麦克斯韦推论光波也是电磁波。

对于电磁波来说，电场强度矢量 E 和磁场强度矢量 H 均与速度矢量 v 垂直（见图 11-26），且各在相互垂直的两个平面内振动。

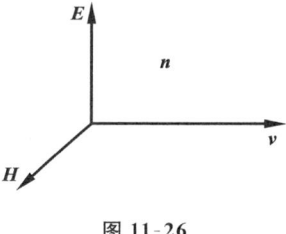

图 11-26

2）纵波与横波的区别

纵波与横波具有两点明显不同的属性：

（1）对于纵波，振动方向与波的传播方向相同；对于横波，振动方向与波的传播方向垂直。

（2）对于纵波，它对传播方向具有对称性；对于横波，它对波的传播方向没有对称性。

3）光的偏振性

振动方向对于传播方向的不对称性称为偏振。

光的偏振是横波区别于其他纵波的一个最明显的标志。光波电矢量振动的空间分布对于光的传播方向失去对称性的现象称为光的偏振。只有横波才能产生偏振现象，故光的偏振是光的波动性的又一例证。

因此，光具有如下几个明显特征：

（1）光具有波动性；

（2）光是横波；

（3）光具有偏振性。

2. 自然光和线偏振光

1) 自然光

在垂直于传播方向的平面内,包含一切可能方向的横振动,且平均说来任一方向上具有相同的振幅,这种横振动对称于传播方向的光称为自然光(非偏振光)。

天然光源和一般人造光源直接发出的光都是自然光。

从普通光源直接发出的自然光是无数偏振光的无规则集合,所以直接观察时不能发现光强偏于哪一个方向。自然光一般由7种颜色光组成,这7种颜色分别是红、橙、黄、绿、蓝、靛、紫。

用点表示垂直纸面的振动,用竖线表示平行纸面的振动。自然光的偏振特性如图 11-27 所示。

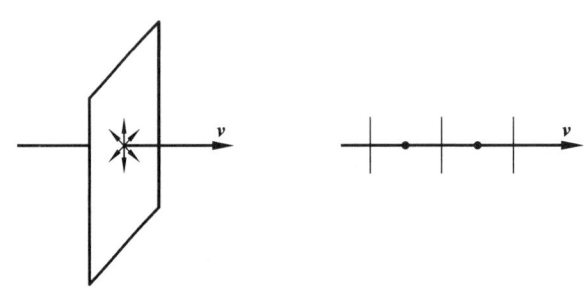

图 11-27

2) 完全线偏振光

在光的传播方向上,光矢量只沿一个固定的方向振动,这种光称为平面偏振光。由于光矢量端点的轨迹为一直线,故又称为完全线偏振光。

完全线偏振光为光线中完全去掉两相互垂直振动中的一个(见图 11-28);或者只含有垂直分量,或者只含有平行分量。

图 11-28

光矢量的方向和光的传播方向所构成的平面称为振动面。

完全线偏振光的振动面固定不动,不会发生旋转。可见,光矢量 E 与传播方向始终在振动平面内。

绝大多数光源都只能发射自然光而不能发射线偏振光。要想得到完全线偏振光需要经过一些必要技术措施才能获得。

3) 部分线偏振光

光线中某一方向的光矢量振动较强,在与之正交的方向上较弱,称为部分线偏振光。

部分线偏振光是介于完全线偏振光与自然光之间的一种光。

部分线偏振光的光波包含一切可能方向的横振动,但是不同方向上的振幅是不等的,在两个互相垂直的方向上振幅具有最大值和最小值。

部分线偏振光为光线中部分地去掉两相互垂直振动中的一个(见图 11-29)。

图 11-29

11.3.2 偏振光的起偏和检偏及马吕斯定律

普通光源产生的光是自然光,如何由自然光获得偏振光呢?有一束光,如何才能判断它是自然光,还是偏振光呢?这些问题都需要经过一些技术措施才可以做到。

1. 起偏和检偏

1) 偏振片

利用某种具有二向色性的物质薄片制成的光学器件,称为偏振片。它能吸收某一方向的光振动,而只让与这个方向垂直的光振动通过。

偏振片中能使光振动通过的方向,称为偏振化方向,或者偏振片的透振方向。

2) 起偏

当自然光通过偏振片后变为偏振光,光强变为自然光的一半,这个过程称为起偏,如图 11-30 所示。

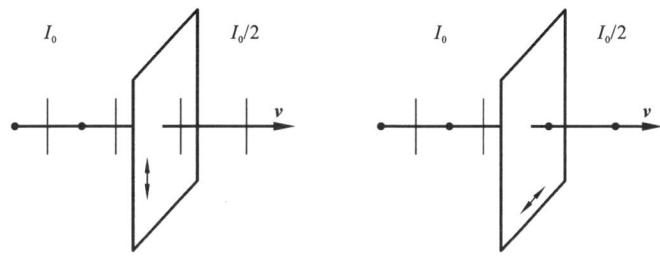

图 11-30

事实上,自然光的偏振方向是随机的,它是大量分子或者原子同时发出的光波的集合。由于大量分子或者原子发出的光波的偏振方向和相位是随机的,所以它们的集合就是在各个方向振动和相位是随机的自然光。

振动方向随机的光可以沿任意方向进行正交分解。如果沿着偏振片的透振方向对自然光进行正交分解,则将自然光分解成平行于透振方向和垂直于透振方向的两个分量。对于自然光,两个方向的光的振幅大小相等。透过偏振片后,只剩下两个垂直方向之中的一个方向的分量,从而,自然光变成偏振光。

3) 检偏

检验入射光是否为偏振光的过程,称为检偏。

靠肉眼无法区别自然光和偏振光,但可以借助偏振片来鉴别,即通过转动偏振片,根据光强变化来判别入射光的偏振性。

(1) 自然光。

旋转偏振片,无论转动偏振片到什么角度,透射光的强度始终相同。这样就可以断定入射光为自然光,如图 11-31 所示。

(2) 完全线偏振光。

旋转偏振片,如果透射光的强度变化如下:

$$最亮\to较亮\to全暗\to较亮\to最亮$$

则可断定入射光为完全线偏振光。

(3) 部分线偏振光。

旋转偏振片,如果透射光的强度变化如下:

$$最亮\to较亮\to光强最小\to较亮\to最亮$$

则可断定入射光为部分线偏振光。

2. 马吕斯定律

关于入射光和透射光光强的关系,有如下定律。

强度为 I_0 的线偏振光,通过检偏器后,透射光的光强为

$$I = I_0 \cos^2 \alpha \tag{11-78}$$

式中:α 为线偏振光的光振动方向与检偏器的偏振化方向的夹角。这称为马吕斯定律,如图 11-32 所示。

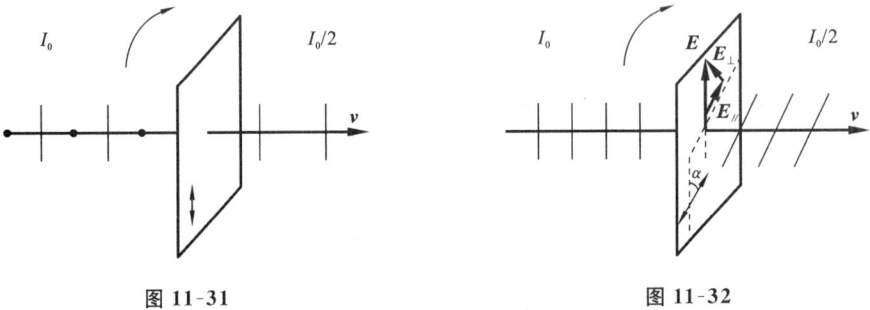

图 11-31　　　　　　　　　　图 11-32

设入射光的电场强度矢量为 E,则可将其分解为两个分量:平行于偏振器偏振化方向的分量 $E_{/\!/}$ 和垂直于偏振器偏振化方向的分量 $E_\perp$,则有 $E = E_{/\!/} + E_\perp$。

只有平行于偏振器偏振化方向的分量可以通过偏振器,而垂直于偏振器偏振化方向的分量 $E_\perp$ 则被偏振器吸收。

透射光的电场强度与入射光的电场强度之间的关系为

$$E_{/\!/} = E\cos\alpha \tag{11-79}$$

入射光的光强 $I_0 \propto E^2$,透射光的光强 $I \propto E_{/\!/}^2$,故入射光和透射光光强之间有关系式(11-78)。

【例 11-7】 一束光强为 I_0 的自然光入射进偏振化方向之间夹角为 $60°$ 的两个偏振片。求透过两个偏振片的光强 I_1、I_2。

解 自然光通过第一个偏振片后,透射光光强为

$$I_1 = \frac{I_0}{2}$$

光强为 I_1 的透射光透过第二个偏振片后,其透射光光强为

$$I_2 = I_1 \cos^2 60° = \frac{I_0}{2} \times \frac{1}{4} = \frac{I_0}{8}$$

11.3.3 反射光的偏振与布儒斯特定律

1. 布儒斯特定律

反射光的偏振化程度与入射角有关,如图 11-33 所示。

当入射角 $i = i_0 \left(\tan i_0 = \dfrac{n_2}{n_1} \right)$ 时,反射光为振动方向垂直入射面的完全偏振光,且 $i_0 + \gamma_0 = \dfrac{\pi}{2}$,其中,$i_0$ 称为起偏振角或布儒斯特角,γ_0 为相应的折射角,这称为布儒斯特定律。

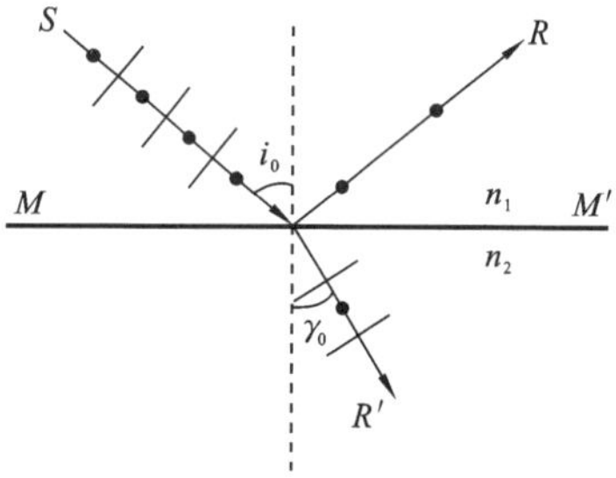

现讨论如下:

(1) 当自然光入射,入射角 $i = i_0$ 时,反射光 R 为完全偏振光,占总光强的 75%;折射光仍为部分偏振光,有部分的垂直部分和大部分的平行部分。

图 11-33

(2) 判断下列两种情况的反射光。

① 入射光是只含有平行部分的完全线偏振光以布儒斯特角入射(见图 11-34)。此时,反射光消失,只有折射光。

② 入射光是只含有垂直部分的完全线偏振光以布儒斯特角入射(见图 11-35)。反射光为部分偏振光,只含垂直部分,光强小于入射光;折射光也只含垂直部分。

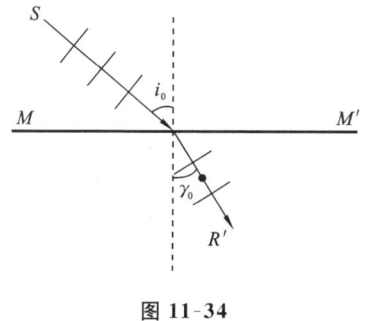

图 11-34 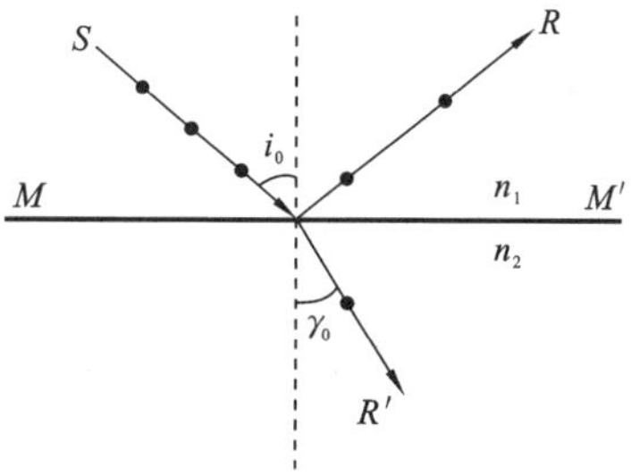   **图 11-35**

2. 玻璃堆

为了使反射光和入射光都成为完全偏振光,可以采用玻璃堆的方法。

使入射光以起偏角入射到最上层玻璃表面,由于经过玻璃堆的多次反射,反射光的强度增加,从而可以获得光强较大的反射完全偏振光;透射的部分偏振光在折射中,由于多次反射,去掉了垂直分量,也成为完全偏振光(见图 11-36)。

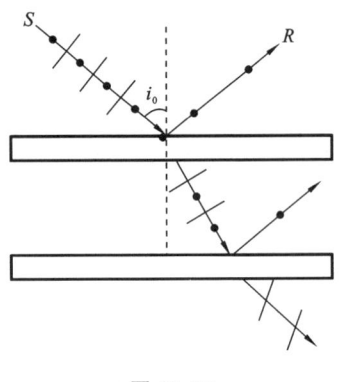

图 11-36

本 章 小 结

1. 光的干涉

1) 相干光

两列相干光,必须满足下列基本条件:① 频率相同;② 振动方向相同;③ 相位差恒定。

由于可见光是原子受热激发至高能态再自发跃迁回低能态时发射的电磁波,而原子自发跃迁具有随机性,两个任意光源或一个光源上两个不同部分发出的光不会发生干涉,同一光源同一部分先后发出的两列光波也不会发生干涉,只有用人为的方法使光源在同一点发出的同一列光波沿不同路径传播后再相遇,才能产生干涉现象。

能够产生干涉现象的光称为相干光,能产生相干光的光源称为相干光源。

2) 杨氏双缝干涉实验

杨氏双缝干涉实验是一种用分波振面法获得相干光的典型实验。相邻的两个明条纹或两个暗条纹之间距离为 $\Delta x = \dfrac{D}{d}\lambda$。显然,双缝干涉条纹是明暗相间、等距离、等亮度分布的直条纹,对于相干加强产生的明条纹,应有

$$\delta = \frac{xd}{D} = \pm 2k\frac{\lambda}{2}, \quad k = 0, 1, 2, \cdots$$

相干减弱产生的暗条纹应满足

$$\delta = \frac{xd}{D} = \pm(2k+1)\frac{\lambda}{2}, \quad k=0,1,2,\cdots$$

3) 光程和光程差

光通过介质之后的相位变化取决于光程,把光在介质中通过的几何路程 r 与该介质的折射率的乘积 nr 定义为光程。

用 δ 表示两相干光的光程差。干涉加强、减弱的条件为

$$\delta = \begin{cases} k\lambda, & k \in \mathbf{Z} \quad \text{明纹(加强)} \\ (2k+1)\frac{\lambda}{2}, & k \in \mathbf{Z} \quad \text{暗纹(减弱)} \end{cases}$$

4) 半波损失

光从光疏介质射向光密介质,又被光密介质反射回光疏介质时,相位突变 π,相当于增加(或减少)了半个波长的附加光程,这种现象称为半波损失。

所谓光疏介质和光密介质是由界面两侧介质折射率的相对大小来决定的,n 较小的叫光疏介质,n 较大的叫光密介质。

由于决定相干结果是加强还是减弱的是两列光波的光程差,故只有在薄膜上、下两表面反射光之一有半波损失时,光程差中才附加 $\pm\frac{\lambda}{2}$。如果上、下表面的反射光都有(或都没)半波损失,互相抵消,则光程差不变。

5) 薄膜干涉

光由折射率为 n_1 的介质垂直入射到折射率为 n_2、厚度为 d 的薄膜,当反射光之一有半波损失时,由薄膜上下表面反射的光波的光程差为

$$\delta = 2e\sqrt{n_2^2 - n_1^2 \sin^2 i} + \frac{\lambda}{2}$$

$$\delta = \begin{cases} k\lambda, & k=1,2,3,\cdots \quad \text{明纹} \\ (2k+1)\frac{\lambda}{2}, & k=0,1,2,3,\cdots \quad \text{暗纹} \end{cases}$$

6) 劈尖干涉

当单色光垂直入射到折射率为 n、上下表面间夹角为 θ 的劈尖时,干涉条纹是一系列平行于劈尖棱边的明暗相间的直条纹。对于空气劈尖,因有半波损失,劈尖棱边处为暗纹,相邻明条纹(或暗条纹)处劈尖厚度之差为

$$\Delta e = \frac{\lambda}{2}$$

劈尖干涉条件为

$$\delta = 2n_2 e + \frac{\lambda}{2} = \begin{cases} k\lambda, & k=1,2,3,\cdots \quad \text{明纹} \\ (2k+1)\frac{\lambda}{2}, & k=0,1,2,3,\cdots \quad \text{暗纹} \end{cases}$$

7) 牛顿环

用单色光垂直入射到由平凸透镜和平板玻璃叠合构成的介质薄层时,可以观察到由一组明暗相间的同心圆环组成的干涉图样,称为牛顿环。若介质薄层为空气时,观察反射光干涉,在膜厚 e 处, $\delta=2e+\dfrac{\lambda}{2}$,在环中心接触点, $e=0$, $\delta=\dfrac{\lambda}{2}$,满足相干相消条件,将出现一个暗斑。

对于空气薄膜, $n=1$,第 k 级牛顿环半径为

$$r_k=\begin{cases}\sqrt{\left(k-\dfrac{1}{2}\right)R\lambda}, & k=1,2,3,\cdots \quad \text{明纹}\\ \sqrt{kR\lambda}, & k=0,1,2,3,\cdots \quad \text{暗纹}\end{cases}$$

2. 光的衍射

1) 惠更斯-菲涅耳原理

从同一波阵面上各点所发出的子波,经传播而在空间某点相遇时,也可相互叠加而产生干涉现象。

2) 单缝衍射

当光通过很窄的单缝时表现出与直线传播不同的现象,一部分光线绕过缝的边缘到达偏离直线传播的区域,在屏上出现明暗相间的条纹,这种现象称为光的衍射。

光的衍射现象和光的干涉现象一样,显示了光的波动特性。

利用半波带法可得出单缝夫琅禾费衍射条纹的明暗条件为

$$\delta=a\sin\theta=\begin{cases}0 & \text{中央明纹中心}\\ \pm 2k\dfrac{\lambda}{2} & k=1,2,3,\cdots \quad \text{各级暗纹中心}\\ \pm(2k+1)\dfrac{\lambda}{2} & k=1,2,3,\cdots \quad \text{各级明纹中心}\end{cases}$$

当衍射角 θ 很小,有 $\theta\approx\sin\theta$。

中央明纹的角宽度($k=\pm 1$ 级两暗纹中心之间的夹角)为

$$\Delta\theta_{\text{中央}}=2\dfrac{\lambda}{a}$$

其余级次的角宽度(两相邻暗纹中心之间的夹角)为

$$\Delta\theta=\dfrac{\lambda}{a}$$

中央明纹的角宽度为次级明纹角宽度的 2 倍。

中央明纹的线宽度($k=\pm 1$ 级两暗纹中心线位置之差)为

$$\Delta x_{\text{中央}}=2f\dfrac{\lambda}{a}$$

其余级次明纹的线宽度(两相邻暗纹中心线位置之差)为

$$\Delta x = f\frac{\lambda}{a}$$

中央明纹的线宽度为次级明纹线宽度的 2 倍。

单缝衍射图样的特点是:条纹不等宽、不等亮、明暗相间排列。中央明纹宽度为其余各级条纹宽度的 2 倍,条纹亮度由中央到各级依次递减。

3) 光栅

衍射光栅由透光部分的大量狭缝和不透光部分组成。透光部分狭缝的宽度用 a 表示,不透光部分的宽度用 b 表示,则 $d=a+b$ 称为光栅常数。利用光栅可以形成很细、分得很开、亮度很高的衍射条纹,便于进行精密的光学测量。

光栅公式:当衍射角 θ 满足 $d\sin\theta=k\lambda$,$k=0,\pm1,\pm2,\cdots$ 时,出现明条纹。缺级公式:当某个衍射角虽然满足光栅公式,但又同时满足单缝衍射的暗纹公式时,即

$$a\sin\theta = k'\lambda, \quad k' = \pm 1, \pm 2, \pm 3,$$

则由该衍射角 θ 确定的方向应当出现的明条纹却因单缝衍射而未出现,称为缺级。出现缺级时,有

$$\frac{a+b}{a} = \frac{k}{k'}$$

3. 光的偏振

1) 自然光和偏振光

光作为电磁波,是一种横波。光振动指电磁波中的电振动,每束光波都是横波,具有偏振性,但由于各个分子和原子发光是自发的、随机的、彼此独立的,而一般光源所发的光是由许许多多列光波组成,包含了各个方向的光振动,没有哪一个方向的光振动会占优势,这样的光叫自然光。

自然光经过某些物质的反射、折射或吸收后,可能只保留某一方向的光振动,称为线偏振光或完全偏振光。若一个方向光振动较另一方向光振动占优势,则称为部分偏振光。

2) 布儒斯特定律

自然光由折射率为 n_1 的介质射向折射率为 n_2 的介质时,若入射角 i_0 满足

$$\tan i_0 = \frac{n_2}{n_1}$$

时,反射光为线偏振光,且光振动方向与入射面垂直,折射光为部分偏振光,反射光与折射光互相垂直,i_0 称为布儒斯特角。

3) 马吕斯定律

强度为 I_0 的线偏振光,通过检偏器后,透射光的光强为

$$I = I_0 \cos^2 \alpha$$

式中:α 为线偏振光的光振动方向与检偏器的偏振化方向的夹角。这称为马吕斯定律。

自然光通过偏振片后(该偏振片起偏振器的作用)变为强度减半的线偏振光。

思 考 题

11.1 在劈尖干涉实验中,相邻明纹的间距_____(填相等或不等),当劈尖的角度增加时,相邻明纹的间距将_____(填增加或减小),当劈尖内介质的折射率增加时,相邻明纹的间距将_____(填增加或减小)。

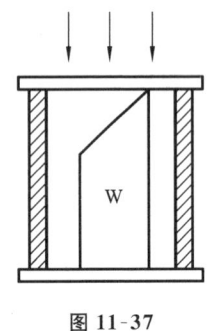

图 11-37

11.2 图 11-37 为一干涉膨胀仪示意图,上、下两平行玻璃板用一对热膨胀系数极小的石英柱支撑着,被测样品 W 在两玻璃板之间,样品上表面与玻璃板下表面间形成一空气劈尖,在以波长为 λ 的单色光照射下,可以看到平行的等厚干涉条纹。当 W 受热膨胀时,条纹将(　　)。

(A) 变密,向右靠拢

(B) 变疏,向上展开

(C) 疏密不变,向右平移

(D) 疏密不变,向左平移

11.3 在单缝夫琅禾费衍射实验中,试讨论下列情况衍射图样的变化:(1) 狭缝变窄;(2) 入射光的波长增大;(3) 单缝垂直于透镜光轴上下平移;(4) 光源 S 垂直透镜光轴上下平移;(5) 单缝沿透镜光轴向观察屏平移。

11.4 要分辨出天空遥远的双星,为什么要用直径很大的天文望远镜?

11.5 使用蓝色激光在光盘上进行数据读写较红色激光有何优越性?

11.6 孔径相同的微波望远镜与光学望远镜相比较,哪个分辨本领大?为什么?

11.7 用偏振片怎样来区分自然光、部分偏振光和线偏振光?

练 习 题

11.1 双缝干涉实验中,

(1) 若双缝间距由 d 变为 d_1,使屏上原第十级明纹中心变为第五级明纹中心,求 $\dfrac{d_1}{d}$。

(2) 若在其中一缝后加一透明介质薄片,使原光线光程增加 2.5λ,问此时屏中心为第几级条纹,是明纹还是暗纹?

11.2 在双缝干涉实验中,两缝间距 1 mm,屏离缝的距离为 1 m,若所用光源含有波长 600 nm 和 540 nm 的两种光波。求:

(1) 两光波分别形成的条纹间距;

(2) 两组条纹之间的距离与级数之间的关系。

11.3 一平面单色光垂直照射在厚度均匀的薄油膜上,油膜覆盖在玻璃板上。所用单色光的波长可以连续变化,观察到 500 nm 与 700 nm 这两个波长的光在反射中消失。油的折射率为 1.3,玻璃的折射率为 1.5,求油膜的厚度。

11.4 在棱镜(n_1=1.5)表面镀一层增透膜(n_2=1.3)。如使此增透膜适用于氦氖激光器发出的激光(λ=632.8 nm),问膜的厚度应如何选取?

11.5 在牛顿环实验中,平凸透镜的曲率半径为 3 m,当用某种单色光照射时,测得第 k 级暗纹半径为 4.24 mm,第 $k+10$ 级暗纹半径为 6 mm,求所用单色光的波长。

11.6 使用单色光来观察牛顿环,测得某一明环的直径为 3 mm,在它外面第五个明环的直径为 4.6 mm,所用平凸透镜的曲率半径为 1.03 m,求此单色光的波长。

11.7 在空气中有一劈尖形透明物,其劈尖角 $\theta=10^{-4}$ rad,在波长 $\lambda=700$ nm 的单色光垂直照射下,测得干涉相邻明纹间距 $l=0.25$ cm。求此透明材料的折射率。

11.8 利用劈尖的等厚干涉条纹可以测量很小的角度。现在很薄的劈尖玻璃板上垂直地射入波长为 589.3 nm 的钠光,相邻暗条纹间距为 5 mm,玻璃的折射率为 1.52,求此劈尖的夹角。

11.9 有一单缝,宽 $a=0.1$ mm,在缝后放一焦距为 50 cm 的会聚透镜。用平行绿光($\lambda=546$ nm)垂直照射单缝。求位于透镜焦平面处的屏幕上的中央明纹及第二级明纹的宽度。

11.10 在单缝夫琅禾费衍射实验中,设第一级暗纹的衍射角很小。若钠黄光($\lambda_1=589$ nm)为入射光,中央明纹宽度为 4 mm;若以蓝紫光($\lambda_2=442$ nm)为入射光,计算中央明纹的宽度。

11.11 一束单色光垂直入射在光栅上,衍射光谱中共出现 5 条明纹。若已知此光栅缝宽度与不透明部分宽度相等,问在中央明纹一侧的两条明纹分别是第几级谱线?

11.12 波长 600 nm 的单色光垂直入射在一光栅上。第二级明纹分别出现在 $\sin\theta=0.2$ 处,第四级缺级,问:

(1) 光栅常数 $d=a+b$ 有多大?

(2) 光栅上狭缝的可能最小宽度 a 有多大?

(3) 按上述选定的 a、b 值,在光屏上可能观察到的全部明纹数是多少?

11.13 一个平面光栅,当用光垂直照射时,能在 30°的衍射方向上得到 600 nm 的第二级主极大,并能分辨 $\Delta\lambda=0.05$ nm 的两条光谱线,但不能得到第三级主极大。计算此光栅透光部分的宽度 a 和不透光部分的宽度 b 以及总缝数。

11.14 使自然光通过两个偏振化方向成 60°的偏振片,透射光强为 I_1。现在这两个偏振片之间再插入另一个偏振片,它的偏振化方向与前两个偏振片均成 30°,求透射光强。

11.15 自然光和线偏振光的混合光束,通过一偏振片时,随着偏振片以光的传播方向为轴转动,透射光的强度也随着变化。如最强和最弱的光强之比为 6∶1,求入射光中自然光和线偏振光的强度之比。

11.16 一束光强为 I_0 的自然光垂直穿过两个偏振片,且两个偏振片的偏振化方向成 45°,若不考虑偏振片的反射和吸收,求穿过两个偏振片后的光强。

11.17 水的折射率为 1.33,玻璃的折射率为 1.5,

(1)当光由水中射向玻璃而反射时,求起偏振角。

(2)当光由玻璃射向水而反射时,求起偏振角。

11.18 测得釉质的起偏振角为 $i_B = 58°$,求它的折射率。

第12章 狭义相对论力学基础

19世纪80年代,经典物理学已经建立了包括力、热、声、光、电等诸学科在内的、宏伟完整的理论体系,它的三大支柱——经典力学、经典电动力学、经典热力学和统计力学已臻于成熟和完善,不仅在理论的表述和结构上已十分严谨和完美,而且它们所蕴涵的物理学基本观念,对人类的科学认识也产生了深远的影响。物理学在19世纪所取得的一系列辉煌成就,使当时许多物理学家认为,物理学理论的大厦已经建成,今后的工作只能是扩大这些理论的应用范围和提高实验的精确度,也就是做一些修饰和填补细节的工作。

早在19世纪70年代,德国慕尼黑大学的实验物理学教授约利就曾劝他的学生普朗克不要学物理,因为物理理论已经完成了,没有可供年青一代大显身手的余地。普朗克的另外一位老师,柏林大学的基尔霍夫也曾说过类似的话,他说:"物理学已经无所作为,往后无非是已知规律的小数点后面加上几个数字而已。"可是历史的发展往往不是人们所预料的,凡是到达了顶峰的东西,必然要走下坡路。正当人们为经典物理学欢呼万岁的时候,却出现了一系列经典理论无法解释的新的实验事实。这种新实验事实同旧理论之间的矛盾就构成了危机,它动摇着旧理论体系的基础。

危机的迹象首先表现在1887年的迈克尔逊和莫雷的以太漂移实验的结果不符合电磁理论的要求,随后发现热学中的能量均分定理在气体比热以及热辐射能谱的理论解释中得出与实验不等的结果,其中尤以黑体辐射理论出现的"紫外灾难"最为突出。这两个问题被英国物理学家开尔文即威廉·汤姆森在1900年4月27日的英国皇家学会的讲演中称为"物理学晴朗天空中的两朵乌云"。其实在19世纪末,物理学中的新发现——1895年X射线的发现、1896年放射性和1897年电子的发现等都已向传统的理论提出了严峻挑战,展示了物理学还有广阔的需要探索的未知领域。物理学发展的历史表明,正是这两朵乌云爆发出物理学革命的风暴,产生了20世纪物理学的两大理论——相对论和量子论。

牛顿力学也称为经典力学。经典力学是在 17 世纪形成的,在以后的两个多世纪里,牛顿力学对科学和技术的发展起了很大的推动作用,而其自身也得到了很大的发展。

在生产实践和日常生活中,人们接触到的物体只限于那些运动速度远小于光速的宏观物体,当物体的运动速度可与光速相比拟时,经典力学已不再适用,必须代之以狭义相对论力学,但是在低速运动的情况下,经典力学是狭义相对论力学很好的近似。

爱因斯坦相对论包括**狭义相对论**和**广义相对论**,前者只适用于惯性系,后者则涉及非惯性系。本书主要讲述狭义相对论力学基础知识,包括狭义相对论的两个基本假设、狭义相对论时空观以及"同时性""时间测量"和"长度测量"的相对性,最后介绍狭义相对论动力学的主要结论。

12.1　经典力学的相对性原理与伽利略坐标变换式

12.1.1　绝对时空观

绝对时空观首先由牛顿明确提出,牛顿在他的名著《自然哲学的数学原理》一书中,对绝对时间和绝对空间作了明确的表述,因此又称为牛顿时空观。绝对时空观认为时间和空间是两个独立的观念,彼此之间没有联系,分别具有绝对性。所谓绝对,是指时间和空间与观测者的运动状态无关。用牛顿的话来说,"绝对的、真正的和数学的时间自身在流逝着,而且由于其本性在均匀地、与任何其他外界事物无关地流逝着"。"绝对空间就其本质而言,是与任何外界事物无关,而且永远是相同的和不动的"。实际上,绝对时空观是人们在低速状态下的经验总结,如我国唐代大诗人李白的著名诗句:"夫天地者,万物之逆旅也;光阴者,百代之过客也",就是对绝对空间和绝对时间的形象比喻。按照这种观点,在一个惯性系中不论是同地还是异地同时发生的两个事件,在其他惯性系中观察也都是同时的,不仅如此,在对任意两个事件的时间间隔和空间任意两点间距离的测量上,则认为在所有惯性参考系中的观察者的测量结果都应该是相同的,显然绝对时空观符合人们的日常生活经验。

12.1.2　力学相对性原理

力学是研究物体机械运动规律的,力学概念(如速度、加速度等)以及力学规律必须选定适当的参照系才有意义。经典力学认为,相对不同的惯性系,物体运动所遵循的力学规律是完全相同的,应具有完全相同的数学表达形式。或者说力学规律对于一切惯性系都是等价的,这称为力学相对性原理。早在 1632 年,伽利略就通过实验观察指出,相对地面做匀速直线运动的封闭船上,只要船的运动是匀速直线运动,则在封闭的船上就觉察不到物体运动的规律和地面上的有任何不同。比如当你在甲板上跳跃的时候,你所通过的距离和你在一条静止的船上跳跃时所通过的距离完全相同;当你抛一样东西给你的朋友时,不管你的朋友是在船头还是在船尾,你抛东西给他时所费的力是一样的;从挂在天花板上的装水杯子里落下的水滴仍然竖直落在地板上,尽管水滴尚在空中时船已向前行进了。这些现象均表明,在一个惯性系内所做的任何力学实验都不能确定这个惯性系是静止的,还是在做匀速直线运动,也就是说对于描述力学现象的规律而言,所有惯性系都是等价的,故力学相对性原理又称为伽利略相对性原理。之后爱因斯坦将伽利略相对性原理加以推广,使之成为相对论的基本原理。

12.1.3 伽利略坐标变换式

经典力学中的伽利略变换是以绝对时空观为依据建立的。为了用数学的方法表示绝对时空观,考虑有两个惯性参考系 $S(x,y,z)$ 和 $S'(x',y',z')$,为方便研究,设它们对应的坐标轴彼此平行,且 x 轴和 x' 轴重合。令 S' 系以恒定速度 u 相对于 S 系沿 x 轴正方向运动,当 $t=t'=0$ 时,S 系与 S' 系重合,如图 12-1 所示。

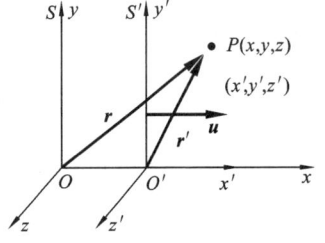

图 12-1

绝对时空观认为空间是绝对的,与物质和物质的运动状态无关,且两惯性系中时间同样均匀地流逝着,所以在任意时刻有 $t=t'$。则空间中一点 P 在两个惯性参照系 $S(x,y,z)$ 和 $S'(x',y',z')$ 中的坐标的关系为

$$\begin{cases} x'=x-ut \\ y'=y \\ z'=z \\ t'=t \end{cases} \tag{12-1}$$

式(12-1)就称为伽利略坐标变换式。

根据伽利略变化坐标式,很容易得出对于空间中的任意两点之间的距离或者任意两个事件之间的时间间隔,两个惯性参考系所测得的结果是相同的。根据伽利略相对性原理,伽利略时代的科学家们普遍地认为:时间和空间都是绝对的,可以脱离物质运动而存在,而且时间和空间也没有任何的联系。

根据伽利略坐标变换式还可以得出经典力学中的速度和加速度变换式。设 v、v'、a、a'、F、F' 为任一质点 P 在两个参考系 S 和 S' 中的速度、加速度和所受的力,将式(12-1)对时间求导,并且注意到 $t=t'$,可得伽利略速度变换式

$$\begin{cases} v'_x = \dfrac{\mathrm{d}x'}{\mathrm{d}t'} = \dfrac{\mathrm{d}x}{\mathrm{d}t} - u = v_x - u \\ v'_y = \dfrac{\mathrm{d}y'}{\mathrm{d}t'} = \dfrac{\mathrm{d}y}{\mathrm{d}t} = v_y \\ v'_z = \dfrac{\mathrm{d}z'}{\mathrm{d}t'} = \dfrac{\mathrm{d}z}{\mathrm{d}t} = v_z \end{cases}$$

写为矢量式为

$$\boldsymbol{v}' = \boldsymbol{v} - \boldsymbol{u} \tag{12-2}$$

将式(12-2)对时间求导,可得伽利略加速度变换式

$$\boldsymbol{a}' = \boldsymbol{a} \tag{12-3}$$

设 F、F' 为质点 P 在两个参考系 S 和 S' 中所受的合外力,如果在惯性系 S 中,牛顿第二定律成立,即 $\boldsymbol{F}=m\boldsymbol{a}$,则根据式(12-3)可知对于另外一个惯性系 S',同样可得 $\boldsymbol{F}'=m\boldsymbol{a}'$,这表明牛顿第二定律也具有伽利略变换的协变性。

除此以外,还可以证明经典力学中所有的基本定律,如动量守恒定律、机械能守恒定律等经过伽利略变换后,在各惯性系中的数学表达式均相同,都具有这种协变性,满足经典力学相对性原理的要求。通常情况下,这些关系都与实验结果相符合,所以一直以来经典力学理论都被认为是一个完善的理论体系。

12.2 狭义相对论的两个基本假设与洛伦兹坐标变换式

人们在研究机械波(如声波)的传播过程中,发现机械波的传播必须有弹性媒质。当时的物理学家认为可以用这个框架来解释一切波动现象。19 世纪随着麦克斯韦电磁理论的形成,光被证明是一种电磁波,由麦克斯韦方程组可知,光在真空中的传播速度大小为 $c=1/\sqrt{\varepsilon_0\mu_0}=2.998\times10^8$ m/s,由于麦克斯韦方程组本身并不依赖于某个特定的参考系,这说明光在真空中的传播速率与参考系的选择及光传播的方向无关,是一个恒量。而当时的人们普遍认为,光的传播载体为一种特殊的物质"以太",认为"以太"是绝对静止,一切物体相对于"以太"的运动就是绝对运动。按照"以太"理论,地球以 30 km/s 的速度相对于"以太"公转,因而在地球表面就应该存在有与公转方向相反的相对运动,即"以太风"。那么在地球上沿各个方向测得的光速应该有差异。

在 1876—1887 年间,来自美国的迈克尔逊和莫雷两位科学家合作,设计出高精密度的"以太飘移"实验,这个实验是为测量地球上各方向上光速的差别设计的,实验方法构思巧妙,是近代物理学中的重要实验之一。实验假设"以太"存在,并且光速在以太中的传播速度服从伽利略速度变换式,即根据伽利略变换,光在 S 系中的传播速率为 c,则在 S' 参考系中传播的速率就应为 $c'=c\pm u$。然而在各种不同条件下多

次反复测量，都未能发现在不同惯性系中各个方向上光速的差异，即所有惯性系中，真空中光沿各个方向的速率始终相同，大小均为 c，同时也就证实了根本不存在特殊物质"以太"。

这个实验结果与伽利略变换甚至整个经典力学之间发生了不可调和的矛盾，成为笼罩在物理学大厦上空的一朵"乌云"。在洛伦兹、庞加莱等物理学家的部分先期工作的基础上，爱因斯坦于 1905 年创立了狭义相对论。

12.2.1 狭义相对论的两个基本假设

爱因斯坦在前人工作的基础上，分析了经典力学和电磁学现象之间的矛盾，不固守于绝对时空观和经典力学的观念，从一个全新的角度来考虑所有问题。他认为电磁场不是在媒质中传播的状态，而是物质存在的一种基本形态。同时他将伽利略相对性原理进行推广，提出对于包括电磁现象在内的一切物理现象都应该满足相对性原理，即在所有惯性系中物理定律都具有相同的数学表达式，不存在任何一个特殊的惯性系。当别人忙着在经典物理框架内用形形色色的理论来修补"以太说"时，爱因斯坦另辟蹊径，提出了两个基本假设，并在此基础上建立了新的理论——狭义相对论。

假设 1 相对性原理

在所有惯性系中，一切物理学定律都相同，即具有相同的数学表达式，或者说，对于描述一切物理现象的规律来说，所有惯性系都是等价的。这也称为狭义相对论的相对性原理。

假设 2 光速不变原理

所有惯性系中测量到的真空中光速沿各方向都等于 c，与光源和观察者的运动状态无关。光速不依赖于惯性系的选择。

爱因斯坦提出的相对性原理是对伽利略力学相对性原理的推广和发展，使相对性原理不仅适用于力学规律，而且适用于包括电磁规律在内的所有规律。光速不变原理实际上对不同惯性系之间坐标、速度变换关系提出了一个新的要求，在这种新的变换下，各个惯性系真空中的光沿各个方向传播的速率都是等于一个恒量 c。

12.2.2 洛伦兹变换

爱因斯坦根据相对性原理和光速不变原理，得到了能同时满足这两条基本假设的变换的方程组，即洛伦兹坐标变换式。

假设两个惯性参考系 S 和 S'，如图 12-2 所示，其对应的坐标轴彼此平行。S' 系相对 S 系以速率 u 沿 x 轴正方向运动，发生在位置 P 的某一事件在两个坐标系的坐标分别为 (x,y,z,t) 和 (x',y',z',t')。当 $t=t'=0$ 时，S 和 S' 两个坐标系的原点重合。

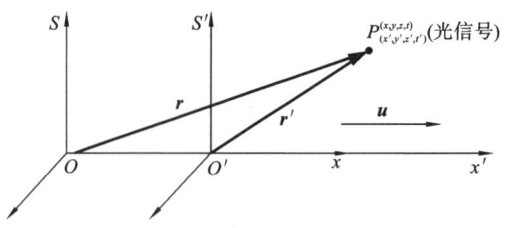

图 12-2

假设有一个事件在 S 系中于 t 时刻发生在 O 点,即 $x_0=0$;在 S' 系中该事件则发生在 $x'_0=-ut'$ 处,即 $x'_0+ut'=0$,也就是说,对于发生在 S 系中 O 点处的事件,x_0 和 x'_0+ut' 有相同的值,所以对于发生在任一点 P 的事件有

$$x=k(x'+ut') \tag{12-4}$$

同样对于发生在 S' 系中 O' 点的事件,它在 S' 系中,恒有 $x'=0$,而在 S 系中有 $x_0-ut=0$,这样一来,发生在任一点 P 的事件,应该有

$$x'=k'(x-ut) \tag{12-5}$$

其中,k 和 k' 都是与时间 t 和 t' 无关的比例常数,否则就不是线性变换。根据相对性原理假设,这两个惯性系对于物理定律是等价的,即可以认为 S 系以 $-u$ 的速度沿 x 轴相反的方向,相对于 S' 系运动,因此式(12-4)中的 k 和式(12-5)中的 k' 的值相同,即 $k=k'$。将式(12-4)与式(12-5)相乘得到

$$xx'=k^2(x-ut)(x'+ut') \tag{12-6}$$

设当原点 O,O' 重合时,发生一个光信号,沿 $x(x')$ 轴的正方向前进,那么根据光速不变原理,在 S 和 S' 系中测量的光速值均为 c,则有

$$\begin{cases} x=ct \\ x'=ct' \end{cases} \tag{12-7}$$

将式(12-7)代入式(12-6),可得

$$c^2tt'=k^2(c^2-u^2)tt'$$

$$k=k'=\frac{1}{\sqrt{1-\dfrac{u^2}{c^2}}} \tag{12-8}$$

将式(12-8)代入式(12-4)和式(12-5),可得

$$\begin{cases} x'=\dfrac{x-ut}{\sqrt{1-\dfrac{u^2}{c^2}}} \\ x=\dfrac{x'+ut'}{\sqrt{1-\dfrac{u^2}{c^2}}} \end{cases} \tag{12-9}$$

将式(12-9)改写为 t' 的表达式并把式(12-5)和式(12-8)代入,得到

$$t' = \frac{t - \frac{u}{c^2}x}{\sqrt{1 - \frac{u^2}{c^2}}} \tag{12-10}$$

同理可得

$$t = \frac{t' + \frac{u}{c^2}x'}{\sqrt{1 - \frac{u^2}{c^2}}} \tag{12-11}$$

由上可得一事件在两个惯性系 S 和 S' 中的时空变换关系为

$$\begin{cases} x' = \dfrac{x - ut}{\sqrt{1 - \dfrac{u^2}{c^2}}} = \dfrac{x - ut}{\sqrt{1 - \beta^2}} \\ y' = y \\ z' = z \\ t' = \dfrac{t - \dfrac{u}{c^2}x}{\sqrt{1 - \dfrac{u^2}{c^2}}} = \dfrac{t - \dfrac{u}{c^2}x}{\sqrt{1 - \beta^2}} \end{cases} \tag{12-12}$$

式中：$\beta = \dfrac{u}{c}$。式(12-12)即为满足爱因斯坦两个基本假设的**洛伦兹坐标变换式**，其逆变换式为

$$\begin{cases} x = \dfrac{x' + ut'}{\sqrt{1 - \dfrac{u^2}{c^2}}} = \dfrac{x' + ut'}{\sqrt{1 - \beta^2}} \\ y = y' \\ z = z' \\ t = \dfrac{t' + \dfrac{u}{c^2}x'}{\sqrt{1 - \dfrac{u^2}{c^2}}} = \dfrac{t' + \dfrac{u}{c^2}x'}{\sqrt{1 - \beta^2}} \end{cases} \tag{12-13}$$

关于洛伦兹坐标变换，我们还应该注意以下几点。

(1) 由洛伦兹变换可以看出，任一事件在不同惯性系 S 和 S' 中的坐标 (x,y,z,t) 和 (x',y',z',t') 之间满足线性的关系，二者一一对应，这就是真实事件必须满足的条件。

(2) 洛伦兹变换式是爱因斯坦两个基本假设的具体表现，是狭义相对论的基本方程，说明了时空是物质的一种基本属性。时间、空间不再分离，而是统一的整体，与物质的运动状态相关，这与彼此之间截然分开的绝对时间和绝对空间的伽利略变换

形成鲜明的对比。

(3) 若 $u \ll c$，$k \approx 1$，也就是在低速运动的情况下，洛伦兹坐标变换与伽利略变换趋于一致，这表明伽利略变换是洛伦兹变换在惯性系做低速相对运动条件下的近似。所以说洛伦兹坐标变换是比伽利略变换更具普遍意义的变换。满足伽利略变换的牛顿定律，只能在低速范围内成立；而要想保证所有的物理规律在所有的惯性系中保持不变，只有洛伦兹变换才能完成。

(4) 根据洛伦兹变换可知，为了使 x 和 x' 保持为实数，必须满足 $u < c$，由此可以得出一个结论：任何两个惯性系间的相对运动速率都应该小于真空中的光速 c。因此，真空中的光速 c 是一切物体的运动速率的极限，而在经典力学中，物体的速率是没有限制的。

根据洛伦兹变换，可以得到任意两个事件在不同惯性系中的时间间隔和空间间隔之间的关系，设有两惯性系 S 和 S'，事件 1 和事件 2 在惯性系 S 中的坐标为 (x_1, y_1, z_1, t_1) 和 (x_2, y_2, z_2, t_2)，在惯性系 S' 中的坐标为 (x'_1, y'_1, z'_1, t'_1) 和 (x'_2, y'_2, z'_2, t'_2)，则这两个事件在惯性系 S 和 S' 中的时间间隔和空间间隔之间的变换式为

$$\begin{cases} \Delta x' = \dfrac{\Delta x - u\Delta t}{\sqrt{1-\beta^2}} \\ \Delta t' = \dfrac{\Delta t - \dfrac{u}{c^2}\Delta x}{\sqrt{1-\beta^2}} \end{cases} \tag{12-14}$$

和

$$\begin{cases} \Delta x = \dfrac{\Delta x' + u\Delta t'}{\sqrt{1-\beta^2}} \\ \Delta t = \dfrac{\Delta t' + \dfrac{u}{c^2}\Delta x'}{\sqrt{1-\beta^2}} \end{cases} \tag{12-15}$$

式中：$\Delta x' = x'_2 - x'_1$、$\Delta t' = t'_2 - t'_1$、$\Delta x = x_2 - x_1$、$\Delta t = t_2 - t_1$ 分别为两个事件在两个惯性系中的空间间隔和时间间隔，均为代数量。很容易看出，空间测量与时间测量相互影响，相互制约，这也反映出相对论时空观和绝对时空观的根本区别。

从洛伦兹变换出发，还可以导出狭义相对论的速度变换式。在一惯性系 S 中，质点的速度可以表示成

$$\boldsymbol{v} = v_x\boldsymbol{i} + v_y\boldsymbol{j} + v_z\boldsymbol{z}$$

在惯性系 S' 中的速度表示为

$$\boldsymbol{v'} = v'_x\boldsymbol{i} + v'_y\boldsymbol{j} + v'_z\boldsymbol{z}$$

其中

$$v_x = \frac{\mathrm{d}x}{\mathrm{d}t}, \quad v_x = \frac{\mathrm{d}y}{\mathrm{d}t}, \quad v_z = \frac{\mathrm{d}z}{\mathrm{d}t} \tag{12-16}$$

第12章 狭义相对论力学基础

$$v'_x = \frac{\mathrm{d}x'}{\mathrm{d}t'}, \quad v'_y = \frac{\mathrm{d}y'}{\mathrm{d}t'}, \quad v'_z = \frac{\mathrm{d}z'}{\mathrm{d}t'} \tag{12-17}$$

对式(12-12)进行微分可得

$$\begin{cases} \mathrm{d}x' = \dfrac{\mathrm{d}x - u\mathrm{d}t}{\sqrt{1-\beta^2}} \\ \mathrm{d}y' = \mathrm{d}y \\ \mathrm{d}z' = \mathrm{d}z \\ \mathrm{d}t' = \dfrac{\mathrm{d}t - \dfrac{u}{c^2}\mathrm{d}x}{\sqrt{1-\beta^2}} \end{cases}$$

则根据式(12-16)与式(12-17)有

$$v'_x = \frac{\mathrm{d}x'}{\mathrm{d}t'} = \frac{\mathrm{d}x - u\mathrm{d}t}{\mathrm{d}t - \dfrac{u}{c^2}\mathrm{d}x} = \frac{v_x - u}{1 - \dfrac{u}{c^2}v_x} \tag{12-18}$$

同理可得

$$v'_y = \frac{\mathrm{d}y'}{\mathrm{d}t'} = \frac{v_y\sqrt{1-\beta^2}}{1 - \dfrac{u}{c^2}v_x}, \quad v'_z = \frac{\mathrm{d}z'}{\mathrm{d}t'} = \frac{v_z\sqrt{1-\beta^2}}{1 - \dfrac{u}{c^2}v_x} \tag{12-19}$$

式(12-18)和式(12-19)即为狭义相对论速度变换式。当 $u \ll c$ 时,有 $v'_x = v_x - u$, $v'_y = v_y, v'_z = v_z$,这也正是经典力学中的伽利略速度变换式。

【例 12-1】 地面参考系 S 中,观测到 $x = 4.0 \times 10^6$ m 处在 $t = 0.02$ s 时刻发生一闪光。求:在相对地球以匀速 $u = 0.5c$ 沿 x 轴正方向运动的飞船中(作为 S' 系),观测到的闪光发生的地点 x' 和时间 t'。

解 由洛伦兹变换式可得

$$x' = \frac{x - ut}{\sqrt{1-\beta^2}} = \frac{4.0 \times 10^6 - 0.5 \times 3 \times 10^8 \times 0.02}{\sqrt{1-0.5^2}} \text{ m} = 1.15 \times 10^6 \text{ m}$$

$$t' = \frac{t - \dfrac{u}{c^2}x}{\sqrt{1-\beta^2}} = \frac{0.02 - \dfrac{0.5 \times 4.0 \times 10^6}{3 \times 10^8}}{\sqrt{1-0.5^2}} \text{ s} = 0.015 \text{ s}$$

【例 12-2】 一短跑选手在地面上以 10 s 的时间跑完 100 m。一飞船沿同一方向以速率 $u = 0.98c$ 飞行,求飞船参考系上的观测者测得选手跑过的路程和所需时间。

解 设地面参考系为 S 系,飞船参考系为 S' 系,选手起跑为事件1,到终点为事件2,依题意有 $\Delta x = 100$ m, $\Delta t = 10$ s, $\beta = 0.98$。

根据空间间隔和时间间隔变换式得

$$\Delta x' = \frac{\Delta x - u\Delta t}{\sqrt{1-\beta^2}} = \frac{100 - 0.98 \times 3 \times 10^8 \times 10}{\sqrt{1-0.98^2}} \text{ m} = -1.48 \times 10^{10} \text{ m}$$

$$\Delta t' = \frac{\Delta t - \frac{u}{c^2}\Delta x}{\sqrt{1-\beta^2}} = \frac{10 - \frac{0.98 \times 100}{3 \times 10^8}}{\sqrt{1-0.98^2}} \text{ s} = 50.25 \text{ s}$$

12.3　狭义相对论的时空观

12.3.1　"同时性"的相对性

在一个惯性系中观测,两个异地事件是同时发生的,那么在其他惯性系中观测是否也同时发生呢?在经典力学中答案是肯定的,也就是"同时"是绝对的,与我们的生活经验也相符。但是在狭义相对论中,这一结论不再成立,下面我们进行举例说明。

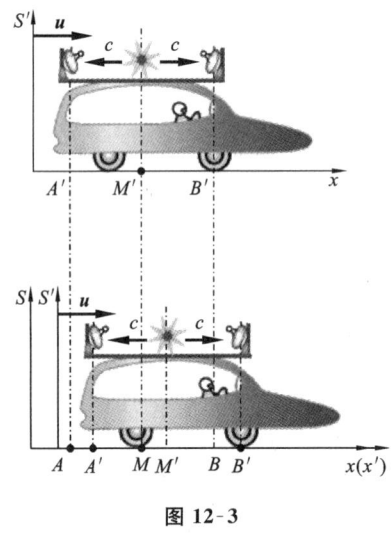

图 12-3

假设有一辆汽车(S'系),相对于地面(S系)以速度u沿x轴做匀速直线运动,如图12-3所示,在车顶中央部位M'处有一光源,车尾A'与车头B'处各有一个接收器,当M'与S系中的M重合时,车顶的光源发出一闪光。现在从S'系中进行观察,根据光速不变原理,光沿各个方向的速度大小相同,又因为$\overline{A'M'} = \overline{M'B'}$,所以车尾$A'$与车头$B'$的两个接收器应该是同时接收到光信号。

对于地面S系来说,当光从M'发出到A'这一段时间内,因为车厢的A'端以速度u向光(M'点发出的光,而不是M'点)接近了一段距离,而B'端以速度u背离光走了一段距离,所以在地面S系中去观察,光从M'发出到A'所走的距离要短于M'到B'的距离,根据光速不变原理可知,光要先到达A'端,后到达B'端。也就是说,从S来看,由M'发出的光并不是同时到达A'和B'的。既然由M'发出的光到达A'和B'这两个事件的同时性与所选取的惯性有关,那么可见"同时性"概念已经不像在牛顿力学中那样具有绝对意义了。研究两个事件的发生是否"同时",在不同的参考系看起来是不同的,具有相对性,这一结论称为"同时性"的相对性。

下面由洛伦兹坐标变换式来说明"同时性"的相对性。在车厢S'系中,设车尾端A'和车头端B'的坐标分别为x'_1和x'_2,同时接收到来自M'光源的光信号,那么就有$\Delta t' = t'_2 - t'_1 = 0$, $\Delta x' = x'_2 - x'_1 \neq 0$,由洛伦兹变换式(12-13)可得

$$\begin{cases} t_1 = \dfrac{t'_1 + \dfrac{u}{c^2}x'_1}{\sqrt{1-\beta^2}} \\ t_2 = \dfrac{t'_2 + \dfrac{u}{c^2}x'_2}{\sqrt{1-\beta^2}} \end{cases} \Rightarrow \Delta t = t_2 - t_1 = \dfrac{(x'_2 - x'_1)\dfrac{u}{c^2}}{\sqrt{1-\beta^2}} \neq 0$$

同理可得

$$\Delta x = x_2 - x_1 = \dfrac{\Delta x' + u\Delta t'}{\sqrt{1 - \dfrac{u^2}{c^2}}} \neq 0$$

(x_1, t_1)、(x_2, t_2) 为在 S 系中观测两个事件(车厢 A' 端接收光信号和 B' 端接收光信号)的坐标,这表明 S' 系中不同地点同时发生的两个事件,对于 S 系的观察者来说不是同时发生的,"同时"具有相对意义,它与惯性参考系有关。而产生"同时性"相对性的原因就是,光在不同惯性系中具有相同的速率和光的速率是有限的。需要说明的是,如果是在一个惯性系中同一地点同时($\Delta x' = 0$,$\Delta t' = 0$)发生的两个事件,则在其他惯性系中观测也是同时发生的,也就是说,同地发生的事件,"同时性"具有绝对意义。

12.3.2 长度收缩:空间间隔的相对性

在经典物理学中,不论观察者相对于物体的速度如何,在所有的观察者看来,物体的长度都是一样的,即长短不变。那么,在洛伦兹坐标变换中,会发生什么样的变化呢?

如图 12-4 所示,有一标尺 AB 固定在惯性参考系 S' 中,假设 S' 系以速度 u 相对 S 系沿标尺长度方向(ox 轴)运动。在参考系 S' 中测量该标尺的长度为 $l_0 = x'_2 - x'_1$,其中 x'_1 和 x'_2 是 S' 系中的观察者测得沿 x' 轴方向上标尺 A 端和 B 端的坐标。我们将测量标尺 A 端坐标和测量标尺 B 端坐标记为事件 1 和事件 2,则在 S' 系中,两个事件的

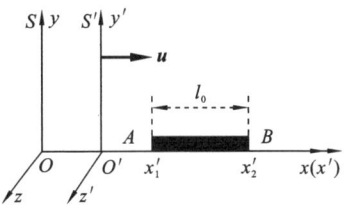

图 12-4

时空坐标可以分别表示为(x'_1, t'_1)和(x'_2, t'_2)。因为标尺相对于 S' 系静止,故将 l_0 称为标尺沿 x' 轴方向上的静止长度或原长。那么相对于 S 系来说标尺是运动的,处于 S 系中的观测者测得标尺的长度是多少呢?根据爱因斯坦的观点,"同时性"具有相对性,则长度的测量应该也有相对性。

设惯性系 S 中的观测者测量出标尺 A 端和 B 端的坐标分别为 x_1、x_2,则两个事件在 S 系中的时空坐标分别表示为(x_1, t_1)和(x_2, t_2),由洛伦兹坐标变换式,可得

$$x'_1 = \frac{x_1 - ut_1}{\sqrt{1-\beta^2}}$$

$$x'_2 = \frac{x_2 - ut_2}{\sqrt{1-\beta^2}}$$

故有

$$x'_2 - x'_1 = \frac{(x_2 - x_1) - u(t_2 - t_1)}{\sqrt{1-\beta^2}} \qquad (12\text{-}20)$$

式中：$l_0 = x'_2 - x'_1$，$l = x_2 - x_1$，其中 l 可以称为 S 系中测量标尺的运动长度。根据运动长度测量要求，应有 $t_2 = t_1$，故有

$$x'_2 - x'_1 = l_0 = \frac{x_2 - x_1}{\sqrt{1-\beta^2}} = \frac{l}{\sqrt{1-\beta^2}}$$

即

$$l = l_0 \sqrt{1-\beta^2} \qquad (12\text{-}21)$$

式(12-21)表明，当物体沿其长度方向、以速率 u 相对于某惯性系运动时，静止在该系中的观察者测得物体在运动方向上的长度 l 等于 l_0 的 $\sqrt{1-\beta^2}$ 倍，显然 $l < l_0$，也就是说在各惯性系中测量同一标尺的长度，原长为最长，这一现象称为**长度收缩效应**。一般情况下，这种收缩只有沿物体运动方向的长度发生收缩，这就是狭义相对论中长度的相对性。

此外还应该注意，当 $u \ll c$ 时，$\beta \approx 0$，此时有 $l \approx l_0$，可以认为在各个惯性系中测得的长度相等，也就是说在低速的情况下，我们所得到的结论通常都是如此。

【**例 12-3**】 一艘宇宙飞船，其静止长度为 10 m，当它在太空中相对于地球以 $u = 0.8c$ 的速率飞行时，地面上的观察者测得其长度为多少？

解 由 $l = l_0 \sqrt{1-\beta^2}$，其中 $\beta = \dfrac{u}{c} = 0.8$，

$$l = l_0 \sqrt{1-\beta^2} = 10 \times \sqrt{1-0.8^2} \text{ m} = 6 \text{ m}$$

即在地球上的观察者测得宇宙飞船的长度缩短了。

【**例 12-4**】 如图 12-5 所示，静止时边长为 50 cm 的立方体，当它沿着与它的一个棱边平行的方向相对地面以匀速度 $u = 2.4 \times 10^8$ m/s 运动时，在地面测得它的体积为多少？

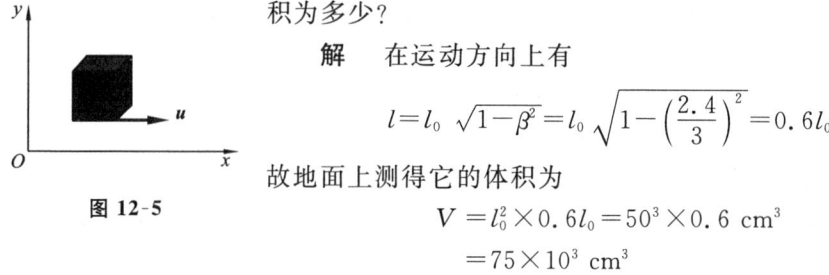

图 12-5

解 在运动方向上有

$$l = l_0 \sqrt{1-\beta^2} = l_0 \sqrt{1-\left(\frac{2.4}{3}\right)^2} = 0.6 l_0$$

故地面上测得它的体积为

$$V = l_0^2 \times 0.6 l_0 = 50^3 \times 0.6 \text{ cm}^3$$

$$= 75 \times 10^3 \text{ cm}^3$$

12.3.3 时间延缓：时间间隔的相对性

在狭义相对论中，时间间隔和空间间隔一样，同样具有相对性。下面根据洛伦兹坐标变换来进行讨论。

设某两个事件，在一惯性系 S 中发生在同一地点，对应时空坐标可以用 (x_1,t_1) 和 (x_2,t_2) 表示，且有 $x_2=x_1$。在惯性系 S' 中也来观测这两个事件，对应坐标用 (x_1',t_1') 和 (x_2',t_2') 表示。由洛伦兹坐标变换式，且考虑到 $\Delta x=x_2-x_1=0$，可得

$$t_1'=\frac{t_1+\dfrac{ux_1}{c^2}}{\sqrt{1-\beta^2}}$$

$$t_2'=\frac{t_2+\dfrac{ux_2}{c^2}}{\sqrt{1-\beta^2}}$$

$$\Delta t'=t_2'-t_1'=\frac{t_2-t_1}{\sqrt{1-\beta^2}} \tag{12-22}$$

或

$$\tau=\frac{\tau_0}{\sqrt{1-\beta^2}} \tag{12-23}$$

式中：$\beta=\dfrac{u}{c}$；$\tau_0=t_2-t_1$；$\tau=t_2'-t_1'$。狭义相对论中，将在一个惯性系中测得的发生在该惯性系中同一地点的两个事件之间的时间间隔称为原时，这里的 τ_0 显然为原时。τ 为在惯性系 S' 中测得的这两个事件的时间间隔。因为 $\dfrac{1}{\sqrt{1-\beta^2}}>1$，故 $\tau>\tau_0$。

由式(12-23)可知，时间间隔的测量也具有相对性，在不同惯性系中测量给定的两个事件之间的时间间隔，测得的结果中以原时最短，这样的现象称为**时间延缓效应**或者**时钟变慢效应**。

值得注意的是，当 $u\ll c$ 时，$\dfrac{1}{\sqrt{1-\beta^2}}\approx 1$，则在不同的惯性系中对两个给定事件间的时间间隔的测量结果相同，即 $\tau=\tau_0$，这种情况下时间间隔测量与参考系无关，又回到了经典力学中的绝对时间概念。这表明绝对时间概念只不过是狭义相对论的时间概念在低速情况下的近似。

时间延缓效应还表明，事件发生地的空间距离将影响不同惯性系中的观测者对时间间隔的测量，也就是说，时间间隔和空间间隔是紧密联系的。因此，它与时钟结构无关，是时空本身固有的性质，这也是狭义相对论时空观与经典时空观的区别所在。

【例 12-5】 带电 π 介子静止时的平均寿命为 2.6×10^{-8} s，某加速器射出的带

电 π 介子的速率为 2.4×10^8 m/s,试求:(1) 在实验室中测得这种粒子的平均寿命;(2) 这种 π 介子衰变前飞行的平均距离。

解 (1) "静止时的平均寿命"是在与相对静止的参考系中测得的 π 介子从产生到湮灭的时间,是原时。实验室相对 π 介子运动,则在实验室中测到的时间为

$$\tau = \frac{\tau_0}{\sqrt{1-\frac{u^2}{c^2}}} = \frac{2.6 \times 10^{-8}}{\sqrt{1-0.8^2}} \text{ s} = 4.33 \times 10^{-8} \text{ s}$$

(2) 衰变前在实验室通过的平均距离为

$$l = \tau u = 2.4 \times 10^8 \times 4.33 \times 10^{-8} \text{ m} = 10.4 \text{ m}$$

这一结果与实验符合得很好,从而证实了时间延缓效应。

12.4 爱因斯坦狭义相对论质点动力学

在牛顿力学中,根据牛顿第二定律

$$\boldsymbol{F} = m\frac{\mathrm{d}\boldsymbol{v}}{\mathrm{d}t}$$

质点的质量 m 认为是恒量。那么当质点持续地受恒力作用,质点会具有恒定的加速度,如果外力作用时间足够长,物体的速度会越来越快,最终以超光速运动,这与狭义相对论相违背,也与高能物理实验的结果相矛盾。因此,需要对牛顿力学方程加以修正,以满足狭义相对论的要求。

12.4.1 相对论动量和质量

动量守恒定律是一条普遍规律,在狭义相对论中也应该成立。如果使得动量守恒定律在洛伦兹变换下保持不变,从动量守恒定律出发,可推导出以速度 v 运动的物体质量与速度的关系为

$$m = \frac{m_0}{\sqrt{1-\left(\frac{v}{c}\right)^2}} = \frac{m_0}{\sqrt{1-\beta^2}} \quad (12\text{-}24)$$

式中:m_0 称为质点的静止质量。式(12-24)表明,在狭义相对论中,质量不再是一个恒量,而是与物体的运动速度有关系。当质点以一定速度相对于与观察者运动时,观察者所测得该质点的质量 $m > m_0$,物体的速度越大,质量也越大,所以在相对论里,质点的质量也具有相对性。1908 年,德国物理学家布雪勒成功地从实验上证实了相对论中的质速关系。

图 12-6 所示的是 m/m_0 与 v/c 的关系曲线。由图可以看出,当 $v \ll c$ 时,$m \approx m_0$,回归到牛顿力学;当质点速度 v 接近光速 c 时,质点的质量 m 变得非常大;如果 $v > c$ 时,则由式(12-24)可知,质量变成虚数,这是没有物理意义的! 所以,爱因斯坦认为

任何物体的运动速度都不能超过真空中的光速 c，光速是物体运动的极限速度。

由式(12-24)可得质点的相对论动量为

$$p = mv = \frac{m_0}{\sqrt{1-\beta^2}} v \qquad (12-25)$$

在定义了物体的相对论质量和动量后，可导出对洛伦兹变换保持形式不变的相对论质点动力学方程为

$$F = \frac{dp}{dt} = \frac{d}{dt}\left(\frac{m_0 v}{\sqrt{1-\beta^2}}\right) = m\frac{dv}{dt} + v\frac{dm}{dt}$$

(12-26)

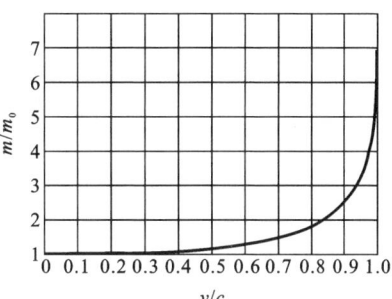

图 12-6

很容易看出，当 $v \ll c$，即当质点速率远小于光速时，$m \approx m_0$，则有

$$F = m_0 \frac{dv}{dt} = m_0 a$$

还原为牛顿第二定律表达式，说明牛顿力学是在低速运动条件下狭义相对论力学的很好的近似。

【例 12-6】 一个粒子，静止质量为 m_0，求该粒子在加速器中被加速到 $v = 2.7 \times 10^8$ m/s 时的质量。

解 由相对论质量公式可得

$$m = \frac{m_0}{\sqrt{1-\beta^2}} = \frac{m_0}{\sqrt{1-(2.7 \times 10^8/3 \times 10^8)}} = 3.2 m_0$$

12.4.2 相对论动能和质能关系式

在经典力学中，质点的动能表达式为

$$E_k = \frac{1}{2} m v^2$$

式中：m 为常量。在狭义相对论中，我们认为动能定理依然适用：质点动能的增量等于物体所受合力对质点所做的总功（力的空间效应）。下面根据动能定理来导出相对论中的质点动能公式。

假设力 F 作用于一质点，质点静止质量为 m_0，根据动能定理微分形式有

$$dE_k = F \cdot dr = \frac{d(mv)}{dt} \cdot dr = d(mv) \cdot v$$
$$= dm v \cdot v + m dv \cdot v = v^2 dm + mv dv \qquad (12-27)$$

根据质速关系式(12-24)可得

$$m^2 c^2 = m_0^2 c^2 + m^2 v^2$$

等式两边进行微分整理得

$$mv\mathrm{d}v + v^2\mathrm{d}m = c^2\mathrm{d}m \tag{12-28}$$

将式(12-28)代入式(12-27)得

$$\mathrm{d}E_k = \boldsymbol{F} \cdot \mathrm{d}\boldsymbol{r} = c^2\mathrm{d}m$$

设质点从位置 a 运动到位置 b，速度大小从 0 增至 v，质量从 m_0 变为 m，则有

$$E_k = \int_a^b \boldsymbol{F} \cdot \mathrm{d}\boldsymbol{r} = \int_{m_0}^m c^2\mathrm{d}m = mc^2 - m_0c^2 \tag{12-29}$$

即

$$E_k = mc^2 - m_0c^2 \tag{12-30}$$

这就是狭义相对论的动能表达式。

当 $v \ll c$ 时，有

$$\frac{1}{\sqrt{1-v^2/c^2}} = 1 + \frac{v^2}{2c^2} + \cdots \approx 1 + \frac{v^2}{2c^2}$$

则

$$E_k = \frac{m_0c^2}{\sqrt{1-v^2/c^2}} - m_0c^2 \approx \left(1 + \frac{v^2}{2c^2}\right)m_0c^2 - m_0c^2 = \frac{1}{2}m_0v^2$$

这就与牛顿力学的动能表达式相同了。由此可以看出，牛顿力学的动能表达式是狭义相对论动能表达式在物体运动速度远小于光速时的近似。

在质点动能表达式(12-29)基础上，爱因斯坦作了具有深刻意义的说明，他指出，m_0c^2 是质点静止时所具有的能量，又称为静止能量（静能）；mc^2 是质点运动时所具有的总能量，可用下列式表达为

$$\begin{aligned} E_0 &= m_0c^2 \\ E &= mc^2 \end{aligned} \tag{12-31}$$

该式即为**爱因斯坦质能关系式**。它表明一定的质量就对应一定的能量，揭示出质量和能量这两个重要的物理量之间有着密切的内在联系。式(12-29)就可以写为

$$E_k = mc^2 - m_0c^2 = E - E_0 \tag{12-32}$$

由式(12-31)可知，物体的能量每增加 ΔE，相应的质量也必定增加 Δm；反之，每减少 Δm 的质量，就意味着释放出 ΔE 的巨大能量，即

$$\Delta E = \Delta mc^2$$

也就是说，质量与能量是等价的，是可以相互转化的，少量的质量能够转换为十分巨大的能量。

质能关系式被后人称为"改变世界的方程"，是狭义相对论对人类最重要的贡献之一，为开创原子能时代提供了理论基础，可以说这是一个具有划时代意义的理论公式。

12.4.3 相对论动量和能量关系式

在相对论中，由质速关系式(12-24)可得

$$m^2 = \frac{m_0^2}{1-v^2/c^2}$$

整理得

$$m^2 c^4 = m^2 v^2 c^2 + m_0^2 c^4$$

由于 $E=mc^2$，$p=mv$，上式可以写为

$$E^2 = E_0^2 + p^2 c^2 \tag{12-33}$$

这就是相对论中同一质点能量 E-动量 p 的关系式，可用直角三角形表示出来，如图12-27所示。

对于光子来说，有 $m_0=0$，则 $E=pc$，所以光子动量为

$$p = \frac{E}{c} = \frac{h\nu}{c} = \frac{h}{\lambda} \tag{12-34}$$

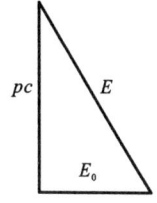

图 12-7

以上简单介绍了爱因斯坦狭义相对论的时空观和相对论动力学的一些重要结论。相对论的建立是物理学发展史上的一个里程碑，具有深远的意义。

【例 12-7】 若一电子的总能量为 $5.0\ \text{MeV}$，求该电子的静能、动能、动量和速率。

解 电子的静能为 $E_0 = m_0 c^2 = 0.512\ \text{MeV}$，电子的动能为

$$E_k = E - E_0 = 4.488\ \text{MeV}$$

由

$$E^2 = E_0^2 + p^2 c^2$$

得该电子动量为

$$p = \frac{1}{c}(E^2 - E_0^2)^{1/2} = 2.66 \times 10^{-21}\ \text{kg} \cdot \text{m} \cdot \text{s}^{-1}$$

由

$$E = \frac{E_0}{\sqrt{1 - \frac{v^2}{c^2}}}$$

得该电子速率为

$$v = c \left(\frac{E^2 - E_0^2}{E^2} \right)^{1/2} = 0.995c$$

【例 12-8】 一电子以 $v=0.99c$（c 为真空中光速）的速率运动，试求：

(1) 电子的总能量；

(2) 电子的经典力学动能与相对论动能之比（电子静止质量 $m_e = 9.11 \times 10^{-31}\ \text{kg}$）。

解 (1) 电子总能量为 $E = mc^2 = m_e c^2 / \sqrt{1-(v/c)^2} = 5.8 \times 10^{-13}\ \text{J}$

(2) 经典力学动能为 $E_{k0} = \frac{1}{2} m_e v^2 = 4.01 \times 10^{-14}\ \text{J}$

相对论动能为

$$E_k = mc^2 - m_e c^2 = \{[1/\sqrt{1-(v/c)^2}] - 1\} m_e c^2 = 4.99 \times 10^{-13} \text{ J}$$

$$\frac{E_{k0}}{E_k} = 8.04 \times 10^{-2}$$

本 章 小 结

1. 牛顿时空观

牛顿力学的时空观认为,物体运动虽然在时间和空间中进行,但时间的流逝和空间的性质与物体的运动彼此没有任何联系。绝对的、真正的和数学的时间自身在流逝着;绝对空间,就其本性而言,与外界任何事物无关,而且永远是相同的和不动的,以上就构成牛顿的绝对时空观,即长度和时间的测量与参照系无关。

2. 力学相对性原理

经典力学认为,相对不同的惯性系,力学的基本定律的形式都是相同的。力学相对性原理也可表述为:力学规律对于一切惯性系都是等价的。

3. 狭义相对论的两条基本假设

(1) 相对性原理:物理规律对所有惯性系都是一样的,不存在任何一个特殊的(如"绝对静止"的)惯性系。

爱因斯坦相对论原理是伽利略相对性原理(或力学相对性原理)的推广,它使相对性原理不仅适用于力学现象,而且适用于所有物理现象。

(2) 光速不变原理:在任何惯性系中,光在真空中的速度都相等。

4. 洛伦兹变换

根据相对论原理和光速不变原理得到了狭义相对论的坐标变换式,即洛伦兹变换:

$$\begin{cases} x' = \dfrac{x-ut}{\sqrt{1-\dfrac{u^2}{c^2}}} = \dfrac{x-ut}{\sqrt{1-\beta^2}} \\ y' = y \\ z' = z \\ t' = \dfrac{t-\dfrac{u}{c^2}x}{\sqrt{1-\dfrac{u^2}{c^2}}} = \dfrac{t-\dfrac{u}{c^2}x}{\sqrt{1-\beta^2}} \end{cases} \quad 或 \quad \begin{cases} x = \dfrac{x'+ut'}{\sqrt{1-\dfrac{u^2}{c^2}}} = \dfrac{x'+ut'}{\sqrt{1-\beta^2}} \\ y = y' \\ z = z' \\ t = \dfrac{t'+\dfrac{u}{c^2}x'}{\sqrt{1-\dfrac{u^2}{c^2}}} = \dfrac{t'+\dfrac{u}{c^2}x'}{\sqrt{1-\beta^2}} \end{cases}$$

5. 狭义相对论的时空观

1) 同时性的相对性

在某惯性系中不同地点同时发生的两个事件,在另一惯性系中观察则不同时。

2) 时间延缓(原时最短)

$$\tau = \frac{\tau_0}{\sqrt{1-\beta^2}}$$

式中:τ_0 为原时。

3) 长度收缩(原长最长)

$$l = l_0 \sqrt{1-\beta^2}$$

式中:l_0 为静止长度或原长。

6. 相对论质量、动能、能量

1) 相对论质量

在狭义相对论中,质量不再是一个恒量,而是与物体的运动速度有关。如果使得动量守恒定律在洛伦兹变换下保持不变,从动量守恒定律出发,可推导出以速度 v 运动的物体质量与速度的关系为

$$m = \frac{m_0}{\sqrt{1-\left(\frac{v}{c}\right)^2}} = \frac{m_0}{\sqrt{1-\beta^2}}$$

2) 相对论动能

$$E_k = mc^2 - m_0 c^2 = E - E_0$$

3) 相对论能量

$$E = mc^2$$

思 考 题

12.1 什么是经典力学相对性原理?它是怎么表述的?

12.2 狭义相对论的两个基本假设是怎样表述的?光速不变原理对新的坐标变换式提出了什么要求?

12.3 存在与真空中运动的光子相对静止的惯性系吗?

12.4 在狭义相对论中,洛伦兹变换是根据什么导出的?

12.5 根据你的理解,能否说出伽利略变换和洛伦兹变换的联系和区别。

12.6 相对论时空观与经典力学时空观有何不同?有何联系?

12.7 总能量相同的电子和质子,哪个粒子的动能大?

12.8 在高速飞船船舱的首尾分别向前和向后各发出一激光脉冲,那么从飞船上和地面上观察,这两个脉冲的速率各是多少?

12.9 若粒子的动能等于它的静止能量的一半,这时粒子的运动速度为多少?

12.10 在 K 惯性系中观测到相距 $\Delta x = 9 \times 10^8$ m 的两地点相隔 $\Delta t = 5$ s 发生两事件,而在相对于 K 系沿 x 方向以匀速度运动的 K' 系中发现这两事件恰好发生

在同一地点,试求在 K' 系中这两事件的时间间隔。

12.11 假设有一个静止质量为 m_0、动能为 $2m_0c^2$ 的粒子同一个静止质量为 $2m_0$、处于静止状态的粒子相碰撞并结合在一起,试求碰撞后的复合粒子的静止质量。

12.12 K 系与 K' 系是坐标轴相互平行的两个惯性系,K' 系相对于 K 系沿 Ox 轴正方向匀速运动。一根刚性尺静止在 K' 系中,与 x' 轴成 $30°$。现在 K 系中观测的该尺与 x 轴成 $45°$,则 K' 系相对于 K 系的速度是多少?

12.13 你是否认为在相对论中,一切都是相对的?有没有绝对性的方面?如有,则在哪些方面?试举例说明。

12.14 K 与 K' 系是两个惯性参考系,彼此做匀速相对运动,因此,在 K 系中的人观测到 K' 系中的时钟变慢了。在 K' 系中的人观测出 K 系中的时钟变慢了。那么究竟是谁的时钟变慢了?你认为这个矛盾该如何解决?

12.15 有两个事件,在惯性系 S 中发生在同一地点和同一时刻,在任何其他惯性系 S' 中是否也是同时发生?若在惯性系 S 中发生在同一时刻,不同地点,那么在惯性系 S' 中是否也发生在同一时刻?

练 习 题

12.1 π^+ 介子的平均固有寿命是 $\tau = 2.5 \times 10^{-8}$ s,现有以 $0.73c$ 运行的 π^+ 介子脉冲,其平均寿命是多少?在其平均寿命内,π^+ 介质行进的距离是多少?若不考虑相对论效应时,π^+ 介子运行的距离为多大?若以 $0.99c$ 运行,又将如何?

12.2 一根直杆位于 K 系中 xOy 平面。在 K 系中观察,其静止长度为 l_0,与 x 轴的夹角为 θ,求(1)直杆在 K' 系中的长度;(2) 直杆与 x' 轴的夹角 θ'。

12.3 设在 S' 系中静止立方体的体积为 L_0^3,立方体各边与坐标轴平行,试求在相对于 S' 系以速度 v 沿 S' 系中一坐标轴方向运动的 S 系中测得立方体的体积为多少?

12.4 一个电子以 $0.99c$ 的速率运动。设电子的静止质量为 9.1×10^{-31} kg,问:
(1) 电子的总能量是多少?
(2) 电子的经典力学的动能与相对论动能之比是多大?

12.5 两个电子以 $0.8c$ 的速率相向运动,它们的相对速度是多少?

12.6 在一个惯性系中,两个事件发生在同一地点而事件间隔为 4 s,若在另一惯性系中测得两事件的时间间隔为 6 s,试问它们的空间间隔是多少?

12.7 一列火车以可以与光速比拟的高速 u 驶过车站时,固定在站台上的两只机械手在车厢上同时划出两刻痕之间的距离为 1 m,则车厢上的观察者应测出这两个刻痕之间的距离为多少？

12.8 观察者甲和乙分别静止于两个惯性系 S 和 S' 中（S' 系相对于 S 系作平行于 x 轴的匀速运动）。甲测得在 x 轴上两点发生的两个事件的空间间隔和时间间隔分别为 500 m 和 2×10^{-7} s，而乙测得这两个事件是同时发生的。请问 S' 系相对于 S 系以多大速度运动？

12.9 观测者甲和乙分别静止于两个惯性系 S 和 S' 中，甲测得在同一地点发生的两个事件的时间间隔为 4 s，而乙测得这两个事件的时间间隔为 5 s，求：

（1）S' 相对于 S 的运动速度；

（2）乙测得这两个事件发生的地点之间的距离。

12.10 若从一惯性系中测得宇宙飞船的长度为其固有长度的 $\frac{4}{5}$，求：

（1）宇宙飞船相对于该惯性系的速率是多少？

（2）若在飞船中进行一物理实验，飞船中的时钟记录其持续时间为 1 个小时，则在该惯性系中的观测者认为该实验持续的时间为多少？

12.11 一匀质矩形薄板，在它静止时测得其长为 a，宽为 b，质量为 m_0。由此可算出其密度为 m_0/ab，假定该薄板沿长度方向以接近光速的速度 v 做匀速直线运动，求此时该矩形薄板的密度为多少？

12.12 在相对论中，在某地发生两事件，与该处相对静止的甲测得时间间隔为 4 s，若相对甲做匀速直线运动的乙测得时间间隔为 5 s，则乙相对于甲的运动速度为多少？

12.13 在相对论的惯性系 K 中，有两个静止质量都是 m_0 的粒子 A 和 B，分别以速度 v 沿同一直线相向运动，相碰后复合在一起成为一个粒子，试求该粒子的静止质量。

12.14 有一直尺固定在 K' 系中，它与 Ox' 轴的夹角 $\varphi'=45°$，如果 K' 系以匀速度沿 Ox 方向相对于 K 系运动，则 K 系中观察者测得该尺与 Ox 轴的夹角为多少？

12.15 一个粒子，(1) 从静止加速到 $0.100c$ 时；(2) 从 $0.900c$ 加速到 $0.980c$ 时，各需要外力对粒子做多少功？

12.16 在 K 系中，相距 $\Delta x=5.00\times10^6$ m 的两个地方发生两个事件，时间间隔为 $\Delta t=1.00\times10^{-2}$ s。而在相对于 K 系沿 x 轴匀速运动的 K' 系中发生这两个事件的地点之间的距离 $\Delta x'$ 为多少？

12.16 有下列几种说法，其中哪些说法是正确的？

（1）所有惯性系对物理基本规律都是等价的；

（2）在真空中，光的速度与光的频率、光源的运动状态无关；

（3）在任何惯性系中，光在真空中沿任何方向的传播速率都相同。

12.17 一发射台向东西两侧距离均为 L_0 的两个接收站 E 与 W 发射信号，如

图 12-8 所示。现有一飞机以匀速度 v 沿发射台与两接收站的连线由西向东飞行,试问在飞机上测得两接收站接收到发射台同一信号的时间间隔是多少?

12.18 粒子的静止质量为 m_0,当其动能等于其静能时,其质量和动量各等于多少?

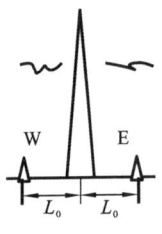

图 12-8

第13章 量子物理基础

第五次索尔维会议与会者合影（1927年）

如果说相对论是消除了经典物理学的内在矛盾并推广其应用范围，量子论则是开启了微观物理学的新天地。19世纪的物理学发展已经明确了宏观世界之外存在有微观世界，进一步的问题研究在于探索微观世界的物理规律。如果说证实原子与分子的存在意味着揭示物质结构在微小尺度上具有不连续性，那么早期量子论则揭示了能量在微小尺度上具有的不连续性。1900 年，M. 普朗克（前排左二）为拟合黑体辐射能量分布的实验数据，在经典物理学的理论无效之后，提出了包括作用量子 h 的量子论。1905 年，爱因斯坦（前排左五）根据光电效应存在能量阈值的规律，提出了在物理上更明确的具有能量为 $h\nu$ 的光量子这种基本粒子。1913 年，N. 玻尔（二排右一）提出了量子论的原子模型，认为原子中的电子处于确定的轨道上，处于定态，而束缚定态的能量是量子化的，在定态之间的量子跃迁则导致发光。玻尔用这种半经典的量子理论相当成功地解释了氢原子的光谱线系，但对于更复杂的原子光谱问题则遇到了困难。1924 年，L. V. 德布罗意（二排右三）正确地提出，正如电磁波具有粒子性质（光子）一样，具有粒子性质的电子等也应具有波动性。1925 年，W. K. 海森堡（后排右三）与 E. 薛定谔（后排左六）分别完成了量子力学的两种表述，全面地解读了纷繁繁复的原子光谱实验结果，强调了波动与粒子的二象性，原则上解决了原子结构的问题，并为阐明化学元素周期表奠定了理论基础。随后 P. A. M. 狄拉克（二排左五)将非相对论的薛定谔方程推广到(狭义)相对论的情形,建立了狄拉克方程,微观世界的规律终于确立。

处理多粒子的量子统计力学在这段时间也建立起来。微观同类粒子具有不可分辨性,而且粒子还有自旋和宇称。根据自旋的不同特点,微观粒子可分为费米子和玻色子,分别服从费米-狄拉克统计和玻色-爱因斯坦统计。这样科学家就掌握了大量微观粒子的统计规律。

第 13 章 量子物理基础

在经典物理学中,对于不同的宏观现象(如机械运动、热现象、电磁现象等),分别建立了粒子模型和波动模型,它们与人们的生活经验一致。然而,对于微观世界的现象及其属性规律,人类力所不逮,缺少直接感知。尽管如此,我们也要设想一些模型,借此来认识、分析和研究微观世界的特征和规律。尽管以日常经验来衡量,这些想象中的模型的某些方面可能十分古怪。微观粒子具有波粒二象性就是一例。重要的是,只要设想的模型与实验结果一致,它就能够在一定范围和条件下正确表示所研究的对象。

19 世纪末,经典物理已相当成熟,但发现一些实验无法用经典物理学解释。这就迫使人们跳出传统的物理学框架,去寻找新的解决途径,从而导致了量子理论的诞生。历史上,量子论首先是在黑体辐射问题上突破的。

13.1 黑体辐射与普朗克量子假设

13.1.1 热辐射、黑体辐射及其实验规律

1. 热辐射

中学物理告诉我们,不同物体间的热量交换有传导、对流和辐射等形式。辐射是物体与周围环境进行能量交换的一种普遍形式。观察实验显示,任何物体在任何温度下都在不断地向周围空间辐射不同频率组分的电磁波,辐射的总能量(功率)以及频率构成都与物体的温度有关。我们把这种与温度有关的辐射称为热辐射。

热辐射的定性规律一般是:温度越高,发射的总能量(功率)越大,频率组分中短波组分占比越高。室温下,单位时间内物体辐射的总能量很少,辐射能主要分布在波长较大的红外区域;随着物体的温度升高,单位时间内物体辐射的总能量大幅增加,低频成分占比增加,物体发出的可见光成分增加,物体将呈现不同的颜色。例如,观察不同温度下的铁块,可呈现不同的颜色,由常温到高温,会呈现出黑色(不发光)、暗红、橙色、白色等色态。

物体在辐射电磁波的同时,也吸收周围其他物体的辐射。当物体辐射的能量等于在同一时间内所吸收的能量时,辐射过程达到热平衡,称为平衡热辐射。此时物体的温度不再变化。以下的讨论限于平衡热辐射。

理论和实验均表明:物体的吸收本领越大,辐射本领也越大,反之亦然。能够吸收所有辐射的物体是吸收本领最大的物体,自然也是辐射本领最大的物体。这种物体称为黑体。因为黑体能够吸收任何投射来的辐射,实验测量黑体辐射,就无需考虑反射、透射等影响因素,测量就变得相对简单。关于处于不同温度状态下黑体的热辐射的实验测量在热辐射的实验测量中就具有代表性和典型意义。

2. 黑体热辐射及其实验规律

实际生活中并不存在绝对的黑体。用不透明材料制成的开一个小孔的空腔,小

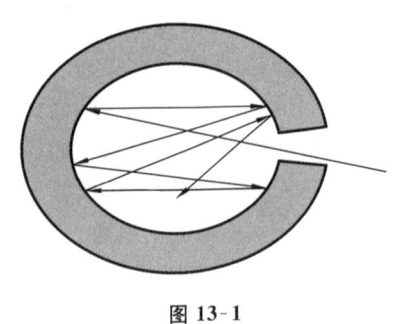

图 13-1

孔面积远小于空腔内表面积,射入的电磁波能量几乎全部被吸收。小孔能完全吸收各种波长的入射电磁波而成为黑体。

在空腔壁上开一个小孔,进入小孔的辐射在空腔内表面会发生多次反射和吸收,很难从空腔射出,这个空腔就成了一个绝对黑体,如图 13-1 所示。

在一定温度下,单位时间内从物体单位表面积发出的波长在 λ 附近单位波长间隔内的电磁波的能量,称为单色辐射出射度,简称单色辐出度,用符号 M 表示,单位为 W/m^3。一般而言,单色辐出度是物体温度 T 和辐射波长 λ 的函数。

在不同温度下,测得黑体的单色辐出度实验数据显示的实验规律是:单色辐出度 M 呈现连续分布,在波长很小和很大时,M 都趋于零;在每一个温度下都存在一个对应 M 最大的波长,称为峰值波长,温度越高,峰值波长越小。

1) 斯特藩-玻尔兹曼定律

黑体的辐射出射度(在一定温度下,单位时间内从物体单位表面积发出的各种波长的电磁波的能量之和),也称为黑体的辐射本领,可用单色辐射出射度 M 曲线下的面积表示,即

$$M_B(T) = \int_0^\infty M_{B\lambda}(T) d\lambda \tag{13-1}$$

实验测量表明:黑体的辐射出射度与黑体的温度的四次方成正比,即

$$M_B(T) = \sigma T^4 \tag{13-2}$$

式中:σ 称为斯特藩常数,实验测得 $\sigma = 5.670 \times 10^{-8}\ W/(m^2 \cdot K^4)$。

2) 维恩位移公式

黑体辐射光谱中对应辐射最强的峰值波长 λ_m 与黑体温度 T 之间满足关系:

$$\lambda_m = b/T \tag{13-3}$$

式中:常量 $b = 2.897756 \times 10^{-3}\ m \cdot K$。

维恩位移公式和斯特藩-玻尔兹曼定律是高温测量的物理基础。

13.1.2 普朗克的能量子假说

1. 经典物理学所遇到的困难

以经典物理学为基础,理论推导出的单色辐射出射度与辐射波长关系的理论公式都与实验测量结果不相符合,其中最典型的是维恩公式和瑞利-金斯公式。1896 年维恩假定谐振子(驻波)的能量按频率的分布满足麦克斯韦速度分布律,由此推导得到的公式称为维恩公式。与实验数据(曲线)对比:在高频段,理论公式与实验曲线

符合得很好；在低频段，理论公式与实验曲线有明显的偏离。

1900年，瑞利根据经典统计物理中的能量均分定理，假定辐射场中驻波的平均能量为 kT（后经金斯修正），理论推导出黑体辐射公式（瑞利-金斯公式）。该公式在低频段与实验曲线符合得很好，但在高频段，公式呈现发散（趋近于无限大），与实验曲线有明显的偏离——这一偏离，历史上称为"紫外灾难"。

2. 普朗克的能量子假说与普朗克公式

1900年，德国物理学家普朗克以维恩公式和瑞利-金斯公式为基础，拟合出新的黑体辐射单色辐射出射度公式

$$M_{B\lambda}(T) = 2\pi hc^2 \lambda^{-5} \frac{1}{e^{\frac{hc}{k\lambda T}} - 1} \tag{13-4}$$

式中：c 为真空中的光速；k 为玻尔兹曼常量；$h = 6.6260755 \times 10^{-34}$ J·s，被后人称为普朗克常数。式(13-4)也称为普朗克公式。

式(13-4)与不同温度下的黑体辐射实验测量数据均符合得很好。

当波长比较小时，普朗克公式可近似为

$$M_{B\lambda}(T) = 2\pi hc^2 \lambda^{-5} e^{-\frac{hc}{k\lambda T}} = C_1 \lambda^{-5} e^{-\frac{C_2}{\lambda T}} \tag{13-5}$$

即维恩公式。

当波长比较大时，普朗克公式可近似为

$$M_{B\lambda}(T) = 2\pi c \lambda^{-4} \frac{1}{kT} \tag{13-6}$$

即瑞利-金斯公式。

普朗克发现，要理论推导出公式(13-4)，就必须假设：对于频率为 ν 的电磁辐射，物体只能以 $h\nu$ 为单位进行发射或吸收。这就意味着，物体发射或吸收电磁辐射只能以一份一份的"量子"方式进行，每一份称为一个能量子，每个能量子的能量为 $\varepsilon = h\nu$。

能量不连续的概念是与经典物理学的基本理念完全不相容的。

当普朗克提出能量子的假设时，仅仅只是为了从理论上导出一个和黑体辐射实验规律相符的公式。但不连续的能量子的发射或吸收的概念对物理学的后续发展的影响却是极其深远的。能量子假设是对经典物理的巨大突破，它最终导致了一个新的理论量子力学的诞生。普朗克因此成为量子理论的奠基人，并荣获了1918年诺贝尔物理学奖，也因以他的名字命名的普朗克常数和普朗克公式而被后人永久铭记。

13.2 光 电 效 应

13.2.1 光电效应

在适当频率的光照射下，金属及其化合物发射电子的现象称为光电效应，所发射

的电子称为光电子。1887年,H. R. 赫兹最先发现这一现象,照射金属的是紫外光,发射出的是带电粒子;1897年 J. J. 汤姆逊发现电子后,P. 勒纳对光电效应做了进一步的系统实验研究。

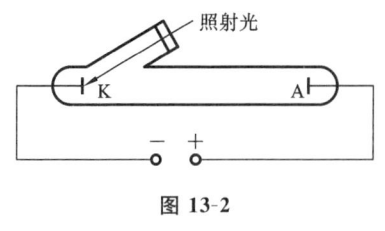

图 13-2

光电效应实验装置简图如图 13-2 所示。光通过石英玻璃窗口照射真空管的阴极 K,光电子从阴极表面逸出。在直流电场(电压)的作用下,光电子由阴极 K 向阳极 A 运动,形成光电流。实验中可以通过控制电源的电压和极性,照射光的强度、频率和照射时间,测量光电流的变化。

光电效应的实验基本规律包括:

(1) 截止频率。对于某一确定金属材料的阴极,只有当入射光频率 ν 大于某一频率 ν_0 时,才可能产生光电流。这一阈值频率 ν_0 称为红线频率。

(2) 无需时间积累。当入射光频率 ν 大于 ν_0 时,无论光多微弱,从光照射阴极到光电子逸出,弛豫时间很短,不超过 10^{-9} s。

(3) 饱和电流强度。当电源电压较小时,随着电源电压的增大,光电流增大;当电源电压较大时,光电流趋向于饱和。

饱和光电流 I_s 与入射光强 I 成正比。

(4) 遏止电压。当电源电压减小到零时,电流强度并不为零;当电源电压反向增大到某一值时,电流强度减小到零。这一电压值称为遏止电压。

遏止电压与光照强度无关。对于某一确定金属材料的阴极,遏止电压与光照频率成正比。

在对光电效应的上述实验规律的解释上,经典物理学遇到很大的困难。按照光的经典电磁理论,照射光为电磁波(变化的电场和磁场),光的强度与电场强度的平方成正比,与电场强度的变化频率无关。金属中的自由电子在电场中受力为 eE。电子受力越大,相应电子的动能越大。因此,电子吸收的能量与频率无关,更不存在截止频率。而且,电磁波的能量是连续地分布在波面上,电子在电磁波的照射下获得的能量是很有限的,能量的积累需要一段时间,光电效应不可能瞬时发生,特别是在照射光强度比较小的情况下。

13.2.2 爱因斯坦光电公式

1905 年,爱因斯坦借鉴普朗克的能量子的假设,提出一束电磁辐射是由以光速 c 运动的被局限于空间某一小范围的光量子(光子)组成,每一个光子的能量 ε 与辐射频率 ν 的关系为 $\varepsilon = h\nu$,其中 h 为普朗克常数。光子具有整体性,不可分割。一个光子只能整个地被电子瞬间吸收或发出。

光照射金属表面时,光子的能量被金属中的电子吸收。电子要从金属表面逸出,需要克服阻力做一定量的功,这一功的阈值与相应的金属材料有关,称为金属材料的逸出功(功函数)W,如钨的逸出功为 4.54 eV,锌的逸出功为 3.38 eV,而银的逸出功为 4.63 eV 等。入射光的频率较低时,获得了光子能量的电子尚不足以克服金属的逸出功而从金属表面逸出;只有当入射光的频率足够高,也就是每个光子的能量 $h\nu$ 足够大时,吸收了光子能量的电子有了足够的能量,才有可能逸出金属表面。从金属表面逸出的电子的动能具有一定的随机性,但根据能量守恒定律,逸出电子的最大初动能满足

$$\frac{1}{2}mv_m^2 = h\nu - W \tag{13-7}$$

此即爱因斯坦光电公式。以此为基础,可以完满解释光电效应的实验规律。

(1) 当入射光频率较低时,光子能量 $h\nu$ 小于阴极金属的逸出功 W。金属中的电子吸收了光子的能量,也不能逸出金属表面。因此,发生光电效应的入射光存在频率的下限,即红限频率。根据爱因斯坦光电公式,红限频率 ν_0 与金属的逸出功 W 满足

$$\nu_0 = \frac{W}{h} \tag{13-8}$$

(2) 电子与入射光子的相互作用类似于碰撞过程,电子吸收光子的能量瞬间完成,与入射光的强弱无关,发生光电效应不需要时间积累。

(3) 入射光的强弱对应单位时间内到达金属表面单位面积的光子的数目。在确定的光照强度和辐射频率条件下,当阳极与阴极之间的电压较小时,电压的高低影响电子从阴极到阳极的时间长短,电压越大电子运动的时间越短,光电流越大;当阳极与阴极之间的电压足够大时,电子从阴极到阳极的时间很短,决定光电流的主要因素是单位时间逸出金属表面的电子数目,入射光强度越大,光电子数目越大,电流越大。这一电流与电源电压无关,即电流趋于饱和,称为饱和电流 I_s。

(4) 改变电源电压的极性,当反向电源电压增大到某一值 U_0 时,逸出金属的光电子因为电场力的阻碍作用到达不了阳极,电流强度就减小到零。这一电压值即为遏止电压。

$$eU_0 = \frac{1}{2}mv_m^2 = h\nu - W \tag{13-9}$$

$$U_0 = \frac{h}{e}\nu - \frac{W}{e} \tag{13-10}$$

可以看出,遏止电压与光照强度无关。对于某一确定金属材料的阴极,遏止电压与光照频率成正比。实验中可以根据上式,通过测量遏止电压与照射光的频率,测量普朗克常数和金属材料的逸出功。

由于成功解释了光电效应,爱因斯坦获得了 1921 年诺贝尔物理学奖。

光电效应不仅有重要的理论意义,在实际生活中也广泛应用于光电转换、成像显示等领域。利用光电效应制成的光电成像器件,能将目标物体发出的可见或者不可

见的电磁辐射转换或者增强为适合记录、传输和观察的图像。以光电效应为基础的光电倍增管是一种能够将微弱的光信号转换成可测量的电信号的光电转换器件,具有较高的灵敏度,能测量微弱的光信号。

13.3 康普顿散射

13.3.1 康普顿散射

康普顿散射实验的实验装置示意图如图 13-3 所示。通过光阑的一束很窄的平行光(X 射线,波长很短的电磁波)照射到散射物体(石墨)上。运用 X 射线谱仪在不同的方向测量散射的 X 射线的强度和频率。

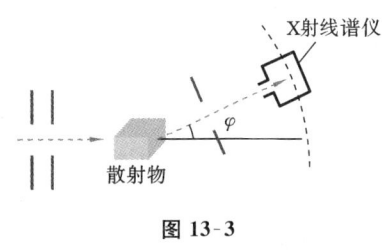

图 13-3

实验规律包括:

(1) 在不同方向散射的 X 射线中,除有波长与入射射线相同的成分外,还有波长较长的成分。波长的改变量与散射角度有关,即

$$\Delta\lambda = \lambda - \lambda_0 = \lambda_c(1 - \cos\varphi)$$

式中:λ_0 为入射波波长;λ 为散射波波长;φ 为散射角;λ_c 是一个常量,定义为电子的康普顿波长,实验测量可得 $\lambda_c = 0.0024263$ nm。

波长的偏移 $\Delta\lambda$ 只与散射角 φ 有关,而与散射物质及入射 X 射线的波长 λ_0 无关。

(2) 对于不同的散射物质,元素的原子越重(原子序数 Z 越大),散射的 X 射线中对应原波长 λ_0 的强度越大,对应增大波长 λ 的强度越小。

以上实验现象称为康普顿效应。康普顿因发现此效应而获得 1927 年诺贝尔物理学奖。

13.3.2 康普顿散射的实验解释

经典电磁理论无法解释康普顿散射实验中散射光波长的变化及其分布规律。按照经典电磁理论,入射 X 射线是电磁波,电磁波照射在散射物体上,物体中的分子(原子)做受迫振动,发出的散射光的波长与入射 X 射线波长相同,波长是不改变的。

运用光量子的概念,康普顿散射实验很容易得到解释。

假设 X 射线由光子组成,光子与散射物质中的处于弱束缚状态的电子发生完全弹性碰撞,且在碰撞过程中满足能量守恒定律与动量守恒定律。每一个光子的能量 ε 与辐射频率 ν 的关系为 $\varepsilon = h\nu$,其中 h 为普朗克常数。出于简化的目的,假设电子为静止的自由电子,如图 13-4 所示。

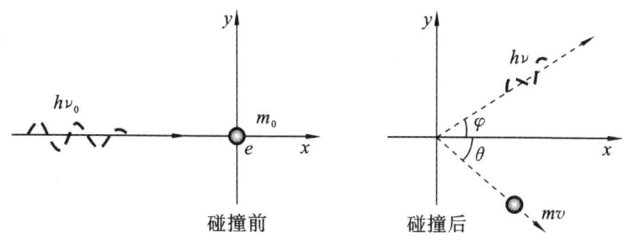

图 13-4

在碰撞过程中,光子把部分能量传给电子,能量与动量都减小,散射 X 射线频率变小而波长变长。利用能量与动量守恒定律有

能量守恒
$$h\nu_0 + m_0 c^2 = h\nu + mc^2 \tag{13-11}$$

动量守恒
$$h\nu_0/c = h\nu\cos\varphi/c + mv\cos\theta \tag{13-12}$$
$$0 = h\nu\sin\varphi - mv\sin\theta \tag{13-13}$$

解出的波长偏移:
$$\Delta\lambda = \lambda - \lambda_0 = \frac{h}{m_0 c}(1-\cos\varphi) \tag{13-14}$$

其中,$\lambda_c = \frac{h}{m_0 c} = \frac{6.626 \times 10^{-34}}{9.1 \times 10^{-31} \times 3 \times 10^8}$ m $\approx 0.024 \times 10^{-10}$ m。

λ_c 称为电子的康普顿波长,其值等于在垂直于 X 射线入射方向测得的散射光的波长的改变量。理论推导结果与实验数据完全符合。

在不同方向散射的 X 射线中,还存在着波长不变的成分。这种散射可以用入射 X 射线与原子内层的强束缚电子的弹性碰撞来解释,相当于入射光子与整个原子发生碰撞。在上面的公式中,只需要将电子的质量换成相应原子的质量,整个推导及其结论都是正确的。因为原子的质量远大于电子的质量,相应地康普顿波长将趋近于零,相对于入射光的波长,实际测量中散射光的波长几乎观察不到改变。

对于原子序数较小的轻物质,核外电子受到的库仑引力比较弱,处于弱束缚状态的电子占比较大,X 射线散射实验中测量到的散射光中波长改变了的成分就相对较强;相反,对于原子序数较大的重物质,核外电子受到的库仑引力比较强,处于弱束缚状态的电子占比较小,X 射线散射实验中测量到的散射光中波长改变了的成分就相对较弱。

康普顿散射实验及其理论解释,在更大的波长范围内证明了光子理论的正确性,有力地支持了"光量子"概念,再一次证实了普朗克假设 $\varepsilon = h\nu$ 的正确性;首次用实验证实了爱因斯坦提出的"光子具有动量"的假设;也证实了在微观领域的单个碰撞事件中,动量和能量守恒定律仍然是成立的。

13.4 玻尔氢原子理论与氢原子光谱

1911年,卢瑟福(E. Rutherford)的 α 粒子散射实验证明,原子的中心是一个很小的核,即原子是由带正电的原子核和核外带负电的电子共同组成,原子核和核外电子间存在着静电力作用。这种原子的有核模型类似于万有引力作用下的天体运动模型。原子核相当于太阳,核外电子则相当于围绕太阳运动的行星。这种行星模型的原子结构在处理原子的稳定性和原子的光谱问题时,却存在着内在的矛盾。

根据电动力学原理,任何做加速运动的带电体都要不断地发射电磁波。电子围绕着原子核的圆周运动或者椭圆运动属于加速运动,也要不断地发射电磁波,能量因此不断减小,圆周运动的半径(椭圆运动的长轴的长度)也不断减小,最后必然会落到原子核上去。原子的行星模型与原子的稳定性的客观事实相矛盾。

在真空二极管中充入少量某种气体(如氢气),在直流高电压(2~3 kV)的作用下,气体分子会发生电离。通过测量不同的气体放电管发出的光的频率(或者波数,即波长的倒数)组分,可以进一步总结出这些线状光谱频率具有一定的规律。在长期的实验研究中,首先发现的是氢原子光谱的实验规律:

$$\tilde{v}=\frac{1}{\lambda}=R_{\mathrm{H}}\left(\frac{1}{m^2}-\frac{1}{n^2}\right) \tag{13-15}$$

式(13-15)通常称为里德伯公式,其中常数 R_{H} 称为里德伯常量,实验测量值为 10967760 m^{-1}。m、n 为正整数(波数和波长均为正值,故整数 m 小于 n)。

经典物理不能解释原子的线状分立光谱,更不能解释这些线状光谱波长分布的实验规律。

13.4.1 玻尔的氢原子理论

在前人(特别是普朗克、爱因斯坦、卢瑟福等)大量的实验工作和理论研究的基础上,1913年丹麦物理学家波尔(N. Bohr)提出了下面的四条假设(波尔的氢原子理论),为原子结构的量子理论奠定了基础。波尔因此获得了1922年诺贝尔物理学奖。

(1) 定态假设:原子内的核外电子只能处于不连续的确定圆周轨道上,电子处于每一个确定的圆周轨道时都具有确定的运动状态和确定的能量,电子在一定轨道绕核运动时不辐射能量。

(2) 频率假设:电子可以从一个轨道跃迁到另一个轨道,跃迁时整个地吸收或者发射一个光子,吸收或者发射光子的能量等于两个不同轨道能级的差值。

假设电子处在较高能级时能量为 E_n,处于较低能级时能量为 E_k,则电子在二者之间跃迁时,发射或吸收光子的频率满足

$$h\nu=E_n-E_k \tag{13-16}$$

式中:h 为普朗克常数,$h=6.626\times10^{-34}$ J·s。

（3）轨道角动量量子化假设:电子绕核运动的轨道动量矩 L 只能取一些分立值:

$$L=n\frac{h}{2\pi}=n\hbar, \quad n=1,2,3,\cdots \tag{13-17}$$

（4）电子绕原子核的轨道运动是库仑力作用下的圆周运动,库仑力充当向心力。

$$m\frac{v^2}{r}=\frac{e^2}{4\pi\varepsilon_0 r^2} \tag{13-18}$$

考虑轨道角动量满足

$$L^2=m^2v^2r^2=n^2\hbar^2$$

相除得

$$\frac{1}{mr_n}=\frac{e^2}{4\pi\varepsilon_0 n^2\hbar^2}$$

所以

$$r_n=\frac{4\pi\varepsilon_0 n^2\hbar^2}{me^2}=n^2\frac{\varepsilon_0 h^2}{\pi me^2}, \quad n=1,2,3,\cdots \tag{13-19}$$

氢原子中的核外电子只能处于以上不连续的圆周轨道上做匀速圆周运动。当 $n=1$ 时,$r_1=5.29\times10^{-11}$ m 称为玻尔半径,是最小的圆轨道半径。

电子的能量包括动能和静电引力势能。由式(13-18)可得

$$\frac{1}{2}mv^2=\frac{e^2}{8\pi\varepsilon_0 r} \tag{13-20}$$

式(13-20)显示,做匀速圆周运动的电子,动能与势能具有确定的大小关系:动能的值等于势能的绝对值的一半。考虑到势能为负值,故电子的能量为其势能的一半,仍为负值。负值表示电子处于束缚状态。

$$E_n=E_K+E_P=-\frac{e^2}{8\pi\varepsilon_0 r_n}=-\frac{1}{n^2}\frac{me^4}{8\varepsilon_0^2 h^2} \tag{13-21}$$

可以看出,氢原子中的核外电子的能量只能是一系列不连续的分立值,称为能级。

氢原子的能级分布如图 13-5 所示。当 $n=1$ 时,电子处于能量最小的状态,称为基态;其他状态时电子能量较高,称为激发态。当 $n=2,3,4,\cdots$ 时,分别为第一激发态、第二激发态、第三激发态,$\cdots$。当 n 取无穷大时,电子的能量为零,电子被电离。电子从任何一个束缚状态被激发到能量为零（n 取无穷大）的状态所需要的能量称为电离能。电子的能量大于零时,能量不再是分立的,可以取连续变化的任意值,电子不属于某一确定原子核,为自由电子。

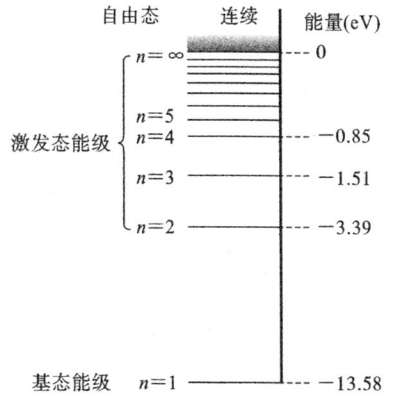

图 13-5

基态能级为
$$E_1 = -\frac{me^4}{8\varepsilon_0^2 h^2} = -2.17 \times 10^{-18} \text{ J} = -13.58 \text{ eV}$$

能级可表示为
$$E_n = \frac{1}{n^2} E_1 \quad n = 1, 2, 3, \cdots$$

基态氢原子的电离能
$$E = E_\infty - E_1 \approx 13.6 \text{ eV}$$

玻尔理论可以很好地解释里德伯公式。

设 $E_m < E_n$（此时 $m < n$），根据频率假设（见式(13-16)），发射的光子频率满足
$$\nu = \frac{|E_m - E_n|}{h}$$

用 $E_n = -\frac{1}{n^2} \frac{me^4}{8\varepsilon_0^2 h^2}$ 代入上式可得
$$\nu = \frac{me^4}{8\varepsilon_0^2 h^3} \left(\frac{1}{m^2} - \frac{1}{n^2} \right)$$

相应的波数为
$$\tilde{\nu} = \frac{1}{\lambda} = \frac{\nu}{c} = R \left(\frac{1}{m^2} - \frac{1}{n^2} \right)$$

式中：$R = \frac{me^4}{8\varepsilon_0^2 ch^3}$。

将电子的质量与电量，真空的介电常数与光速，普朗克常数的数值代入，计算可得 $R = 10973732 \text{ m}^{-1}$，与实验值 $R_H = 10967760 \text{ m}^{-1}$ 符合得很好。

13.4.2 氢原子光谱系

氢原子光谱中，电子从不同的高能级初态跃迁到同一低能级末态时，产生的一系列不同频率的光，称为一个谱线系，从能量等于零的状态跃迁产生的光的波长（波数）称为该谱线系的谱线系限。末态为 $m = 1, 2, 3$ 的三个谱线系波长分别分布在紫外区、可见光区和红外区，是较早发现的谱线系，分别称为赖曼系、巴耳末系和帕邢系，如图 13-6 所示。

赖曼系（紫外区）
$$\tilde{\nu} = R \left(\frac{1}{1^2} - \frac{1}{m^2} \right), \quad m = 2, 3, 4, \cdots$$

巴耳末系（可见光区）
$$\tilde{\nu} = R \left(\frac{1}{2^2} - \frac{1}{m^2} \right), \quad m = 3, 4, 5, \cdots$$

帕邢系（红外区）

$$\tilde{\nu} = R\left(\frac{1}{3^2} - \frac{1}{m^2}\right), \quad m = 4, 5, 6, \cdots$$

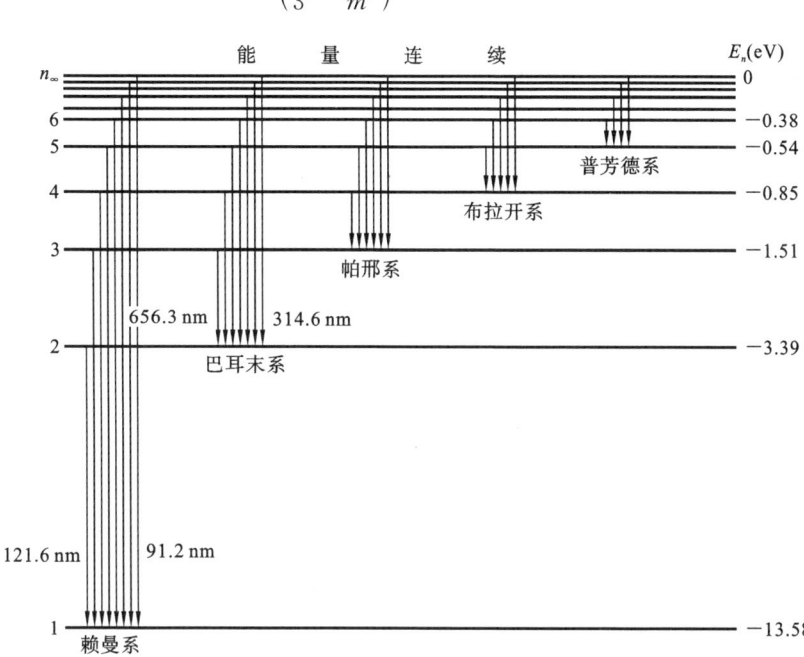

图 13-6

在氢原子的各个定态中,当 n 很大时,不同能级的能量差变得很小,量子化特征变得不明显而呈现能量连续变化的经典物理特征,量子理论过渡到经典理论。经典物理是量子物理在量子数很大时的极限情况。

玻尔的理论能解释氢原子的光谱分布规律,与类氢离子(核外只有一个电子的体系,如氦的一价离子、锂的二价离子等)的光谱分布规律也较好地符合,但不能解释稍复杂的原子的光谱,更不能解释原子光谱线的"精细结构"(一条谱线实际上由相靠很近的若干条谱线组成)和"塞曼效应"(谱线在匀强磁场中发生分裂的现象)。玻尔理论实质上是经典理论加量子条件的混合组成,并不是一个内部自洽的完整理论系统。但其中的定态能级和能级跃迁决定谱线频率的观点是非常重要的基本概念,与后续逐步发展起来的量子理论相应内容相一致。

【例 13-1】 1885 年,巴耳末用下列经验公式(巴耳末公式)表示了图 13-7 中氢原子可见光谱各谱线的波长。试证明巴耳末公式与玻尔跃迁公式(假设)的一致性。

$$\lambda = B \frac{n^2}{n^2 - 4}$$

式中:B 是恒量,$B = 364.57$ nm;n 为正整数。当 $n = 3, 4, 5, \cdots$ 时,上式分别给出 H_α、H_β、H_γ、H_δ 等谱线的波长。

证 上述巴耳末公式可改写为

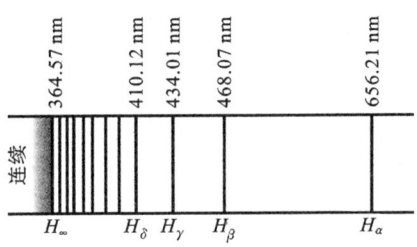

图 13-7

$$\nu = \frac{c}{\lambda} = \frac{c}{B}\left(1 - \frac{4}{n^2}\right) = \frac{4c}{B}\left(\frac{1}{2^2} - \frac{1}{n^2}\right)$$

或

$$\tilde{\nu} = \frac{1}{\lambda} = R\left(\frac{1}{2^2} - \frac{1}{n^2}\right)$$

式中：$R = \frac{4}{B} = 1.096776 \times 10^7 \text{ m}^{-1}$，与前述里德伯常量一致。

【例 13-2】 假设氢原子的光谱中，某一光谱线的波长 $\lambda = 434.0$ nm，试求：

（1）与这一谱线相应的光子能量为多少电子伏特？

（2）假设该谱线是氢原子由某一初始能级跃迁到第一激发态时产生的，初始能级值为多少？

（3）初始处于 $n = 5$ 能级的氢原子，最多可以发射几条谱线？这些谱线分别属于哪些线系？说明波长最短的是哪一条谱线。

解（1）$h\nu = hc/\lambda = 2.86$ eV

（2）由于此谱线是巴耳末线系，$m = 2$，

又 $\qquad E_m = E_1/2^2 = -3.4$ eV $\quad (E_1 = -13.6 \text{ eV})$

$$E_n = E_1/n^2 = E_m + h\nu$$

所以 $\qquad n = \sqrt{\dfrac{E_1}{E_K + h\nu}} = 5$

（3）共可发射 10 条谱线，分属于四个线系。波长最短的是赖曼系中由 $n = 5$ 跃迁到 $n = 1$ 的谱线。

13.5 波粒二象性

13.5.1 德布罗意假设

黑体辐射、光电效应、康普顿散射等实验现象反映出，不同频率的光既具有波动性，又具有粒子性，即光本性上具有波粒二象性。光在不同的场合下反映出不同的特

性。一束光在传播过程中,单个光子能量小,粒子性特征不明显,观察到的是大量光子的平均效果,光突出地显示出其波动性,可观察到宏观的光的干涉和衍射现象;在光与物质相互作用时,单个光子与物质微观粒子相互作用,光突出地显示出其粒子性,光子具有确定的能量和动量。描述光的波动性特征用参数光的波长 λ 和频率 ν;描述光的粒子性用参数能量 ε 和动量 p。

$$\varepsilon = h\nu = mc^2 \tag{13-22}$$

$$p = \frac{h}{\lambda} = mv \tag{13-23}$$

自然界在许多方面都显示出明显的对称的特性。既然光本性上具有波动性和粒子性,那么其他实物粒子,如电子等,是否也应具有波粒二象性?

1924 年,德布罗意推广了光具有波粒二象性的特点,假设所有实物粒子都具有波动性,即所有实物粒子都具有波粒二象性。上述能量和动量关系不仅仅适用于光子,也适用于其他实物粒子。

德布罗意假设将适用于一种粒子的特殊结论推广为适用于所有粒子的具有普适性的一般结论,为后来的实验所证实。波粒二象性是所有实物粒子都具有一般规律。

13.5.2 波粒二象性的应用

根据波粒二象性,玻尔理论中氢原子处于定态时的角动量量子化条件不再是一个生硬的假设,而是一个自然的推论。

处于定态的氢原子,核外电子在运动过程中不辐射电磁波;波动在介质中传递的过程伴随着能量的传播,两个振幅相同、传播方向相反的相干波叠加形成驻波,驻波不伴随能量的定向传播。电子具有波粒二象性,处于定态的电子可以用驻波来描述。

根据

$$p = \frac{h}{\lambda} = mv$$

结合驻波条件

$$n\lambda = 2\pi r$$

得

$$r = \frac{n\lambda}{2\pi}$$

角动量

$$L = rp = \frac{n\lambda}{2\pi}\frac{h}{\lambda} = n\frac{h}{2\pi}$$

此即玻尔理论中氢原子处于定态时的角动量量子化条件。

按照波粒二象性,可以计算出经过电场加速的自由电子的德布罗意波长,通过实验观察电子的干涉和衍射现象,从而验证波粒二象性公式的正确性。

低速情况下,忽略相对论效应,处于静止状态下的自由电子,经过电场加速后,动能满足

$$\frac{1}{2}m_0v^2=eU$$

式中:U是加速电压;e、m_0分别表示电子的电量和质量。由上式解出电子的速度v为

$$v=\sqrt{\frac{2eU}{m_0}}$$

代入式(13-23)即可求得电子的德布罗意波长

$$\lambda=\frac{h}{m_0v}=\frac{h}{\sqrt{2em_0}}\left(\frac{1}{\sqrt{U}}\right)=\frac{1.226}{\sqrt{U}}\quad(\text{nm})\tag{13-24}$$

高速情况下,即电子的运动速度v与真空中的光速c可以比较时,按照相对论质量动量关系

$$p^2c^2=E^2-E_0^2=E_k^2+2E_kE_0$$

$$p=\frac{\sqrt{(2E_0+E_k)E_k}}{c}$$

代入式(13-23)即可求得电子的德布罗意波长

$$\lambda=\frac{h}{p}=\frac{hc}{\sqrt{(2E_0+E_k)E_k}}\tag{13-25}$$

式中:E_k表示电子的动能,

$$E_k=mc^2-m_0c^2=eU$$

13.5.3 实物粒子波动性的实验验证

1927年戴维逊和革末一起完成的电子束在晶体表面的散射实验,证实了电子的波动性。从阴极射线管中发出的电子束,经过电压U加速后,掠入射到镍单晶上,反射后用收集器收集。实验发现,只有加速电压U为某些特定值时,回路中的电流I才会出现极大值。

按德布罗意假设,电子具有波粒二象性,电子束在晶体表面的散射,与X射线在晶体表面的布拉格衍射相似。表示电子波动性的波长λ只有为一些特定值时,散射波才会取极大值,对应散射电子数为极大,回路中的电流I出现极大值。即电子射线投射单晶后,只有波长λ满足布拉格公式

$$2d\sin\varphi=k\lambda,\quad k=1,2,3,\cdots\tag{13-25}$$

时才能反射最强、电流有极大值。

在戴维逊-革末实验中,镍单晶晶格常数$d=0.91\times10^{-10}$ m,电子束入射角$\varphi=$

65°；根据布拉格公式（$k=1$）计算的结果为 $\lambda\approx 0.165$ nm；实验结果发现当加速电压 $U=54$ V 时的 I 有极大值。用 $\lambda=\dfrac{1.226}{\sqrt{U}}$ 计算出 $\lambda\approx 0.169$ nm。实验与理论非常吻合。戴维逊-革末实验有力地证明了德布罗意物质波假设的正确性。

1927 年，汤姆逊做的电子通过金多晶薄膜的衍射实验，得到的电子的衍射图样如图 13-8 所示，进一步证明了物质波假设的正确性。

图 13-8

13.5.4 玻恩对德布罗意波的统计解释

1926 年，德国物理学家玻恩提出电子流出现峰值（或电子衍射实验中的亮纹处）即电子出现的概率大的地方，非电子流峰值或暗纹处，电子出现的概率小，即物质波是概率波的解释。图 13-9 所示的是电子的双缝干涉图样，可以看出，个别粒子在何处出现，有一定的偶然性。但大量粒子在空间不同位置处其出现的概率就服从一定的规律并形成一条连续的分布曲线。所以微观粒子空间分布表现为具有连续特征的波动性，这就是微观粒子波动性的统计解释。

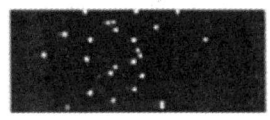

（a）28个光子

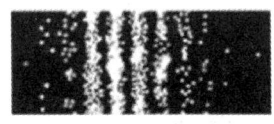

（b）1000个光子

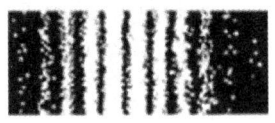

（c）10000个光子

图 13-9

微观粒子具有波粒二象性，并且具有能量和动量，但不同于经典的宏观粒子，粒子性表示其具有"原子性"或"整体性"，即不可分割性。微观粒子不具有确定的运动轨道。

微观粒子波动性表示的是大量微观粒子的平均特征，具有频率和波长，具有波的"可叠加性"，可产生"干涉""衍射""偏振"等。物质波不是经典的波，不代表实在的物理量的波动。

【例 13-3】 当电子的德布罗意波长与 $\lambda=550$ nm 的可见光的波长相同时，求它的动能。

解 根据相对论能量和动量关系，电子的能量

$$E=\sqrt{c^2p^2+E_0^2}=\sqrt{c^2\left(\dfrac{h}{\lambda}\right)^2+E_0^2}$$

其中电子的静能

$$E_0=m_0c^2\approx 0.51 \text{ MeV}$$

根号下第一项

$$c^2\left(\frac{h}{\lambda}\right)^2 = (hc/\lambda)^2 = \left(6.63\times10^{-34}\times3\times10^{8}\times\frac{1}{5500\times10^{-10}}\right)^2$$
$$\approx (2.26\ \text{eV})^2 \ll (0.51\ \text{MeV})^2$$

故忽略相对论效应,电子的动能
$$E_K = p^2/(2m) = (h/\lambda)^2/(2m) = 5.0\times10^{-5}\ \text{eV}$$

电子的定向运动很不明显,很难在可见光的波长范围观察到电子的干涉和衍射现象。

13.6 不确定关系

不确定关系是波粒二象性的必然结果。微观粒子同时兼具波动性(波长和频率)和粒子性(能量和动量),确定了粒子的动量即可确定物质波的波长,确定了波长就意味着空间的无处不在,所以微观粒子的动量和位置(轨迹)不能同时确定,如同宏观粒子一般。

13.6.1 电子的单缝衍射中的不确定关系

可见光通过狭缝后会产生衍射现象,在狭缝后的观察屏上可观察到清晰的明暗相间的衍射条纹。条纹宽度(或者半角宽度)随着狭缝宽度的减小而增大,如图 13-10 所示。电子具有波动性,电子束通过狭缝时的情况与可见光类似,也会产生相应的衍射条纹,只是狭缝的宽度要与相应电子束的物质波波长相对应,要比可见光通过时能产生明显的衍射条纹的狭缝宽度要小得多,因而实验也就更困难更复杂。但基本原理和分析方法,包括条纹分布等结论都基本相同。

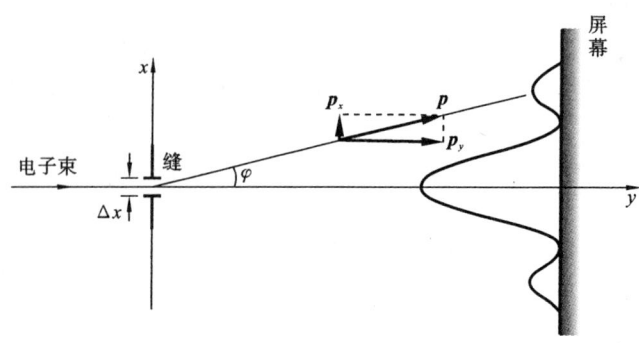

图 13-10

在图 13-10 中,一束光子(电磁波)沿 y 轴方向运动,在通过狭缝之前,在 x 轴方向光子的动量是完全确定的($p_x=0, \Delta p_x=0$),位置则是完全不确定的($\Delta x=\infty$)。

光束通过狭缝时,在 x 轴方向上,光子的位置被限制在狭缝宽度的范围内,为有限值,相应地光子沿 x 轴方向的动量就不再是确定的值,而是有一定的范围(Δp_x 不再为零)。因此,通过单缝的光子不再是只沿着 y 轴向前运动,动量有了一定的角分布,在观察屏上呈现的落点就不再是位于 y 轴上的一个中心点,而是散布在一衍射角 $\Delta\varphi$ 范围内,呈现出一定的分布特征。

为简单起见,只考虑衍射的中央明纹,则其半角宽 φ 可根据光的单缝衍射公式求得,即

$$\Delta x \sin\varphi = \lambda \tag{13-26}$$

式中:Δx 为狭缝的宽度。

通过狭缝时的光子的 x 坐标的不确定范围即为狭缝的宽度 Δx。

x 轴方向动量的最大值(即 x 轴方向动量的不确定范围)可取观察屏上对应落点位于中央极大边缘点的光子的动量,即

$$\Delta p_x = p_x = p\sin\varphi$$

将式(13-26)代入上式,可得

$$\Delta p_x = p\lambda/\Delta x$$

再利用德布罗意公式

$$\lambda = h/p$$

可得

$$\Delta x \Delta p_x \approx h$$

考虑一级以上的条纹,上式可修正为

$$\Delta x \Delta p_x \geqslant h \tag{13-27}$$

量子力学给出的严格结果则略有不同,即

$$\Delta x \Delta p_x \geqslant \frac{1}{2}\hbar \tag{13-28}$$

式中:常量 $\hbar$ 称为约化普朗克常数,$\hbar = \dfrac{h}{2\pi} = 1.0545887 \times 10^{-34}$ J·s。

在量子力学中,一些物理量有成对的关系,如能量和时间、动量和位置、角动量和角位置等,其中一个量越确定,相应的另一个量就越不确定,二者的乘积存在下限,这个共同的下限就是 $\dfrac{1}{2}\hbar$。这就是量子力学中的**不确定关系**。

不确定关系指出了自然界中固有的不确定性,而不是量子力学理论本身具有缺乏准确性的缺点。不确定关系也称为不确定原理,是 1927 年德国物理学家 W. 海森伯首先提出的。

式(13-27)、式(13-28)即微观粒子的动量与位置的不确定关系。这一不确定关系表明:如果限制(缩小)微观粒子的 x 坐标,则增大了粒子在 x 轴方向动量的可能范围;对粒子的坐标 x 测量得越精确(Δx 越小),粒子动量的不确定性 Δp_x 就越大。

事实上,式(13-27)、式(13-28)只是微观粒子的动量和位置的不确定关系在 x 轴方向的分量表达。这一关系在任意方向都是成立的。

13.6.2 时间与能量的不确定关系

量子力学中,描述粒子运动状态的时间与能量两个物理量之间,也存在着同样的不确定关系,即

$$\Delta E \, \Delta t \geqslant \frac{1}{2}\hbar \tag{13-29}$$

这一关系的含义是:如果测量(控制)粒子的时间精确程度越大(Δt 越小),则测得粒子能量的精确程度就越小,二者的乘积的下限是 $\frac{1}{2}\hbar$。

需要提醒的是,不确定关系是微观世界粒子运动的基本规律,Δx、Δp_x 本质上是由粒子的坐标和动量的统计分布规律所决定的,而与对它们是否进行测量并没有直接关系,更不是由何种测量技术和仪器的精度所引起的,尽管一些教科书将这一原理称为"测不准关系"或者"测不准原理"。

能量与时间的不确定关系可用于解释物质原子发光光谱的自然宽度问题。

在 13.4 已介绍过,氢原子的光谱线是分立的谱线,更精确的测量显示其中每一个谱线都不是严格的单一波长和频率,而是包含着分布在一定范围的很多频率,即频谱存在一定的范围(宽度)。其他物质原子的发光光谱也是如此。

处于基态的氢原子受到某种激励后,核外电子可能从基态跃迁到某一激发态。处于激发态的氢原子是不稳定的,核外电子会自发地跃迁到更低的能级,跃迁过程中的辐射称为自发辐射。原子处于某一激发状态的时间称为寿命,同种原子处于同一激发态的寿命并不相等,类似于人的寿命,也都服从统计规律。同类原子处于某一激发状态的时间的平均值称为平均寿命。

根据能量和时间的不确定关系式(13-29),原子的某个激发态的平均寿命越小(Δt 越小),该激发态对应的能级宽度越大(ΔE 越大),相应的自发辐射谱线宽度也就越大,这一宽度称为原子光谱的自然宽度。可以看出,原子光谱的自然宽度是一种客观存在,严格意义上的单色光在现实中是不存在的。

基态是原子最稳定的状态,平均寿命最长,基态的能级宽度最小;激发态平均寿命较小,数量级一般为 $10^{-9} \sim 10^{-7}$ s,能级宽度较大,数量级在 10^{-8} eV 左右。某些原子中存在一些平均寿命较长的激发态,称为亚稳态。这些物质可用于激光器的工作物质。

在不太严格的数量级的估算中,不确定关系式(13-28)、式(13-29)均取等号。

【例 13-4】 用不确定关系说明原子中电子运动不存在确定的轨道。

解 氢原子的玻尔半径为

$$r_1 = \frac{\varepsilon_0 h^2}{\pi m e^2} = 0.529 \times 10^{-10} \text{ m}$$

假设原子的线度为 10^{-10} m，原子中的电子被限制在原子中，因此位置的不确定量可取原子的线度。

$$\Delta x = 10^{-10} \text{ m}$$

根据不确定关系式(13-28)，可得

$$\Delta p_x \approx \frac{\hbar}{2} \frac{1}{\Delta x}$$

其中 $p_x = mv_x$，符号 m 为电子的质量。

故

$$\Delta v_x = \frac{\Delta p_x}{m} \approx \frac{\hbar}{2m} \frac{1}{\Delta x} \approx 10^6 \text{ m/s}$$

由氢原子的玻尔理论，可以估算出电子的运动速度大小的数量级也是 10^6 m/s。速度的不确定程度与速度本身数值属同一数量级，故电子没有确定的速度，也就没有确定的轨道。经典力学中描述宏观物体运动的轨道(轨迹)概念不适用于电子等微观粒子的运动和运动的描述。

13.7 波函数与薛定谔方程

13.7.1 波函数及其统计解释

在量子力学中，微观粒子的运动状态用物质波函数来描述，表示物质粒子的存在状态的物质波的波函数，通常是时间 t 和位置 r（或者坐标 x, y, z）的多元复变函数，用 $\Psi = \Psi(x, y, z, t)$ 表示。

一个典型例子是自由粒子的波函数。

根据德布罗意公式，能量为 E、动量为 p 的粒子的频率和波长都是确定的，物质波函数是单色平面波，即

$$y(x, t) = A \cos\left[2\pi\left(\nu t - \frac{x}{\lambda}\right)\right]$$

改写成复数(实部保持不变)，有

$$y(x, t) = A e^{-i 2\pi \left(\nu t - \frac{x}{\lambda}\right)}$$

把德布罗意关系式 $\lambda = h/p, \nu = E/h$ 代入，可得

$$\Psi(x, t) = \Psi_0 e^{-i \frac{2\pi}{h}(Et - Px)} \tag{13-30}$$

这就是量子力学中沿 x 轴方向运动的自由粒子的物质波波函数。

类似地，一般情况下，在三维空间运动的实物粒子的物质波波函数的形式是

$$\Psi(x, y, z, t) = \Psi_0 e^{-i \frac{2\pi}{h}(Et - p_x x - p_y y - p_z z)}$$

波函数本身是复数,不对应任何实际可测的物理量。波函数模的平方(等于复数与复数的共轭相乘)

$$|\Psi|^2 = \Psi\Psi^* \tag{13-31}$$

的物理意义是:t 时刻在空间位置(x,y,z)点附近单位体积内粒子出现的概率,即为概率密度。

作为物质波的波函数,必须是单值、有限、连续的函数,且满足归一化条件

$$\int |\Psi|^2 \mathrm{d}V = 1 \tag{13-32}$$

13.7.2 薛定谔方程

薛定谔方程是1926年初由奥地利理论物理学家E.薛定谔提出的,是量子力学的一个基本方程。

在非相对论(粒子运动速度 $v \ll c$)情况下,自由粒子的能量 E 与动量 p 满足

$$E = \frac{p^2}{2m}$$

对一维自由粒子的波函数(13-30),分别对变量 t 和 x 求导数

$$\frac{\partial \Psi}{\partial t} = -\frac{\mathrm{i}}{\hbar} E \Psi$$

$$\frac{\partial^2 \Psi}{\partial x^2} = -\frac{p^2}{\hbar^2} \Psi$$

将以上两式代入 $E = \frac{p^2}{2m}$,可得

$$\mathrm{i}\hbar \frac{\partial \Psi}{\partial t} = -\frac{\hbar^2}{2m} \frac{\partial^2 \Psi}{\partial x^2}$$

对于一般粒子在外力场中的运动,如外力场是保守力场,则可引入势能的概念。设粒子在外力场中的势能是 V,则粒子的能量为

$$E = \frac{p^2}{2m} + V$$

与上述类似推导可得

$$\mathrm{i}\hbar \frac{\partial}{\partial t} \Psi = -\frac{\hbar^2}{2m} \frac{\partial^2}{\partial x^2} \Psi + V\Psi$$

以上推导和结论,可推广到在三维空间中运动粒子的情况,结果为

$$\mathrm{i}\hbar \frac{\partial}{\partial t} \Psi = -\frac{\hbar^2}{2m} \boldsymbol{\nabla}^2 \Psi + V\Psi \tag{13-33}$$

式中:$\boldsymbol{\nabla}^2$ 称为拉普拉斯算符,在直角坐标系中

$$\boldsymbol{\nabla}^2 = \frac{\partial^2}{\partial x^2} + \frac{\partial^2}{\partial y^2} + \frac{\partial^2}{\partial z^2}$$

式(13-33)就是薛定谔方程。引入哈密顿算符

$$\hat{H} = -\frac{\hbar^2}{2m}\nabla^2 + V$$

薛定谔方程可简写为

$$i\hbar\frac{\partial}{\partial t}\Psi = \hat{H}\Psi$$

类似于经典力学中的牛顿第二定律，薛定谔方程是量子力学的基本动力学方程，适用于所有实物粒子的运动。方程中包含虚数单位 i，表明一般情况下解得的波函数是复数形式。从数学形式上看，薛定谔方程为二阶偏微分方程，具体求解时要根据实物粒子必须满足的初值条件和边界条件，并考虑波函数必须满足在整个空间区域单值、有限、连续的条件和归一化条件，才能求得相应实物粒子波函数的特解。

13.7.3 定态薛定谔方程

实物粒子运动的环境不同，粒子的运动状态不同，需要不同的波函数来描述。如果微观粒子处在一个不随时间变化的保守力场中运动，粒子的势能函数就只是空间坐标的函数，与时间无关，即

$$V = V(x,y,z)$$

这种情况下，系统的能量不随时间变化，量子力学中称这种状态为定态。描述定态运动的粒子的物质波波函数称为定态波函数，可通过把波函数 $\Psi(x,y,z,t)$ 分离变量，分解为

$$\Psi(x,y,z,t) = \psi(x,y,z)f(t) \tag{13-34}$$

代入薛定谔方程(13-33)，有

$$\frac{1}{\psi}\left(-\frac{\hbar^2}{2m}\nabla^2\psi + V\psi\right) = \frac{i\hbar}{f}\frac{df}{dt}$$

要使等式恒成立，必须两边都等于与坐标和时间无关的常数。用字母 E 来表示这一常数，可得

$$\frac{i\hbar}{f}\frac{df}{dt} = E$$

满足上式的解为

$$f(t) = k e^{-\frac{i}{\hbar}Et}$$

式中：k 是一个积分常数，可取任意值。将上式代入(13-34)后得到的波函数是

$$\Psi(x,y,z,t) = \psi(x,y,z) e^{-\frac{i}{\hbar}Et}$$

将这一波函数代入薛定谔方程，可得

$$-\frac{\hbar^2}{2m}\nabla^2\psi + V\psi = E\psi \tag{13-35}$$

其中，函数 ψ 只是空间坐标的函数。方程(13-35)中不含时间变量 t，称为定态薛定

谔方程,它的解 ψ 通常称为定态波函数。

如果粒子是在一维势场中运动,则定态薛定谔方程简化为

$$\frac{\mathrm{d}^2}{\mathrm{d}x^2}\psi(x)+\frac{2m}{\hbar^2}(E-V)\psi=0 \tag{13-36}$$

13.7.4 薛定谔方程的简单应用——一维无限深势阱中的粒子

一维无限深势阱如图 13-11 所示,可用下面势函数表示:

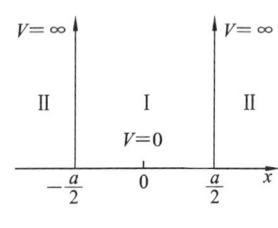

图 13-11

$V(x)=0$, 当 $-\dfrac{a}{2}\leqslant x\leqslant \dfrac{a}{2}$,

$V(x)=\infty$, 当 $x<-\dfrac{a}{2}$ 和 $x>\dfrac{a}{2}$

图中 x 轴可划分为 I 区和 II 区。

对 I 区,$V=0$,薛定谔方程为

$$\frac{\mathrm{d}^2\psi(x)}{\mathrm{d}x^2}+\frac{2mE}{\hbar^2}\psi(x)=0$$

令 $k^2=\dfrac{2mE}{\hbar^2}$,则

$$\frac{\mathrm{d}^2\psi(x)}{\mathrm{d}x^2}+k^2\psi(x)=0$$

方程的通解是

$$\psi(x)=A\mathrm{e}^{ikx}+B\mathrm{e}^{-ikx}$$

或

$$\psi(x)=C\cos(kx)+D\sin(kx) \tag{13-37}$$

其中,系数 A、B、C、D 是待定常数。

对 II 区,$V=\infty$,粒子出现的概率为零,即对于 II 区,恒有 $\psi=0$。

考虑 I 区的波函数,在 I 区边界即 $x=\pm a/2$ 处,波函数保持连续性:

$$C\cos\left(k\frac{a}{2}\right)+D\sin\left(k\frac{a}{2}\right)=0$$

$$C\cos\left(k\frac{a}{2}\right)-D\sin\left(k\frac{a}{2}\right)=0$$

这是关于 C、D 的线性方程组,要使 C、D 有非零解,系数行列式必须为零,即

$$\begin{vmatrix} \cos\left(\dfrac{ka}{2}\right) & \sin\left(\dfrac{ka}{2}\right) \\ \cos\left(\dfrac{ka}{2}\right) & -\sin\left(\dfrac{ka}{2}\right) \end{vmatrix}=0$$

得

$$2\cos\left(\frac{ka}{2}\right)\sin\left(\frac{ka}{2}\right)=\sin(ka)=0$$

k 只能取一些不连续的数值,即满足

$$ka=n\pi, \quad n=1,2,3,\cdots$$

则
$$k = \frac{n\pi}{a} = \frac{\sqrt{2mE}}{\hbar} \quad (13\text{-}38)$$

能量满足
$$E = \frac{\pi^2 \hbar^2}{2ma^2} n^2, \quad n = 1, 2, 3, \cdots$$

n 称为粒子能量的量子数。

能量的最小值对应 n 等于 1 而不是 0,
$$E_1 = \frac{\pi^2 \hbar^2}{2ma^2}$$

称为零点能。

考虑参数 k 应满足的条件后,物质波函数表示为
$$\psi(x) = C\cos\left(\frac{n\pi}{a}x\right) + D\sin\left(\frac{n\pi}{a}x\right) \quad (13\text{-}39)$$

当 $x = \pm a/2$ 时,
$$\psi(\pm a/2) = C\cos(n\pi/2) + D\sin(\pm n\pi/2)$$
$$= \begin{cases} C \cdot 0 + D \cdot (\pm 1), & \text{当 } n = 1,3,5,\cdots \\ C \cdot (\pm 1) + D \cdot 0, & \text{当 } n = 2,4,6,\cdots \end{cases}$$

因为 $\psi(\pm a/2) = 0$,所以
$$\psi(x) = C\cos\left(\frac{n\pi}{a}x\right), \quad \text{当 } n = 1,3,5,\cdots$$
$$\psi(x) = D\sin\left(\frac{n\pi}{a}x\right), \quad \text{当 } n = 2,4,6,\cdots$$

C、D 可由归一化条件确定,即
$$\int_{-\frac{a}{2}}^{\frac{a}{2}} C^2 \cos^2\left(\frac{n\pi}{a}x\right) \mathrm{d}x = 1$$
$$\int_{-\frac{a}{2}}^{\frac{a}{2}} D^2 \sin^2\left(\frac{n\pi}{a}x\right) \mathrm{d}x = 1$$

由此算出
$$C = D = \pm\sqrt{\frac{2}{a}}$$

C、D 取正取负均可,取正号时的归一化的波函数为
$$\psi(x) = \sqrt{\frac{2}{a}}\cos\left(\frac{n\pi}{a}x\right),\text{当 } n = 1,3,5,\cdots$$
$$\psi(x) = \sqrt{\frac{2}{a}}\sin\left(\frac{n\pi}{a}x\right),\text{当 } n = 2,4,6,\cdots$$

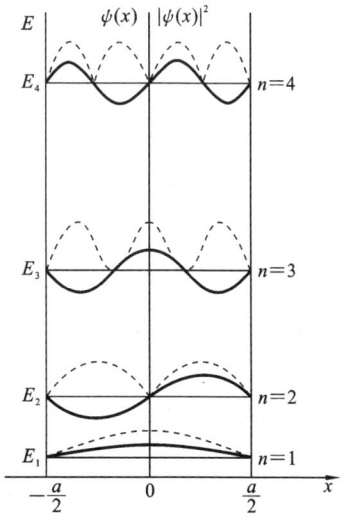

图 13-12

图 13-12 所示的为一维无限深势阱中实物粒

子处于不同能级的波函数、概率密度分布曲线。

一维无限深势阱中实物粒子的波函数也可以用驻波法来求解。在阱内形成稳定的驻波,阱宽 a 必须满足

$$a = n \cdot \lambda/2, \quad n = 1, 2, 3, \cdots$$

即

$$\lambda = 2a/n$$

代入德布罗意动量关系 $p = h/\lambda$,得

$$E = \frac{p^2}{2m} = \frac{h^2}{2m\lambda^2} = \frac{4\pi^2\hbar^2}{2m}\frac{n^2}{4a^2} = \frac{\pi^2\hbar^2}{2ma^2}n^2$$

这与前面所得结果完全一样。其他分析和求解步骤相同。

13.8 薛定谔方程的应用——氢原子

13.8.1 氢原子的定态薛定谔方程

在氢原子中,核外只有一个电子。电子在原子核(质子)的库仑引力下绕核运动,但电子并不是经典的粒子。虽然用波尔理论可以很好地说明氢原子的光谱线分布规律,给出能级分布,但玻尔理论毕竟是以经典物理理论为基础,将氢原子中的电子理解为经典的粒子,因而玻尔理论自身存在矛盾,并不自洽,也不能解释光谱谱线强度及谱线结构等实验现象。氢原子中的电子作为微观粒子,具有波粒二象性,没有确定的轨道,遵循量子力学的规律。电子的运动状态需要通过求解薛定谔方程得出。

在氢原子中,原子核的质量比电子的质量大得多,因此可忽略原子核的运动,认为原子核固定不动,电子在原子核的库仑电场中运动,势能函数为

$$V(r) = -\frac{e^2}{4\pi\varepsilon_0 r} \tag{13-40}$$

氢原子的定态薛定谔方程为

$$\frac{\partial^2 \psi}{\partial x^2} + \frac{\partial^2 \psi}{\partial y^2} + \frac{\partial^2 \psi}{\partial z^2} + \frac{2m}{\hbar^2}\left(E + \frac{e^2}{4\pi\varepsilon_0 r}\right)\psi = 0$$

考虑到势能函数具有空间旋转对称性,用球坐标讨论氢原子的薛定谔方程的求解。将坐标系从直角坐标系变换到球坐标系 (r, θ, φ) 中(见图 13-13),得球坐标系下的定态薛定谔方程

$$\frac{1}{r^2}\frac{\partial}{\partial r}\left(r^2 \frac{\partial \psi}{\partial r}\right) + \frac{1}{r^2 \sin\theta}\frac{\partial}{\partial \theta}\left(\sin\theta \frac{\partial \psi}{\partial \theta}\right) + \frac{1}{r^2 \sin^2\theta}\frac{\partial^2 \psi}{\partial \varphi^2} + \frac{2m}{\hbar^2}\left(E + \frac{e^2}{4\pi\varepsilon_0 r}\right)\psi = 0$$

用分离变量法,令定态波函数

$$\psi = \psi(r, \theta, \varphi) = R(r)\Theta(\theta)\Phi(\varphi)$$

代入薛定谔方程,经分离变量可得三个常微分方程

$$\frac{d^2\Phi}{d\varphi^2} + m_l^2 \Phi = 0 \qquad (13\text{-}41)$$

$$\frac{1}{\sin\theta}\frac{d}{d\theta}\left(\sin\theta\frac{d\Theta}{d\theta}\right) + \left[l(l+1) - \frac{m_l^2}{\sin^2\theta}\right]\Theta = 0$$
$$(13\text{-}42)$$

$$\frac{1}{r^2}\frac{d}{dr}\left(r^2\frac{dR}{dr}\right) + \frac{2m}{\hbar^2}\left[E + \frac{e^2}{4\pi\varepsilon_0 r} - \frac{\hbar^2}{2m}\frac{l(l+1)}{r^2}\right]R = 0$$
$$(13\text{-}43)$$

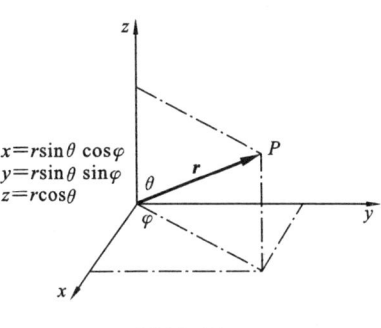

图 13-13

式中：m_l、l 都是待定常数，可由波函数必须满足的单值、有界、连续的条件和归一化条件来确定。考虑到问题求解过程中的数学要求较高，已超出了普通物理课程的要求，此处从略。下面只给出通过求解薛定谔方程得到的氢原子中的电子的物质波函数的主要特征参数及其取值范围。

13.8.2 氢原子中的电子的轨道运动特征

1. 能量量子化

在电子处于束缚状态下，为使波函数 $\psi = \psi(r,\theta,\varphi)$ 满足单值、连续、有限的条件，电子的能量只能是

$$E_n = -\frac{me^4}{2\hbar^2(4\pi\varepsilon_0)^2}\frac{1}{n^2} = -13.6\frac{1}{n^2} \text{ eV}, \quad n = 1,2,3,\cdots \qquad (13\text{-}44)$$

这一结果显示，电子的能量是量子化的，能级分布与玻尔理论结果相同。参数 n 称为主量子数，或能量量子数。

2. 角动量量子化

电子的绕核运动具有角动量，在玻尔理论中，完全是以假设的形式给出了电子角动量的量子化条件。在解 $\Theta(\theta)$、$\Phi(\varphi)$ 的方程中，为使方程有解，电子的角动量 L 的大小只能取

$$L = \sqrt{l(l+1)}\hbar, \quad l = 0,1,\cdots,n-1 \qquad (13\text{-}45)$$

式中：参数 l 称为角量子数。对于不同的主量子数 n，角量子数 l 的取值范围是不同的。主量子数 n 越大，角量子数 l 的取值范围越大。这一结果与玻尔的假设不同。

在玻尔理论中，参数 n 的最小值为1，相应地角动量为非零值；量子力学的求解结果显示，处于基态的氢原子（$n=1$），角量子数 $l=0$，根据式（13-45），电子运动的角动量为0。宏观世界中不存在这样的周期性运动（能量不为零而角动量为零）的粒子，我们不能用经典的粒子模型来描述微观粒子。

3. 角动量的空间取向的量子化 —— 磁量子数 m_l

求解薛定谔方程所得出的结论，不仅角动量 L 的大小是量子化的，而且角动量 L 的空间取向也是量子化的。若取一空间方向作为 z 轴（在有外磁场存在的条件下即

外磁场的方向),则 L 在 z 轴的分量 L_z 的值也是量子化的,且满足

$$L_z = m_l \hbar, \quad m_l = 0, \pm 1, \pm 2, \cdots, \pm l \tag{13-46}$$

式中:参数 m_l 称为磁量子数。

对于一定的角量子数 l,磁量子数 m_l 可取 $2l+1$ 个可能值,表明角动量在空间的取向有 $2l+1$ 种可能。例如,当 $l=2$ 时,$m_l=0,\pm 1,\pm 2$,即角动量在 z 方向上的投影有 5 种可能,如图 13-14 所示。

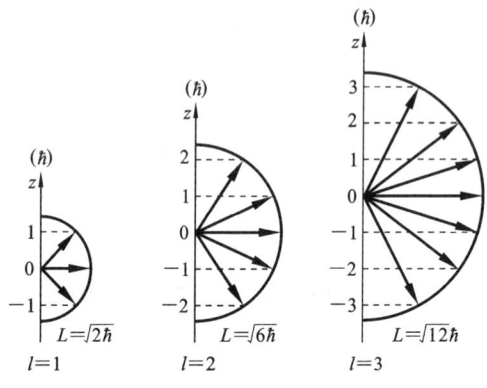

图 13-14

量子力学中,把微观粒子能量相同的各个不同运动状态称为简并态,同一能量状态下的不同运动状态的数目称为该能量状态的简并度。可以看出,处于基态的氢原子($n=1$)简并度为 1,处于第一激发态的氢原子($n=2$)简并度为 4,处于第二激发态的氢原子($n=3$)简并度为 9,依此类推,能级越高,简并度越大。一般而言,能量主要由主量子数 n 决定,但也受到角量子数 l 的影响。

量子力学告诉我们,微观粒子的运动和我们所熟知的宏观世界的机械运动有明显的不同,用宏观世界的质点运动来想象微观世界的粒子的运动,看起来是不可能的,或者是荒谬的。原子中核外电子的运动呈现出明显的量子性,需要用到主量子数、角量子数和磁量子数三个量子数,相对于宏观世界粒子的机械运动呈现出不同的特征,而且要复杂得多。

13.9 电子自旋

早在 1896 年就已发现,当光源处于外加磁场中时,它原本所发出的一条谱线将分裂为若干条相互靠近的谱线,这种现象称为塞曼效应。这种变化可以用电子角动量的空间取向量子化得到解释。不加外磁场时,角动量处于不同空间取向的状态能级是简并的;存在外加磁场时,这些简并态能级发生了能级分裂,电子跃迁发出的光谱的频率(波长)就由一个变成多个。

按照13.8节介绍的角动量的空间取向量子化的取值特征,在角动量(角量子数)确定时,角动量的空间取向(磁量子数)总是有奇数个不同取向。故发生能级分裂时,一个能级总是分裂为奇数个能级。

13.9.1 电子的轨道运动磁矩

考虑电子绕原子核的运动。一般情况下,电子的运动轨道为椭圆。设电子的电量为 e,运动周期为 T,则电子的定向运动形成电流,平均电流强度为

$$I = \frac{e}{T}$$

如图13-15所示,采用平面极坐标系来描述电子的运动,变量 r 和 φ 分别称为极径和极角。电子绕行一周,矢径 r 扫过的面积为

$$S = \int_0^{2\pi} \frac{1}{2} r^2 \mathrm{d}\varphi = \int_0^T \frac{1}{2} r^2 \frac{\mathrm{d}\varphi}{\mathrm{d}t} \mathrm{d}t$$

电子运动过程中的角动量

$$L = mr^2 \frac{\mathrm{d}\varphi}{\mathrm{d}t}$$

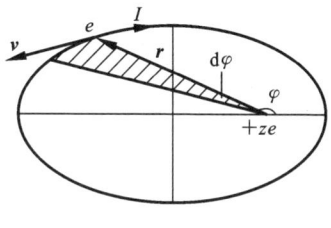

图 13-15

电子的运动是在库仑力作用下的周期性运动。库仑力为有心力,在有心力场中运动,电子的角动量守恒,则

$$S = \int_0^T \frac{L}{2m} \mathrm{d}t = \frac{L}{2m} T$$

电磁学曾介绍过磁矩的概念。磁矩是一个矢量,大小定义为电流强度与电流所包围面积的乘积,方向与电流强度的方向成右手螺旋关系。类似地,电子的轨道运动也可以用磁矩来描述。用符号 μ 表示电子的轨道运动磁矩。磁矩的大小为

$$\mu = IS = \frac{e}{2m} L$$

电子带负电,磁矩矢量 $\boldsymbol{\mu}$ 和角动量矢量 $\boldsymbol{L}$ 的方向相反,有

$$\boldsymbol{\mu} = -\frac{e}{2m} \boldsymbol{L} \tag{13-47}$$

在量子力学中,电子轨道运动的角动量是量子化的,满足

$$L = \sqrt{l(l+1)} \hbar$$

存在外磁场 $\boldsymbol{B}$ 时,取外磁场的方向为 z 轴正方向,角动量在 z 轴方向的投影为

$$L_z = m_l \hbar$$

式中:m_l 为磁量子数。当角量子数 l 给定时,$m_l = 0, \pm 1, \pm 2, \cdots, \pm l$,共有 $2l+1$ 个数值。

磁矩 $\boldsymbol{\mu}$ 在 z 轴的投影用 $\boldsymbol{\mu}_z$ 表示,即

$$\mu_z = -\frac{e}{2m}L_z = -\frac{e}{2m}m_l\hbar = m_l\mu_B \tag{13-48}$$

式中：

$$\mu_B = \frac{e\hbar}{2m} = \frac{eh}{4\pi m} \approx 9.27 \times 10^{-24} \text{ J/T}$$

常常作为原子磁矩的单位，称为玻尔磁子。

在稳恒磁场部分我们讨论过处于匀强磁场中的平面载流线圈受到的安培力。在匀强磁场中，平面载流线圈所受安培力合力为零，所受安培力合力矩为

$$\boldsymbol{M} = \boldsymbol{\mu} \times \boldsymbol{B}$$

将磁矩由垂直于磁场方向转到与磁场成 θ 角的方向，M 所做的功 W 为

$$W = -\int_{\frac{\pi}{2}}^{\theta} M d\theta = -\int_{\frac{\pi}{2}}^{\theta} \mu B \sin\theta d\theta = \mu B \cos\theta$$

若取磁矩垂直于磁场方向，即 $\theta = \pi/2$ 的位置时线圈与磁场的相互作用势能为零，则

$$U = -\mu B \cos\theta = -\boldsymbol{\mu} \cdot \boldsymbol{B} = -\mu_z B$$

结合式(13-48)，可得

$$U = m_l \mu_B B \tag{13-49}$$

式中：m_l 为磁量子数。

式(13-49)表示，无外加磁场时，相互作用势能 U 为零；存在外加磁场时，角量子数 l 确定的状态，将分裂为 $2l+1$ 个不同的能级。

这一结论可以很好地解释塞曼效应，却不能解释斯特恩-盖拉赫实验。

13.9.2 施特恩-格拉赫实验

载流线圈处于非匀强磁场时，所受安培力的合力不为零，线圈在转动的同时还会发生平动。考虑外加磁场 $\boldsymbol{B}$ 仅在 z 方向存在不为零的梯度 $\frac{\partial B}{\partial z}$ 的情况，如图 13-16 所示，则载流线圈在 z 方向受力为

$$f_z = -\frac{\partial U}{\partial z} = \mu_z \frac{\partial B}{\partial z}$$

O. 施特恩和 W. 格拉赫在 1921 年进行的实验是对原子在外磁场中取向量子化的首次直接观察。实验的基本思路是一束原子射线束通过一个不均匀磁场区域，观察原子磁矩在磁力作用下的偏转（平动），实验装置如图 13-16 所示。外加磁场沿着图中的 z 轴方向，磁感应强度 $\boldsymbol{B}$ 仅随 z 坐标变化，即仅在 z 方向存在不为零的梯度 $\frac{\partial B}{\partial z}$。设质量为 M 的原子（最初的实验用的是银原子）以速度 v 经过长度为 L 的不均匀磁场，则 $t = L/v$，该过程在 z 方向的位移为

$$s = \frac{1}{2}at^2 = \frac{1}{2}\frac{f_z}{M}t^2 = \frac{1}{2M}\frac{\partial B}{\partial z}\left(\frac{L}{v}\right)^2 \mu_z \tag{13-50}$$

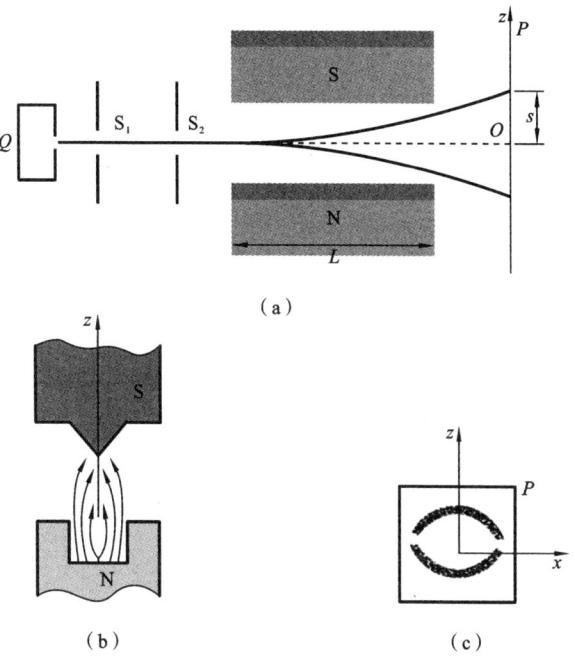

图 13-16

位移的方向与 μ_z 的正负有关。μ_z 正负不同,偏转方向相反。

实验发现在观察屏上呈现出几条清晰可辨的黑斑,说明原子磁矩只能取几个特定的方向,也就是角动量只能取几个特定的方向,从而用实验证明了角动量在外磁场方向的投影是量子化的。

通过实验观察和测量,可以计算出相应原子的磁矩 $\boldsymbol{\mu}$ 在 z 轴的投影 μ_z。当 L、v、$\dfrac{\partial B}{\partial z}$ 保持不变时,位移 s 与 μ_z 相对应。

一般情况下,实验中观察到的条纹数目为奇数,实验结果与理论预言 $(2l+1)$ 相符合。对于 Li、Na、K、Cu、Ag、Au 等基态原子,实验测得的条纹数目为 2。如果按照上面的公式计算,这时 l 应为 $\dfrac{1}{2}$,L_z 应为 $-\dfrac{1}{2}\hbar$ 和 $\dfrac{1}{2}\hbar$,这与前面得到的 $l=0,1,2,\cdots$ 并不符合。

13.9.3 电子自旋

1925 年,年龄还不到 25 岁的两位荷兰学生 G. E. 乌伦贝克和 S. 高德斯密特为了解释碱金属原子光谱线的精细结构,同时又考虑施特恩-格拉赫实验对于基态 Li、Na、K、Cu、Ag、Au 等原子的实验结果,提出核外电子除了轨道运动外,还存在着一种内禀运动,称其为自旋运动。电子本身具有自旋角动量 $\boldsymbol{S}$ 以及相应的自旋磁矩 $\boldsymbol{\mu}_S$。

自旋角动量大小为

$$S=\sqrt{s(s+1)}\hbar \tag{13-51}$$

式中：s 称为自旋量子数。每个电子都具有同样的数值 $s=1/2$，即

$$S=\frac{\sqrt{3}}{2}\hbar \tag{13-52}$$

类似于轨道角动量，自旋角动量 S 的空间取向也是量子化的，它在外磁场方向的投影 S_z 满足

$$S_z=m_s\hbar \tag{13-53}$$

式中：m_s 称为自旋磁量子数，它只能取两个值，即

$$m_s=1/2,-1/2$$

与自旋角动量对应的自旋磁矩 $\boldsymbol{\mu}_S$ 为

$$\boldsymbol{\mu}_S=-\frac{e}{m}\boldsymbol{S}$$

负号是因为电子带负电，自旋磁矩 $\boldsymbol{\mu}_S$ 与自旋角动量 S 方向相反，自旋磁矩在外磁场方向的投影为

$$\mu_{s_z}=-\frac{e}{m}S_z=\mp\frac{e\hbar}{2m}=\pm\mu_B$$

式中：$\mu_B=\dfrac{e\hbar}{2m}$ 是玻尔磁子。

值得注意的是，自旋磁矩与自旋角动量的比值为

$$\frac{|\boldsymbol{\mu}_s|}{|\boldsymbol{S}|}=\frac{e}{m}$$

而轨道磁矩 $\boldsymbol{\mu}_l$ 与轨道角动量 $\boldsymbol{L}$ 的比值为

$$\frac{|\boldsymbol{\mu}_L|}{|\boldsymbol{L}|}=\frac{e}{2m}$$

两者比值并不相同，这是两种运动的重要差别。

乌伦贝克和高德斯密特首次提出的电子自旋运动很好地解释了施特恩-格拉赫实验中原子光谱的偶数分裂现象。

13.9.4　电子运动状态的描述与四个量子数

结合 13.8 节的内容，对原子中电子的运动做一个简单总结。原子中电子的稳定运动包括轨道运动和自旋运动。描述电子轨道运动状态需要三个量子数，描述电子自旋运动状态需要一个量子数。这些量子数及其取值范围如下：

（1）主量子数 $n(n=1,2,3,\cdots)$。

主量子数 n 大体上决定了原子中电子的能量，也称为能量量子数。

(2) 角量子数 $l(l=0,1,2,3,\cdots n-1)$。

角量子数决定了原子中电子轨道角动量的大小,对能量也有影响,也称为副量子数。

(3) 磁量子数 $m_l(m_l=0,\pm 1,\pm 2,\cdots,\pm l)$。

磁量子数 m_l 决定电子轨道运动角动量在外加磁场中的取向。

(4) 自旋磁量子数 $m_s(m_s=\pm 1/2)$。

自旋磁量子数 m_s 决定了电子自旋角动量 S 在外加磁场中的取向。

13.10 原子的壳层结构

原子结构是物质结构的一个层次,是构成元素的最小单位。人类对物质结构的认识经历了不断演变和逐步深入的过程。古希腊的思想家提出,物质是由一些不可分割的基础单元构成的,这是原子概念的萌芽。1808 年,J. 道尔顿提出了原子是元素最小单元的概念,不同元素的原子互不相同。后来逐步认识到原子有一定的结构,并不是不可分割的。1897 年 J. J. 汤姆逊发现电子,是原子具有内部结构的有力证据,而 1911 年 E. 卢瑟福在 α 粒子散射实验的基础上提出的原子的核式模型,给出了关于原子内部结构的正确模型。卢瑟福指出,在原子中心很小的范围内有一个原子核,质量占原子质量的绝大部分,并带有正电荷;原子核外的空间分布着若干个带有负电荷的电子。

最简单的原子是氢原子,核外只有一个电子,电子的运动有轨道运动和自旋运动,需要四个量子数来描述。当原子序数大的时候,原子中电子状态的分布遵循泡利不相容原理和能量最小原理。电子分布呈现出壳层结构。

在量子理论发展起来之前,光谱实验的观察研究与分析,实验室专业人员常用谱线的形状(sharp)、主要的谱线(principal)、谱线的分布(diffusion)、谱线的锐利程度(fine)等参数,标记和描述观察到的谱线,这些术语当前仍有使用。在量子理论中,这些单词的首字母(s、p、d、f 等)被用来标记电子处于不同轨道时的角动量。

1916 年,柯塞尔提出多电子原子中核外电子按照壳层分布的形象化模型。主量子数 n 相同的电子组成一个壳层,n 越大的壳层,离原子核的平均距离越大。$n=1$,2,3,4,5,6,$\cdots$的各壳层分别用大写字母 K、L、M、N、O、P 等来表示。在一个壳层内,又按照角量子数 l 分为若干个支壳层,显然主量子数为 n 的壳层包含 n 个支壳层。$l=0,1,2,4,5,\cdots$的各支壳层分别用小写字母 s、p、d、f、g、h 等来表示。由量子数 n 和 l 共同确定的支壳层通常也表示为 1s、2s、2p、3s、3p、3d、4s 等。

多电子原子中核外电子在壳层和支壳层上的分布遵循泡利不相容原理和能量最小原理。

13.10.1 泡利不相容原理

1925 年,奥地利物理学家 W.泡利根据光谱实验结果的分析总结,概括出一条原子中电子分布应满足的普遍规则,这一规则现在普遍称为泡利不相容原理,其内容为:在同一个原子中,不可能有两个或两个以上的电子具有完全相同的运动状态。

给定主量子数 n 后,角量子数 $l=0,1,2,\cdots,n-1$ 共 n 个数值,m_s 能取 $+1/2$ 和 $-1/2$ 两个可能的值。因此,在 n 值一定的主壳层中所能容纳的最多电子数 Z_n 为

$$Z_n = \sum_{l=0}^{n-1} 2(2l+1) = 2 \times \frac{1+(2n-1)}{2} \times n = 2n^2 \qquad (13\text{-}54)$$

即原子中主量子数为 n 的壳层中最多能容纳 $2n^2$ 个电子。

13.10.2 能量最小原理

能量最小原理的内容是:原子系统处于正常态时,每个电子总是尽先占据能量最低的能级,整个原子呈现最稳定的状态。

能级的高低主要取决于主量子数 n,也受到角量子数 l 的影响。经验规律是按 $n+0.7l$ 判断。$n+0.7l$ 越大,能级越高。电子按能量由低到高的填充次序是 1s、2s、2p、3s、3p、4s、3d、4p、5s、4d、5p、6s、4f、5d、6p、7s、5f、6d 等。

例如,4s 和 3d 比较,$(4+0.7\times 0)=4<(3+0.7\times 2)=4.4$,所以先填 4s。

又例如,4f 和 5d 比较,$(4+0.7\times 3)=6.1<(5+0.7\times 2)=6.4$,所以先填 4f。

主量子数和角量子数相同的电子称为等效电子。按照泡利不相容原理,等效电子的其他两个量子数就不能再相同,因此原子中等效电子的数目是有限制的,如 2s 电子的数目只能是 2 个,2p 电子的数目只能是 6 个,这 8 个电子组成 $n=2$ 的壳层,2 个 2s 电子和 6 个 2p 电子分别组成支壳层。

填满电子的壳层称为封闭壳层,这类原子具有很稳定的性质,一般不参与化学反应。原子的许多物理、化学性质基本上是由未填满壳层的特点决定的。正因为如此,元素才有了周期的性质。原子中各电子的 n、l 值的集合称为原子的电子组态,如钠原子的电子组态是 $1s^2 2s^2 2p^6 3s^1$。电子组态给出了电子按照壳层分布的情况。

从电子填充一个 s 支壳层开始,以填满 p 支壳层结束,构成一个元素周期。化学中的元素周期表就是以此为规则排列各种元素形成的。

本 章 小 结

本章主要内容可划分为量子物理的实验基础和量子物理的基本规律两个部分。实验基础部分包括热辐射、光电效应、康普顿散射和氢原子光谱四个方面的内容;量子物理的基本规律是所有微观粒子都服从的基本规律:波粒二象性、不确定关系和薛

定谔方程。最后一节则是关于多电子体系的简单介绍。

(1) 黑体辐射规律及普朗克"能量子"假设。

(2) 光电效应和爱因斯坦光电效应方程,光量子的概念。

(3) 康普顿效应及其解释。

(4) 氢原子光谱的实验规律,玻尔的氢原子理论(定态假设、能级跃迁、角动量量子化等)。

(5) 德布罗意波的假定及其实验验证,电子波长的计算。玻恩对粒子波的统计解释。

(6) 不确定关系及其简单应用。

(7) 波函数的意义及其性质。定态薛定谔方程,理解一维无限深势阱问题和隧道效应。

(8) 氢原子的量子力学处理方法,理解能量量子化、角动量量子化、角动量的空间量子化。施特恩-格拉赫实验,电子自旋。

(9) 描述一般原子(多电子体系)中电子运动状态的四个量子数的意义,泡利不相容原理和原子的壳层结构。

思 考 题

13.1 黑体与生活中的黑色物体,如教室前面的黑板有何不同?

13.2 持续加热一块金属,如铁块,为什么最先呈现的是红色?

13.3 根据普朗克公式(即式(13-4)),求解黑体辐射对应单色辐射出射度极大值的波长满足的函数关系。

13.4 一些天体物理学家预言,大约 50 亿年之后,太阳将膨胀到当前火星的轨道,变成一个红巨星。假设现在太阳的表面温度为 6600 K,50 亿年之后降低为 4400 K,计算两种情况下太阳(看作黑体)的电磁辐射在可见光中心波长区(大约 600 nm)单色辐射出射度的比值。

13.5 20 世纪之前,人们就发现,在紫外线照射下两个金属杆之间更容易产生跳跃的电火花,试解释为什么。

13.6 用可见光照射某种金属时,发现有光电流产生,试估算金属的逸出功。

13.7 用波长为 400 nm 的光照射某种金属时,产生的光电流被 1.00 V 的反向电压截止,计算所照射金属的逸出功。

13.8 用一定波长的光照射产生光电效应时,为什么逸出金属表面的光电子的速度大小不同?

13.9 计算康普顿散射中,在垂直于光子运动的方向上,两种散射光的波长差?

13.10 计算康普顿散射中,在光子运动的反方向上,两种散射光的波长差?

13.11 试证明:一个静止的自由电子,不能吸收一个光子。

13.12 光电效应和康普顿效应在对光的粒子性的认识方面,其意义有何不同?

13.13 计算氢原子光谱中,赖曼系光谱的最大波长,并证明该系所有的谱线都位于紫外区。

13.14 玻尔理论在解释氢原子光谱的分布规律时获得了巨大成功,也适用于类氢离子的光谱分析。氦离子为类氢离子,计算将氦离子的核外电子从基态激发到第一激发态,光子的能量是多少?

13.15 试讨论玻尔理论的成功和局限性。

13.16 当三种不同的实物粒子——电子、质子和 α 粒子处在两种不同的条件下,

(1) 速度相同;

(2) 总能量相同。

哪个粒子的波长最大?哪个粒子的波长最小?

13.17 计算玻尔理论中氢原子中的电子在量子数为 n 的轨道上运动时的物质波波长。

13.18 将波函数在空间各点的振幅同时增大 D 倍,则粒子在空间的分布概率将怎样变化?

13.19 已知粒子在某一一维矩形无限深势阱中运动,其波函数为

$$\psi(X) = (1/\sqrt{a})\cos[3\pi X/(2a)], \quad -a \leqslant X \leqslant a$$

那么粒子在 $X = 5a/6$ 处出现的概率密度是多少?

13.20 根据薛定谔方程解出的氢原子角动量量子化条件与玻尔理论的量子化条件有何区别?

13.21 在施特恩-格拉赫实验中,对于基态 Li、Na、K、Cu、Ag、Au 等原子的实验结果不满足条纹数 $2l+1$,要怎样才能解释?

13.22 简述描述原子中电子运动的四个量子数的含义。

13.23 在原子的电子壳层结构中,为什么 $n=2$ 的壳层最多只能容纳 8 个电子?

13.24 在基态钠原子中,自旋量子数取值为 $-1/2$ 的电子数目可能有几个?

13.25 写出处于基态的钾原子的电子组态。

13.26 假设步枪枪口直径为 6.0 mm,步枪射出的子弹的质量为 0.010 kg。试用不确定关系估算子弹出射时垂直射击方向的最大速度。

13.27 试用不确定关系讨论自然界的不确定性。

13.28 根据不确定关系,微观粒子能完全静止吗?

练 习 题

13.1 若用里德伯恒量 R 表示氢原子光谱的最短波长 λ_{min},则 λ_{min} 可写成(   )。

(A) $\lambda_{min}=1/R$ (B) $\lambda_{min}=2/R$ (C) $\lambda_{min}=4/R$ (D) $\lambda_{min}=\dfrac{4}{3R}$

13.2 根据玻尔氢原子理论,氢原子中的电子在第一和第三轨道上运动时速度大小之比 v_1/v_3 是(　　)。

(A) 1/3   (B) 1/9   (C) 3   (D) 9

13.3 电子显微镜中的电子从静止开始通过电势差为 U 的静电场加速后,其德布罗意波长是 0.04 nm,则 U 约为(　　)。(普朗克常数 $h=6.63\times 10^{-34}$ J·s)

(A) 150 V   (B) 330 V   (C) 630 V   (D) 940 V

13.4 不确定关系式 $\Delta X \cdot \Delta P \geqslant h$ 表示在 x 方向上(　　)。

(A) 粒子位置不能确定
(B) 粒子动量不能确定
(C) 粒子位置和动量都不能确定
(D) 粒子位置和动量不能同时确定

13.5 如图 13-17 所示,一束动量为 p 的电子,通过缝宽为 a 的狭缝,在距离狭缝为 R 处放置一荧光屏,屏上衍射图样中央最大的宽度 d 等于(　　)。

(A) $2a^2/R$ (B) $2ha/p$ (C) $2ha/(Rp)$ (D) $2Rh/(ap)$

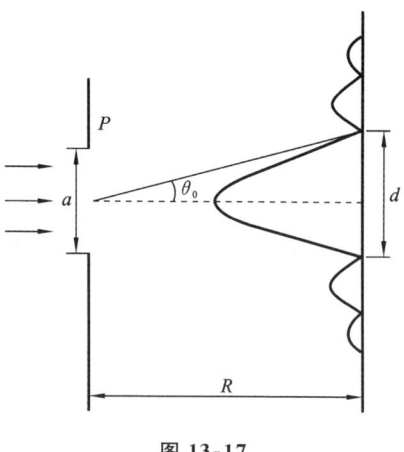

图 13-17

13.6 一价金属钠原子,核外共有 11 个电子,当钠原子处于基态时,根据泡利不相容原理,其价电子可能取的量子态数为(　　)。

(A) 11   (B) 14   (C) 16   (D) 18

13.7 氩($Z=18$)原子基态的电子组态是(　　)。

(A) $1s^2 2s^3 3p^3$ (B) $1s^2 2s^2 2p^6 3d^3$
(C) $1s^2 2s^2 2p^6 3s^2 3p^6$ (D) $1s^2 2s^2 2p^6 3s^2 3p^4 3d^2$

13.8 在原子的 K 壳层中,电子可能具有的四个量子数 (n,l,m_l,m_s) 为

(1) (1,1,0,1/2)   (2) (1,0,0,1/2)
(3) (2,1,0,−1/2) (4) (1,0,0,−1/2)

以上四种取值中(   )。

(A) 只有(1)、(3)是正确的　　(B) 只有(2)、(4)是正确的
(C) 只有(2)、(3)、(4)是正确的　(D) 全部是正确的

13.9 在玻尔氢原子理论中势能为负值,而且数值比动能大,所以总能量为_____。这表示电子处于_____状态。

13.10 根据量子力学理论,氢原子中电子的动量矩在外磁场方向上的投影为 $L_z = m_L \hbar$,当角量子数 $l=2$ 时,L_z 的可能取值为_____。

13.11 在主量子数 $n=2$,自旋量子数 $m_s=1/2$ 的量子态中,能够填充的最大电子数是_____。

13.12 多电子原子中,电子的排列遵循_____原理和_____原理。

13.13 已知氢光谱的某一线系的极限波长为 364.7 nm,其中有一谱线波长为 656.5 nm。试由玻尔氢原子理论,求与该波长相应的始态与终态能级的能量。($R = 1.097 \times 10^7 \text{ m}^{-1}$)

参考文献

[1] 钱铮,李成金.普通物理(上)[M].北京:科学出版社,2019.
[2] 柳辉,张素花.大学物理(上,下)[M].北京:科学出版社,2019.
[3] 陈义万.大学物理(上)[M].武汉:华中科技大学出版社,2019.
[4] 康颖.大学物理(上)[M].北京:科学出版社,2019.
[5] 吴百诗.大学物理基础(上)[M].北京:科学出版社,2007.
[6] 漆安慎,杜婵英.力学[M].北京:高等教育出版社,1997.
[7] 胡素芬.近代物理基础[M].杭州:浙江大学出版社,1988.
[8] 吴百诗.大学物理[M].西安:西安交通大学出版社,2004.
[9] 天津大学物理系.大学物理[M].天津:天津大学出版社,2005.
[10] Tipler P.物理学[M].李申生,译.北京:科学出版社,1988.
[11] 王亚民,渊小春,班丽瑛.大学物理[M].西安:西北工业大学出版社,2011.
[12] 李承祖.大学物理(下)[M].北京:科学出版社,2019.
[13] 吴百诗.大学物理基础(上)[M].北京:科学出版社,2007.
[14] 齐毓霖.摩擦与磨损[M].北京:高等教育出版社,1986.
[15] 赵凯华,罗蔚茵.热学[M].北京:高等教育出版社,1998.
[16] 秦允豪.热学[M].北京:高等教育出版社,1999.
[17] 李椿,章立源,钱尚武.热学[M].北京:人民教育出版社,1976.
[18] 马文蔚.物理学(上册)[M]. 4 版.北京:高等教育出版社,2000.
[19] 马文蔚,苏惠惠,陈鹤鸣.物理学原理在工程技术上的应用[M].北京:高等教育出版社,2001.
[20] 姚贤良.土壤物理学[M].北京:农业出版社,1986.
[21] 周光召.《中国大百科全书》.物理学[M].2 版.北京:中国大百科全书出版社,2009.
[22] 赵凯华,罗蔚茵.新概念物理教程 热学[M].北京:科学出版社,1998.
[23] 吴大江.新世纪物理学[M].北京:北京邮电大学出版社,2008.
[24] 黄淑清,聂宜如,申先甲.热学教程[M].北京:高等教育出版社,2001.